基礎からの分析化学

熊丸尚宏
河嶌拓治
田端正明
中野惠文
［編著］

板橋英之
栗原　誠
澤田　清
藤原照文
山田眞吉
山田碩道
吉村和久
［著］

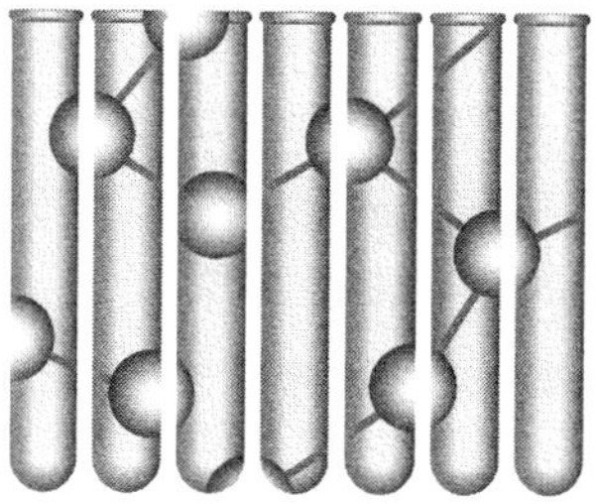

朝倉書店

編　者

熊丸尚宏	広島大学 名誉教授 理学博士 安田女子大学家政学部 教授
河嶌拓治	筑波大学 名誉教授 理学博士
田端正明	佐賀大学理工学部 教授 理学博士
中野惠文	鳥取大学地域学部 教授 理学博士

執筆者（五十音順，[ ] は執筆担当章）

板橋英之	群馬大学工学部 教授 博士(理学)	[1]
河嶌拓治	筑波大学 名誉教授 理学博士	[7,11]
熊丸尚宏	広島大学 名誉教授 理学博士 安田女子大学家政学部 教授	[1]
栗原　誠	静岡大学教育学部 准教授 博士(理学)	[12]
澤田　清	新潟大学大学院自然科学研究科 教授 理学博士	[2,6]
田端正明	佐賀大学理工学部 教授 理学博士	[4,6,11]
中野惠文	鳥取大学地域学部 教授 理学博士	[5,6,7,11]
藤原照文	広島大学大学院理学研究科 教授 理学博士	[1]
山田眞吉	静岡大学工学部 教授 理学博士	[3]
山田碩道	前名古屋工業大学 教授 理学博士	[6,8]
吉村和久	九州大学大学院理学研究院 教授 理学博士	[9,10]

はじめに

1997年，アメリカ航空宇宙局により打ち上げられ土星の探査機カッシーニは，2004年には土星の周軌道に入った．現在，カッシーニから土星やその衛星の大気成分や表面物質の分析データが続々と送られている．その一つに土星最大の衛星であるタイタンの大気中には有機物が豊富に含まれているというものがあり，生命誕生以前の地球と同じ化学反応が起きていた可能性があるといわれている．このように現代の分析技術は，宇宙の謎を次々に解き明かしている．宇宙ばかりでなく，生命の科学においてもゲノムの解読など著しい分析技術の革新がみられており，分析化学は科学のあらゆる分野において著しく貢献している．

しかし，いかなる高性能な分析機器が出現したとしても，試料の前処理などの化学的処理はきわめて重要な過程である．信頼できる分析値を得るためには，試料の前処理から成分の分析に至るまでに必要な化学的知識を正確に身につけておくことは重要なことである．

分析化学で利用されている化学反応は，特殊な反応ではなく通常の化学反応から必要なものが選ばれている．化学反応を十分理解した上で目的成分の分離や分析を行うと，信頼できるデータを得ることができる．しかし，鵜呑みにした知識をもとに機械的な操作を行うと誤った結果を導きやすいし，課題を解決する上においても何の役にも立たない．初学者はもちろんのこと，新しい視点にたって化学および関連分野を開拓しようとしている人にとっても，溶液内反応に立脚した分析化学の基礎的な事項を十分身につけておく必要がある．

本書は，溶液内反応を理解する上で基本となる酸塩基反応，錯形成反応，酸化還元反応および沈殿生成反応を中心に，化学反応における平衡の取り扱いを身につけることを意図して編集した．学習効果を高めるには繰り返し演習することが大切であるから，例題で重要事項を問い，それに対する解説を加えながら解答するという形式を多くした．

第1章には，初学者のための基礎的事項を設け，第2章から第5章で，分析化学の基本である酸塩基反応，錯形成反応，酸化還元反応，沈殿生成反応の平衡論的な取り扱いを学ぶ．第6章では容量分析の原理を理解するとともに平衡の取り扱いを応用できるように配慮した．第7章では古典的な重量分析を記述し，沈殿生成に及ぼす溶媒の性質も解説した．第8章および9章では平衡の取り扱いの応用として溶媒抽出とイオン交換法をとりあげ，第10章ではこれまで学んだ平衡の取り扱いを考えるために吸光光度法を記述した．第11章では超微量成分の分析が可能な反応速度を利用する分析法について述べ，第12章で伝統的な誤差の概念と「不確かさ」の考え方について解説した．

読者は，まず，本書を1章ごとに通読して考え方を身につけ，次に，最初から例題ごとに自ら解答を試み，最後に演習問題を解いて身についた考え方を確かめてもらいたい．そうすることによって，知らず知らずのうちに化学反応における平衡の取り扱いに習熟し，溶液化学を基本とした分析化学の知識が身につくようになるであろう．

本書は，現代の分析化学に対する著者らの捉え方をもとに，大学の一般教育，専門課程はもとより，高専，短大において化学を学ぶ者に身につけてほしい基本的事項を盛り込んだつもりである．広範な知識を理解しやすく平易な記述を心掛けたが，不十分な点もあると思われる．読者からの忌憚のないご意見，ご指摘をいただければ幸いである．

本書の執筆にあたり，多くの成書を参考にさせていただいた．それぞれの著者に謝辞を表する．おわりに，本書の出版に際して，ご尽力いただいた朝倉書店の企画部ならびに編集部諸氏に感謝する．

2007年2月

編者一同

目　　次

第1章　化学反応と化学平衡

分析化学においては，化学反応を利用して得られたデータを解析することにより物質の定性や定量を行う．そのため，化学反応に対する十分な理解は，通常の化学的測定法の基礎を形づくる最も基本的かつ重要な部分である．同じ化学反応でも反応物質（試薬）の濃度，溶液の pH，温度などの条件により反応の起こりやすさが異なってくるので，信頼性の高いデータを得るためには，反応を理解した上で適切な条件で実験を行う必要がある．本章では，化学平衡の概念ならびに化学平衡の量的関係を理解するための計算方法について学ぶ．

1.1　化学反応式と化学量論

物質（原子，分子，イオンなど）が，それ自身あるいは他の物質と作用し合って，初めの物質とは異なった性質をもつ物質になる変化を示したものが化学反応である．化学反応は質量保存の法則に従い，化学式を用いた化学反応式で表される．正しく書かれた化学反応式から，反応にあずかる物質（反応物）と反応によって生じた物質（生成物）の化学式および反応物と生成物の間の量的関係，すなわち化学量論がわかる．定量分析では化学量論に基づいて計算を行うので，取り扱う反応を十分理解して正しい化学反応式を書くことが重要となる．

たとえば，硫酸銅(II) とヨウ化カリウムの水溶液中での反応を考えてみよう．ここでは，ヨウ化銅(I)の沈殿が生成するから，この化学反応式は

$$2CuSO_4 + 4KI \longrightarrow 2CuI + I_2 + 2K_2SO_4 \qquad (1.1)$$

と書くことができる．これは，銅(II) イオンがヨウ化物イオンにより +1 価の状態に還元され，ヨウ化物イオンは 0 価の状態に酸化される反応であり，硫酸イオンとカリウムイオンは反応に無関係である．そこで，関与している化学種のみで表すと，

$$2\,Cu^{2+} + 4\,I^- \longrightarrow 2\,CuI + I_2 \qquad (1.2)$$

のように書ける．式(1.2)はイオン反応式とよばれ，水溶液中で起こるイオンの反応ではこの形の反応式で書くことが多い．

式(1.1)および(1.2)からわかるように化学反応式を書く場合には，まず，反応物の化学式を左辺に，生成物の化学式を右辺に書き，その間に矢印→を入れる．次に，各元素について，左辺と右辺の原子の数が等しくなるように，各化学式に係数をつける（係数が 1 の場合には 1 を省略する）．また，イオン反応式の場合には，電荷の数についても左辺と右辺で等しくなるようにする．

ここで，この係数は化学反応にあずかる粒子の数を意味しており，単位には国際単位系(SI)（付録 1 参照）の基本単位の一つであるモル（mol）が用いられる．すなわち，式(1.1)では $CuSO_4$ 2 mol と KI 4 mol が反応して，CuI 2 mol, I_2 1 mol および K_2SO_4 2 mol が生成することを示している．また，1 mol とは，アボガドロ定数（6.02214×10^{23}）個の粒子を含んでいることを意味しており，式量が M である化合物の a グラムは a/M mol となる．したがって，化学反応式がわかれば，その化学反応式に示された化学量論に基づいて物質量の計算を行うことができる．

【例題 1.1】　式(1.1)において，20.0 g の硫酸銅(II)（式量 159.6）を溶かした溶液中の銅(II) を還元す

るには最低何 g のヨウ化カリウム(式量 166.0)を加える必要があるか．また，この反応が定量的に進行した場合に生成するヨウ化銅(I)(式量 190.4)とヨウ素(式量 253.8) の質量を求めよ．

【解答】 硫酸銅(II) 20.0 g は，20.0/159.6＝0.125 mol となる．この反応では硫酸銅(II) 1 mol に対してヨウ化カリウム 2 mol が必要なので，必要なヨウ化カリウムの質量は 0.125×2×166.0＝41.5 g となる．一方，生成するヨウ化銅(I) は 0.125×190.4＝23.8 g，生成するヨウ素は 0.125×(1/2)×253.8＝15.9 g となる．

分析化学では，後述するように酸塩基反応，錯形成反応，酸化還元反応，沈殿反応などが用いられるが，ここでは，容量分析でよく用いられる反応を例に化学量論について説明する．

酸塩基反応は，水素イオン（H^+，プロトン）の授受を伴うもので (第2章参照)，酸が放出するプロトンと塩基が受け取るプロトンの数が等しくなるように化学反応式を導く．酸塩基反応の例として硫酸と水酸化ナトリウムの反応を考える．H_2SO_4 1 mol からは 2 mol のプロトンが放出され，NaOH 1 mol は 1 mol のプロトンを受け取ることができる．したがって，この場合 H_2SO_4 1 mol は NaOH 2 mol と反応する．すなわち，反応式は

$$H_2SO_4 + 2\,NaOH \longrightarrow 2\,H_2O + Na_2SO_4 \qquad (1.3)$$

となる．

錯形成反応は，ルイスの酸塩基反応に基づくもので，配位子であるルイス塩基がルイス酸に配位して錯体を形成する（第3章参照）．分析化学では，ルイス酸として金属イオンを用いる場合が多く，この場合は，金属イオンの配位数を満たすように化学反応式を導く．錯形成反応の例として塩化銀とアンモニアの反応を考える．銀(I)イオンは2配位なので銀 1 mol にアンモニア 2 mol が配位した錯体が生成する．したがって，この化学反応式は，次のようになる．

$$AgCl + 2\,NH_3 \longrightarrow [Ag(NH_3)_2]^+ + Cl^-$$

酸化還元反応は，電子の授受を伴う反応であり (第4章参照)，反応物（反応系）の還元体が失う電子の数と酸化体が受け取る電子の数が等しくなるように化学反応式を導く．この場合，反応系の還元体（還元剤）が電子を失って（酸化されて）酸化体になるイオン反応式と，反応系の酸化体（酸化剤）が電子をもらって（還元されて）還元体になるイオン反応式を書いてから化学量論を求めると良い．酸化還元反応の例として，酸性溶液中で過マンガン酸カリウムと硫酸鉄(II) が反応してマンガン(II)イオンと鉄(III)イオンが生成する反応を考える．この反応では，過マンガン酸イオンが酸化剤として，鉄(II)イオンが還元剤として作用する．

最初に，酸性溶液中で過マンガン酸イオンが還元されてマンガン(II)イオンになる反応式を求める．反応式の左辺（反応系）と右辺（生成系）とで原子の数が等しくなるようにすると，

$$MnO_4^- + 8\,H^+ \longrightarrow Mn^{2+} + 4\,H_2O \qquad (1.4)$$

式(1.4)では左辺と右辺の電荷の数（左辺は＋7，右辺は＋2）が等しくないから，両辺の電荷数をつりあわせるため左辺に5個の電子 e^- を補う（e^- の電荷は－1）．

$$MnO_4^- + 8\,H^+ + 5\,e^- \longrightarrow Mn^{2+} + 4\,H_2O \qquad (1.5)$$

一方，鉄(II)イオンから鉄(III)イオンへの酸化反応は，

$$Fe^{2+} \longrightarrow Fe^{3+} + e^- \qquad (1.6)$$

と書ける．したがって，過マンガン酸イオンと鉄(II)イオンの反応式は，式(1.5)と(1.6)の電子の数が等しくなるように式(1.6)を5倍して，両式の辺々を加えると，

$$\begin{aligned} &MnO_4^- + 5\,Fe^{2+} + 8\,H^+ \\ &\quad \longrightarrow Mn^{2+} + 5\,Fe^{3+} + 4\,H_2O \end{aligned} \qquad (1.7)$$

となる．また，式(1.5)および(1.6)から明らかなように，MnO_4^- 1 mol は電子 5 mol を受け取り，Fe^{2+} 1 mol は電子 1 mol を放出するので，この関係から式(1.7)を導いてもよい．

一方，酸化還元反応では反応条件の違いにより授受される電子の数が異なってくるので注意が必要である．たとえば，過マンガン酸イオンの場合，中性またはアルカリ性では，式(1.8)のように3電子の酸化剤として作用する．

$$MnO_4^- + 4\,H^+ + 3\,e^- \longrightarrow MnO_2 + 2\,H_2O \qquad (1.8)$$

したがって，酸化還元反応式を導く場合には，生成物の酸化状態に関する情報も重要となる．

沈殿反応は，溶液中にある反応系の陽イオンと陰イオンが結合して難溶性の塩ができる反応で（第5章参照），生成する塩の電荷がゼロになるように化学反応式を導く．沈殿反応の例として，クロム酸カリウム溶液に硝酸銀溶液を加えると，難溶性のクロム酸銀が生成する反応を考える．クロム酸カリウムと硝酸銀は水溶液中で以下のように解離している．

$$K_2CrO_4 \longrightarrow 2K^+ + CrO_4^{2-} \quad (1.9)$$

$$AgNO_3 \longrightarrow Ag^+ + NO_3^- \quad (1.10)$$

クロム酸イオンは−2価，銀イオンは＋1価なので，電荷をゼロにするためにはクロム酸イオン1 mol と銀イオン2 mol を反応させて，イオン反応式は

$$2Ag^+ + CrO_4^{2-} \longrightarrow Ag_2CrO_4 \quad (1.11)$$

と書ける．また，化学反応式は，式(1.12)のようになる．

$$K_2CrO_4 + 2AgNO_3 \longrightarrow Ag_2CrO_4 + 2KNO_3 \quad (1.12)$$

【例題1.2】 酸性溶液中での二クロム酸イオンとスズ(II)イオンが反応してクロム(III)イオンとスズ(IV)イオンが生成する反応をイオン反応式で表せ．

【解答】 最初に，酸性溶液中で二クロム酸イオンが還元されてクロム(III)イオンになる反応式を求める．反応式の左辺と右辺とで原子の数が等しくなるようにすると，

$$Cr_2O_7^{2-} + 14H^+ \longrightarrow 2Cr^{3+} + 7H_2O \quad (a)$$

両辺の電荷数をつり合わせるために左辺に6個の電子を補う．

$$Cr_2O_7^{2-} + 14H^+ + 6e^- \longrightarrow 2Cr^{3+} + 7H_2O \quad (b)$$

一方，スズ(II)イオンからスズ(IV)イオンへの酸化反応は，

$$Sn^{2+} \longrightarrow Sn^{4+} + 2e^- \quad (c)$$

と書ける．式(b)と(c)の電子 e^- の数を等しくして，両辺を加えると，求める反応式は式(d)となる．

$$Cr_2O_7^{2-} + 3Sn^{2+} + 14H^+ \longrightarrow 2Cr^{3+} + 3Sn^{4+} + 7H_2O \quad (d)$$

1.2 濃度の表示法

分析化学における基本の一つは，分析に使う試薬の濃度あるいは目的成分の濃度を正しく表示することである．以下，分析化学で使われる濃度の表示法について述べる．

a. 質量または体積を基にした濃度表示

質量パーセント濃度（%，または wt% と表記する）は固体と液体とを混合して溶液を調製する場合によく使われ，溶液（溶媒＋溶質）中に含まれる溶質の割合をパーセントで表した濃度で示される．溶質の質量を w (g)，溶媒の質量を W (g) とすると，質量パーセント濃度 a (%) は次式で求められる．

$$a(\%) = \frac{w}{w+W} \times 100$$

また，液体と液体とを混合して溶液を調製した場合には液体の体積を基にした体積パーセント濃度（vol%）で表される場合もある．これは，混合前の溶質と溶媒の体積の和に対する溶質の体積の割合で示される．

一方，溶質の質量が溶媒の質量に比べてきわめて小さいときには，ppm (parts per million の略，百万分率)，ppb (parts per billion の略，十億分率)，ppt (parts per trillion の略，1兆分率）などの記号がしばしば用いられる．ppm は全体を1としたとき $1/10^6$ を 1 ppm とする．質量で示すときは 1 kg 中に 1 mg 含まれる場合が，体積で示す場合は $1\,m^3$ 中に $1\,cm^3$ 含まれる場合が 1 ppm となる．ppb，ppt も同様に，全体を1としたとき $1/10^9$ を 1 ppb，$1/10^{12}$ を 1 ppt とする．なお，% や ppm などは単位ではなく比率を表すもので，国際単位系の表記とは認められていないが，国内の計量法では，何の比率か（質量を基準にしたものか，体積を基準にしたものかなど）を明示することにより使用が認められている．

b. 物質量（mol）を基にした濃度表示

モル濃度（容量モル濃度，$mol\,dm^{-3}$）は単位体

積あたりの溶液に含まれる物質量（mol）を示すものであり，1 mol dm^{-3} と書けば溶液 1 dm^3 中に溶質が 1 mol 含まれることになる．モル濃度は，一定体積の溶液中での溶質の物質量が求めやすいので，一般によく用いられる．しかし，溶液の体積は温度によって変化するので，正確には温度の記録が必要である．

一方，溶媒 1 kg あたりの溶質の物質量（mol）で表した濃度を質量モル濃度（mol kg^{-1}）という．質量モル濃度は，温度変化によって溶液の体積が変化しても変わらないので，温度変化を伴う実験などで用いられる．

【例題 1.3】 6.00 % の塩化ナトリウム水溶液の密度は，1.04 g cm^{-3} である．この水溶液のモル濃度*を求めよ．NaCl の式量は 58.5 とする．

【解答】 水溶液 1 dm^3 の質量は，$1.04 \times 1000 = 1040$ g，水溶液 1 dm^3 中の NaCl の質量は，$1040 \times 0.0600 = 62.4$ g，よって，モル濃度は，$62.4/58.5 = 1.07$ mol dm^{-3}.

1.3 化学平衡と平衡定数

多くの化学反応は一つの方向のみに進行することはなく，反対方向にも進み，その反応が見かけ上は完全に終わりまで進んで停止したとみられる状態でも，反応の出発物が多かれ少なかれ生成物と共存する．このような混合物では最終組成が化学量論から予測されるものとは大きく異なっている．また反応系全体の状態はそれらの出発物や生成物のすべての存在量に密接に関連している．しかし，分析化学的な実用面からみると，たとえば重量分析や容量分析のような定量分析に用いられる化学反応は，反応物が事実上完全に生成物に変化するという条件を満たすものでなければならない．ある特定の条件下において化学反応がどの程度進行するかということは，熱力学に基づいた化学平衡の理論によって知ることができる．

いま，次のような可逆反応（reversible reaction）を考える．

$$aA + bB \rightleftharpoons cC + dD \tag{1.13}$$

このように，A と B が反応して C と D が生成すると同時に，C と D も反応して A と B が生成するような反応のことを可逆反応という．反応が進む速度（反応に関与する物質が単位時間内に変化する量）に影響を与える因子としては，温度，圧力（とくに気体の場合），濃度（あるいは一定体積中に存在するイオン，分子などの粒子の数），触媒，電場，磁場，光の照射などが考えられる．いま，他の条件が一定として，モル濃度（以下濃度とよぶ）だけについて考えることにする．A と B が反応する速度は，A と B の間に起こる単位時間当たりの衝突回数に依存する．衝突回数は A と B の個数に比例して増加するので，反応速度は A の濃度 a 回の積と B の濃度 b 回の積に比例することになる．このことから，式(1.13)の正方向の反応速度を v_1 とすると，

$$v_1 = k_1[A]^a[B]^b \tag{1.14}$$

が成り立つ．ここで k_1 はその比例定数であり，速度定数（rate constant）とよばれる．同様に逆方向の反応については，反応速度 v_2，速度定数 k_2 として次のように書くことができる．

$$v_2 = k_2[C]^c[D]^d \tag{1.15}$$

A と B が反応して C と D が生成する反応が進むと，時間とともに [A] と [B] は減少するので v_1 は小さくなる．逆に [C]，[D] は増加していくので v_2 は大きくなっていく．そしてある時間が経過すると v_1 と v_2 はついに等しくなり，[A]，[B]，[C]，[D] は見かけ上変化しなくなる．このような状態になったことを A，B，C，D が化学平衡（chemical equilibrium）に達したという．

平衡状態では $v_1 = v_2$ であるから，式(1.14)と式(1.15)から

$$k_1[A]^a[B]^b = k_2[C]^c[D]^d \tag{1.16}$$

したがって，

$$\frac{[C]^c[D]^d}{[A]^a[B]^b} = \frac{k_1}{k_2} = K \tag{1.17}$$

* NaCl は溶液中では解離して Na^+ および Cl^- として存在しており，NaCl という分子としては存在していない．したがって，このようなイオン結合性化合物では分子量という表現は適切でないので，化学式の相当するモルの質量を式量として表す場合もある．溶液 1 dm^3 中に 1 グラム式量が含まれていれば，1 フォーマル濃度（F）という．

この K は平衡定数（equilibrium constant）といわれ，温度，圧力など，その他の条件が一定であれば，その反応においては一定の値となる．また平衡定数の表し方としては，式(1.17)のように生成物の濃度を分子に，反応物の濃度を分母におくのが慣習になっている．それゆえに，平衡定数が大きいことは平衡が右側に大きく片寄っていることを意味する．

【例題 1.4】 A が次のように分解して B と C になる．

$$A \underset{k_2}{\overset{k_1}{\rightleftharpoons}} B + C$$

この反応の正反応の速度定数 k_1 は $8.0\times10^{-4}\,(\mathrm{s^{-1}})$ であり，逆反応の速度定数 k_2 は $4.0\times10^{5}\,(\mathrm{dm^3\,mol^{-1}\,s^{-1}})$ であるとする．この反応の平衡定数を求めよ．

【解答】 この反応の平衡状態では式(1.16)から

$$k_1[\mathrm{A}]=k_2[\mathrm{B}][\mathrm{C}]$$

したがって

$$K=\frac{k_1}{k_2}=\frac{[\mathrm{B}][\mathrm{C}]}{[\mathrm{A}]}=\frac{8.0\times10^{-4}(\mathrm{s^{-1}})}{4.0\times10^{5}(\mathrm{dm^3\,mol^{-1}\,s^{-1}})}$$
$$=2.0\times10^{-9}\,\mathrm{mol\,dm^{-3}}$$

さらに，一般の可逆反応

$$a\mathrm{A}+b\mathrm{B}+c\mathrm{C}+\cdots \rightleftharpoons p\mathrm{P}+q\mathrm{Q}+r\mathrm{R}+\cdots \qquad (1.18)$$

に対しては

$$\frac{[\mathrm{P}]^p[\mathrm{Q}]^q[\mathrm{R}]^r\cdots}{[\mathrm{A}]^a[\mathrm{B}]^b[\mathrm{C}]^c\cdots}=K \qquad (1.19)$$

となる．式(1.19)のように表された関係を質量作用の法則*（law of mass action）という．この平衡定数 K は濃度の比であり，そのことを強調して濃度平衡定数（concentration equilibrium constant）あるいは単に濃度定数（concentration constant）(K_c) ということがある．この関係はすべての化学平衡における計算の基礎となるとともに，平衡にある系に対して組成がどのように影響するかを予測するのに役立つ．

* 原語の mass は Guldberg と Waage（1867）が化学反応性の量を表すのに active misnomer（活動量）という用語を用いたことによる．mass を集団の意に解釈して集団作用の法則とよぶ提案もあるが，むしろ化学平衡の法則とよぶ方がよいという意見もある．

【例題 1.5】 次のような化学反応

$$\mathrm{A}+\mathrm{B}\rightleftharpoons\mathrm{C}+\mathrm{D}$$

において，1.0 モルの A と 2.0 モルの B を反応させると何モルの C を生成して平衡に達するか．この濃度平衡定数を 4.0 として計算せよ．

【解答】 平衡時に生成している C の量を x モルとすると，このとき存在する A，B，D の量はそれぞれ $1.0-x$，$2.0-x$，x モルである．この混合溶液の体積を $V\,\mathrm{dm^3}$ とすると，各化学種の濃度は

$$[\mathrm{A}]=\frac{1.0-x}{V} \qquad (a)$$

$$[\mathrm{B}]=\frac{2.0-x}{V} \qquad (b)$$

$$[\mathrm{C}]=[\mathrm{D}]=\frac{x}{V} \qquad (c)$$

平衡定数の式(1.19)から

$$\frac{[\mathrm{C}][\mathrm{D}]}{[\mathrm{A}][\mathrm{B}]}=4.0 \qquad (d)$$

式(a)，(b)，(c)を(d)に代入して

$$\frac{\dfrac{x}{V}\times\dfrac{x}{V}}{\dfrac{1.0-x}{V}\times\dfrac{2.0-x}{V}}=4.0$$

これより

$$3.0x^2-12.0x+8.0=0$$

これを解いて $x=0.85$ または 3.15 が得られる．ここで $1>x>0$ だから $x=0.85$ モル．

【例題 1.6】 次のように A と B から C が生成する反応

$$\mathrm{A}+\mathrm{B}\rightleftharpoons 2\mathrm{C}$$

の濃度平衡定数を 5.0×10^6 とする．$1.0\,\mathrm{dm^3}$ の溶液中で A 0.40 モルと B 0.70 モルを反応させた場合，平衡時の反応物と生成物の濃度を計算せよ．

【解答】 平衡定数の式から

$$K=\frac{[\mathrm{C}]^2}{[\mathrm{A}][\mathrm{B}]}=5.0\times10^6 \qquad (a)$$

溶液 $1.0\,\mathrm{dm^3}$ 中の A と B の初濃度はそれぞれ 0.40，$0.70\,\mathrm{mol\,dm^{-3}}$ であるから，平衡状態では，おのおのの濃度については次の式が成り立つ．

$$[\mathrm{A}]+\frac{1}{2}[\mathrm{C}]=0.40\,\mathrm{mol\,dm^{-3}}$$

$$[\mathrm{B}]+\frac{1}{2}[\mathrm{C}]=0.70\,\mathrm{mol\,dm^{-3}}$$

したがって

$$[B]=0.70-0.4+[A]=0.30+[A] \qquad (b)$$

$$[C]=0.40\times2-2[A]=0.80-2[A] \qquad (c)$$

$[A]=x$ として式(a)に(b)と(c)を代入して

$$K=\frac{(0.80-2x)^2}{x\times(0.30+x)}=5.0\times10^6 \qquad (d)$$

ここで，この平衡定数の値が非常に大きいことを考慮に入れると，平衡時のAの濃度は第1近似ではBとCの濃度と比較して無視できるほど低いと推定される，すなわち x は0.30，0.80に対して無視してよいと考えられる．そこで式(d)は次のように近似して書ける．

$$\frac{(0.80)^2}{x\times0.30}=5.0\times10^6$$

これより

$$x=[A]=4.3\times10^{-7}\,\mathrm{mol\,dm^{-3}}$$

この濃度の値は，上の近似計算が妥当であったことを示している．よって

$$[B]=0.30\,\mathrm{mol\,dm^{-3}},\ [C]=0.80\,\mathrm{mol\,dm^{-3}}$$

【例題1.7】 例題1.5の化学反応において，AとBをモル比1：1で混合して反応させると，平衡時にはAの99.9％が生成物に変わるとするならば，この場合の濃度平衡定数はいくらでなければならないか．

【解答】 平衡定数の式から

$$K=\frac{[C][D]}{[A][B]}$$

AとBの初期濃度は等しく $a\,\mathrm{mol\,dm^{-3}}$ であったとすると，平衡状態では

$$[A]=[B]=0.001\,a\,\mathrm{mol\,dm^{-3}}$$

$$[C]=[D]=0.999\,a\,\mathrm{mol\,dm^{-3}}$$

したがって

$$K=\frac{0.999\,a\times0.999\,a}{0.001\,a\times0.001\,a}=1.0\times10^6$$

なお，AとBのそれぞれ99.99％がCとDに変わるとすれば，K の値は 1.0×10^8 でなければならない．

式(1.19)は理想溶液に対して成り立つものである．実在の溶液においては，これらの式は厳密には濃度ではなく，活量について成立するものである．このことについては次節で学ぶ．

1.4　自由エネルギーと化学平衡

定温定圧下で起こる化学反応の推進力は，ギブズの自由エネルギー（Gibbs' free energy）G という量を用いて平衡からの系の変位で表される．いろいろな物質の自由エネルギー関数を表すには次のようにする．

気相における理想物質の1モルについて

$$G=G^\circ+RT\ln p \qquad (1.20)$$

純粋な液体あるいは純粋な固体1モルについて

$$G=G^\circ \qquad (1.21)$$

溶液中における構成成分の物質1モルについて

$$G=G^\circ+RT\ln a \qquad (1.22)$$

ここで，G° はギブズの標準自由エネルギーで，物質固有の性質だけではなく気体，液体，固体，溶液の状態によって決まる値であり，一般には各物質のある基準状態（あるいは標準状態）における値とする．R は気体定数（8.314 $\mathrm{JK^{-1}\,mol^{-1}}$），$T$ は絶対温度（K）である．p は分圧で，溶液の成分の活量と同じ意味をもつ量である．a は溶液中の成分の活量（activity）で，基準状態での活量との比によって定義される相対的な量であり，1.5節で示すように有効濃度の尺度になる量である．成分iの活量 a_i と濃度 C_i との比は活量係数（activity coefficient）y_i とよばれ，それらの関係は次のように表される．

$$a_i=y_iC_i \qquad (1.23)$$

また，純粋な固体，液体や溶媒の活量は1である．

ある出発物質と生成物質の自由エネルギーの差をギブズの自由エネルギー変化（change of free energy）といい，ΔG で表す．

$$\Delta G=G_{\mathrm{final}}-G_{\mathrm{initial}} \qquad (1.24)$$

ΔG が負であれば，その過程あるいは反応は自発的に進む方向に起こり，ΔG が正の場合には逆方向への自発的変化が起こる．可逆反応では，化学反応式の左右いずれの側の物質から反応が始まったとしても，平衡に達するまでは自由エネルギーが減少し，極小値（$\Delta G=0$）になったところが平衡状態ということになる．溶液中での一般の平衡系，式(1.18)すなわち

$$aA + bB + cC + \cdots \rightleftharpoons pP + qQ + rR + \cdots$$

に自由エネルギー関数を適用すると，式(1.19)よりも厳密な式を導くことができる．反応式(1.18)について式(1.24)から

$$\Delta G = (pG_P + qG_Q + rG_R + \cdots) - (aG_A + bG_B + cG_C + \cdots) \quad (1.25)$$

すべての反応成分が溶液中にあるとして，式(1.22)の関係を式(1.25)に代入すると

$$\Delta G = (pG_P{}^\circ + pRT\ln a_P + qG_Q{}^\circ + qRT\ln a_Q + rG_R{}^\circ + rRT\ln a_R + \cdots) - (aG_A{}^\circ + aRT\ln a_A + bG_B{}^\circ + bRT\ln a_B + cG_C{}^\circ + cRT\ln a_C + \cdots) \quad (1.26)$$

活量に関する項を分離して，

$$\Delta G = (pG_P{}^\circ + qG_Q{}^\circ + rG_R{}^\circ + \cdots) - (aG_A{}^\circ + bG_B{}^\circ + cG_C{}^\circ + \cdots) + RT\ln\frac{a_P{}^p a_Q{}^q a_R{}^r \cdots}{a_A{}^a a_B{}^b a_C{}^c \cdots} \quad (1.27)$$

式(1.27)の右辺の活量に無関係の部分をΔG°とすると，

$$\Delta G = \Delta G^\circ + RT\ln\frac{a_P{}^p a_Q{}^q a_R{}^r \cdots}{a_A{}^a a_B{}^b a_C{}^c \cdots} \quad (1.28)$$

平衡状態では$\Delta G = 0$であるから，

$$-\Delta G^\circ = RT\ln\frac{a_P{}^p a_Q{}^q a_R{}^r \cdots}{a_A{}^a a_B{}^b a_C{}^c \cdots} \quad (1.29)$$

すなわち

$$\frac{a_P{}^p a_Q{}^q a_R{}^r \cdots}{a_A{}^a a_B{}^b a_C{}^c \cdots} = \exp\left[-\frac{\Delta G^\circ}{RT}\right] = K^\circ \quad (1.30)$$

ΔG°の項は活量によって変化しないので，一定温度では$\exp(-\Delta G^\circ/RT)$は一定の値をとる．これをK°で表し，熱力学的平衡定数（thermodynamic equilibrium constant）とよんでいる．また，これを活量定数（activity constant）ということもある．K°と濃度平衡定数Kの関係は活量と濃度の関係式，式(1.23)と式(1.30)から

$$K^\circ = \frac{a_P{}^p a_Q{}^q a_R{}^r \cdots}{a_A{}^a a_B{}^b a_C{}^c \cdots} = \frac{y_P{}^p[P]^p y_Q{}^q[Q]^q y_R{}^r[R]^r \cdots}{y_A{}^a[A]^a y_B{}^b[B]^b y_C{}^c[C]^c \cdots} = \frac{y_P{}^p y_Q{}^q y_R{}^r \cdots}{y_A{}^a y_B{}^b y_C{}^c \cdots}K \quad (1.31)$$

となり，式(1.29)は次のように表される．

$$\Delta G^\circ = -RT\ln K^\circ \quad (1.32)$$

$$= -2.303RT\left(\log\frac{y_P{}^p y_Q{}^q y_R{}^r \cdots}{y_A{}^a y_B{}^b y_C{}^c \cdots} + \log K\right) \quad (1.33)$$

【例題1.8】 H_2とI_2からHIが生成する気相反応の標準自由エネルギー変化ΔG°は763 Kで−12.1 kJ mol^{-1}である．この反応の熱力学的平衡定数を求めよ．

【解答】 $H_2 + I_2 \rightleftharpoons 2\,HI$

この反応は2モルのHIが生じる反応であることから，式(1.32)よりK°を求めると

$$\log K^\circ = -\frac{2\Delta G^\circ}{2.303RT} = -\frac{2\times(-12100\ \mathrm{J\ mol^{-1}})}{2.303\times 8.31\ \mathrm{J\ K^{-1}\ mol^{-1}}\times 763\ \mathrm{K}} = 1.66$$

ゆえに，$K^\circ = 46$.

1.5 電解質の活量と活量係数

いま，溶液1.0 dm^{3}中に含まれる0.10モルの水素イオンと0.10モルの塩化物イオンが，それらをとりまく溶質や溶媒に対して完全に独立にそれぞれ存在しているとすれば，おのおのの濃度は名実ともに0.10 mol dm^{-3}とみなすことができる．しかし現実には水素イオンと塩化物イオンの間には静電的な引力が働き，互いにイオンの電場をしゃへいするので，それぞれのイオンが有効濃度を減少させ，0.10 mol dm^{-3}よりも低い濃度であるかのようにふるまうことになる．一般的には，イオン-イオン間の引力とイオン-溶媒相互作用による影響の受け方が共存する電解質の種類や濃度に左右され，溶質の有効濃度はその溶質の濃度（式量濃度）よりも小さいか，等しいとみなせるが，また大きいという場合もある．電解質存在下における溶質の有効濃度に相当する量として，ディメンション（次元）のない活量が使われる．

電解質溶液では，活量係数は，イオン間の相互作用によって生ずる理想溶液からのずれの度合を

表 1.1　水溶液中での種々のイオンのイオンサイズパラメーター（$\mathring{a}_i$）

イ　　オ　　ン	$\mathring{a}\,(10^{-10}\,m)$
K^+, Rb^+, Cs^+, Ag^+, Tl^+, NH_4^+, MnO_4^-, CN^-, NO_3^-, OH^-, HS^-, SCN^-, F^-, Cl^-, ClO_3^-, ClO_4^-, Br^-, BrO_3^-, I^-, IO_4^-	3
Na^+, Hg_2^{2+}, CrO_4^{2-}, $Fe(CN)_6^{3-}$, HCO_3^-, $H_2PO_4^-$, HPO_4^{2-}, PO_4^{3-}, $H_2AsO_4^-$, HSO_3^-, SO_4^{2-}, $S_2O_3^{2-}$, IO_3^-	4
Sr^{2+}, Ba^{2+}, Ra^{2+}, Cd^{2+}, Hg^{2+}, Pb^{2+}, $Fe(CN)_6^{4-}$, CO_3^{2-}, S^{2-}, SO_3^{2-}	5
Li^+, Ca^{2+}, Mn^{2+}, Fe^{2+}, Co^{2+}, Ni^{2+}, Cu^{2+}, Zn^{2+}, Sn^{2+}	6
Be^{2+}, Mg^{2+}	8
H^+, Al^{3+}, Cr^{3+}, Fe^{3+}, La^{3+}, Ce^{3+}	9
Zr^{4+}, Sn^{4+}, Ce^{4+}, Th^{4+}	11

［J. Kielland, *J. Am. Chem. Soc.*, **59**, 1675 (1937)をもとにして作成］

表すということができ，式(1.23)から次のように表される．

$$y_i = \frac{a_i}{C_i} \qquad (1.34)$$

ここで，y_i は溶質 i の活量係数，a_i は i の活量，C_i は i の濃度である．

電解質の濃度が 10^{-4} mol dm^{-3} 以下の希薄溶液では，電解質の活量係数はほぼ 1 であるから，活量は近似的に濃度に等しいとみなしてよい．その電解質の濃度を高くするか異種の塩を加えると，一般に活量係数は小さくなり，その結果，活量は濃度よりも小さくなる．

強電解質溶液についてはデバイ-ヒュッケル式（Debye-Hückel equation）により活量係数が求められる．すなわち，298 K の水溶液でイオン i の活量係数は，次式で示される*．

$$-\log y_i = \frac{0.51\, Z_i^2 \sqrt{I}}{1 + 0.33 \times 10^{10} \times \mathring{a}_i \sqrt{I}} \qquad (1.35)$$

$\mathring{a}_i$ はイオン i のイオンサイズパラメーター（ion size parameter）で，これは m 単位で表したイオン i の水和イオンの有効半径に相当する．I はイオン強度（ionic strength）とよばれ，式(1.35)は I がおよそ 0.2 まで適用できる．イオン強度は総電解質濃度の尺度であり，次式で定義される．

$$I = \frac{1}{2} \sum C_i Z_i^2 \qquad (1.36)$$

ここで，C_i，Z_i はそれぞれイオン i の濃度，電荷であり，溶液中に存在するすべてのイオンが計算に含まれる．水溶液中の種々のイオンについてのイオンサイズパラメーターを表 1.1 に示す．

$\mathring{a} = 3 \times 10^{-10}$ m と近似して，式(1.35)の分母を $1 + \sqrt{I}$ とした式もよく用いられる．さらに，非常に希薄な溶液（$I < 0.001$）では分母を 1 と近似して

$$-\log y_i = 0.51\, Z_i^2 \sqrt{I} \qquad (1.37)$$

が用いられる（Debye-Hückel の極限式）．イオン強度が 0.2 より大きい場合には，式(1.35)に補正を加えた次式が用いられる．

$$-\log y_i = \frac{0.51\, Z_i^2 \sqrt{I}}{1 + 0.33 \times 10^{10} \times \mathring{a}_i \sqrt{I}} - 0.10\, Z_i^2 \sqrt{I} \qquad (1.38)$$

この式では，イオン強度が約 0.6 まで適用できる．さらに高い濃度の電解質溶液では，水の活量が減少し，溶媒和イオンが部分的に脱溶媒和されるために活量係数は 1 より大きくなることがある．その場合，イオン種の活量は増大する．

活量係数の値は厳密にいえば化学種ごとに異なるが，式(1.35)などからも予想されるように近似的には電荷の型によって決まるとみてよい．分析化学的な実用面からは平衡定数や活量係数の値としては，小数点以下 1 桁まで知ればよいことが多いので，そのような近似計算にはリングボムの提案した図 1.1 が便利である．イオン強度が既知であれば図 1.1 から，その場合の H^+，その他の 1 価イオン（M^+；L^-），2 価イオン（M^{2+}；L^{2-}），3 価イオン（M^{3+}；L^{3-}）の活量係数の概算値を求めることができる．

一方，実験的に活量係数を求める場合，個々の

*　デバイ-ヒュッケル式で与えられる活量係数は，モル分率を濃度の尺度として用いた場合の活量係数 f であるが，水溶液の場合 0.1 mol dm^{-3} 近くまで f は y とほとんど同じ値になる．

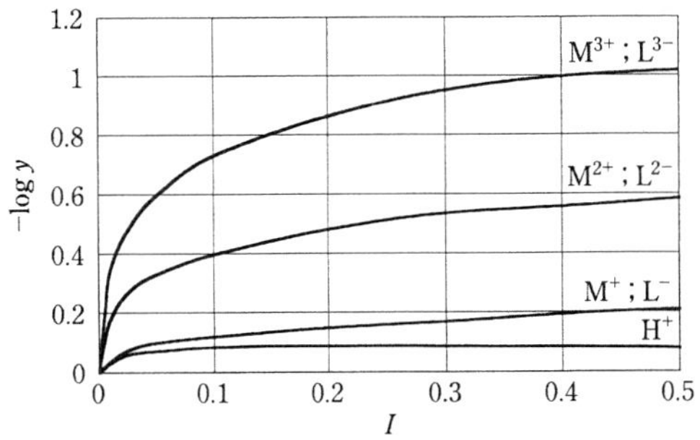

図 1.1 各種イオンのイオン強度に対する活量係数の概数値

[A. Ringbom, Complexation in Analytical Chemistry, Interscience Publ. (1963), p.24, をもとにして作成]

イオンの活量係数を測定することはできないので，電解質 M_mN_n（M：陽イオン，N：陰イオン）の平均活量係数（mean activity coefficient）$y_\pm$ という量を求めることになる．M イオン，N イオンの活量係数を y_M，y_N とすると，平均活量係数は次のように定義される．

$$y_{M_mN_n} = y_M{}^m y_N{}^n = y_\pm^{m+n}$$

$$y_\pm = \sqrt[m+n]{y_M{}^m y_N{}^n} \qquad (1.39)$$

たとえば，$CaCl_2$ に関しては，$y_{CaCl_2} = y_{Ca^{2+}} y_{Cl^-}{}^2 = y^3_{\pm(CaCl_2)}$ となる．

なお，電荷をもたない中性化学種（非電解質）では，イオン強度が 1 のような大きい値をとる場合でも，活量係数は実質的にはほぼ 1 とみなしてよい．また，解離しない酸も非電解質と考え，その活量係数を 1 と近似することができる．

【例題 1.9】 強電解質のイオン強度は濃度に比例する．このことを電解質 M_mN_n の c mol dm^{-3} 溶液について示せ．

【解答】 M_mN_n は強電解質（次節参照）ということから，完全に mM^{n+} イオンと nN^{m-} イオンに解離しているとみなされる．その電解質の濃度は c mol dm^{-3} であるから

$$[M^{n+}] = mc, \ [N^{m-}] = nc$$

したがって，イオン強度は式（1.36）から

$$I = \frac{1}{2}(mc \times n^2 + nc \times m^2) = \frac{1}{2}mn(n+m)c$$

そこで，次式のように表すことができる．

$$I = kc \qquad (1.40)$$

ここで k は電解質の型によって決まる定数であり，1：1 型電解質では 1，2：1 型電解質では 3，2：2 型電解質では 8，3：1 型電解質では 6，3：2 型電解質では 15，3：3 型電解質では 27 となる．

【例題 1.10】 NaCl が 0.100 mol dm^{-3}，KCl が 0.030 mol dm^{-3}，K_2SO_4 が 0.050 mol dm^{-3} の濃度で含まれる水溶液のイオン強度を計算せよ．

【解答】 $[Na^+] = 0.100$ mol dm^{-3}

$[K^+] = 0.030 + 0.050 \times 2 = 0.130$ mol dm^{-3}

$[Cl^-] = 0.100 + 0.030$ mol dm^{-3}

$= 0.130$ mol dm^{-3}

$[SO_4^{2-}] = 0.050$ mol dm^{-3}

よって，イオン強度は式(1.36)から

$$I = \frac{1}{2}(0.100 \times 1^2 + 0.130 \times 1^2 + 0.130 \times 1^2 + 0.050 \times 2^2) = 0.28$$

（別解） 式(1.40)の定数 k は，1：1 型電解質の NaCl と KCl では 1，2：1 型電解質の K_2SO_4 では 3 で与えられるので，イオン強度は

$$I = 1 \times 0.100 + 1 \times 0.030 + 3 \times 0.050 = 0.28.$$

【例題 1.11】 0.020 mol dm^{-3} の硫酸カリウム水溶液について次の値を計算せよ．

(1) K^+ と SO_4^{2-} のそれぞれの活量係数

(2) K_2SO_4 の平均活量係数

【解答】

(1) イオン強度は式(1.40)から

$$I = 3 \times 0.020 = 0.060$$

この場合には，式(1.35)を用いる．表 1.1 から $\mathring{a}_{K^+} = 3.0 \times 10^{-10}$ m，$\mathring{a}_{SO_4^{2-}} = 4.0 \times 10^{-10}$ m である．

$$-\log y_{K^+} = \frac{0.51 \times 1^2 \times \sqrt{0.060}}{1 + 0.33 \times 10^{10} \times 3.0 \times 10^{-10}\sqrt{0.060}} = 0.101$$

$$\log y_{K^+} = -0.101$$

したがって，$y_{K^+} = 0.79$.

$$-\log y_{SO_4^{2-}} = \frac{0.51 \times 2^2 \times \sqrt{0.060}}{1 + 0.33 \times 10^{10} \times 4.0 \times 10^{-10}\sqrt{0.060}} = 0.378$$

$$\log y_{SO_4^{2-}} = -0.378$$

したがって，$y_{SO_4^{2-}} = 0.42$.

(2) 式(1.39)に y_{K^+}，$y_{SO_4^{2-}}$ を代入して

$$y_{\pm(K_2SO_4)} = \sqrt[3]{y_{K^+}{}^2 y_{SO_4^{2-}}} = \sqrt[3]{0.79^2 \times 0.42} = 0.64$$

1.6 電　離　度

電解質は一般に水に溶けて，その一部または全部がイオンに電離（解離）する．水溶液中では生ずるイオンが水和によって安定化されるので，気相中などに比べてはるかに電離しやすい．したがって，水溶液中に電解質が存在すると，その溶液は電気伝導性をもつようになる．電解質水溶液の電離平衡において質量作用の法則が成り立つとき，この平衡定数を電離定数（ionization constant）あるいは解離定数（dissociation constant）とよんでいる．また，ある溶質の電離平衡時において，その全量に対する電離した溶質の量の比を電離度（degree of ionization）といい，α で表す．すなわち，

$$\alpha=\frac{電離した溶質の量}{溶質の全量}$$

水に溶けてほぼ完全にイオンに解離するもの，すなわち α が1に近いものを強電解質（strong electrolyte）という．これに対して，水溶液中に解離しない分子が存在し，α が1に比べてはるかに小さいものを弱電解質（weak electrolyte）という．弱電解質でも十分に希薄な溶液では，α は1に近くなる．強電解質の代表例として，塩酸，硝酸，硫酸などの強酸，水酸化ナトリウム，水酸化カリウムなどの強塩基，あるいはそれらの塩があり，弱電解質の例としては炭酸，ホウ酸，酢酸，フェノールなどの弱酸やアンモニア，メチルアミンなどの弱塩基があげられる．なお，電離度という表現は，もともと水溶液内での電解質の解離の度合を電気伝導度の測定により求めたことに由来しているが，広義には気相反応で分子が原子やイオンに解離するような場合も含めて解離度（degree of dissociation）という用語が使われている．

【例題 1.12】 塩化ナトリウムを溶かしてイオン強度 0.16 の水溶液を調製し，この溶液に 2.0×10^{-4} mol dm^{-3} の 1：1 型弱電解質 AB を溶解させる．このとき AB の一部が解離して生じるイオン A^+ と B^- の活量係数はそれぞれ 0.80 と 0.75 であるとする．AB の電離の熱力学的平衡定数 K° を 1.2×10^{-8} mol dm^{-3} として，次の問いに答えよ．ただし，塩化ナトリウムは完全解離し，A^+ や B^- との会合は起こらないとする．

(1)　調製した水溶液中の塩化ナトリウムの濃度を求めよ．

(2)　このイオン強度 0.16 の共存塩溶液中における AB の電離に対する濃度平衡定数 K とその電離度を求めよ．

(3)　2.0×10^{-4} mol dm^{-3} の AB の純水中における電離の濃度平衡定数を求め，上問 (2) の塩化ナトリウムが共存する場合と比較してみよ．

【解答】

(1)　AB の一部が解離して生じる A^+ と B^- のイオンの濃度は，Na^+ イオンの濃度 C_{Na^+} および Cl^- イオンの濃度 C_{Cl^-} と比較して非常に低いと推定されるので，イオン強度 0.16 について，その水溶液を調製するために溶かされた NaCl の濃度 C_{NaCl} のみを考慮すればよい．イオン強度は，式(1.36)から

$$I=\frac{1}{2}(C_{Na^+}\times1^2+C_{Cl^-}\times1^2)=0.16$$

NaCl は完全解離しているので，$C_{NaCl}=C_{Na^+}=C_{Cl^-}$ である．よって，$C_{NaCl}=0.16$ mol dm^{-3}．

(2)　AB の電離平衡は次のように表される．

$$AB \rightleftharpoons A^+ + B^-$$

$$K=\frac{[A^+][B^-]}{[AB]}$$

$$K^\circ=\frac{a_{A^+}a_{B^-}}{a_{AB}}=\frac{y_{A^+}[A^+]y_{B^-}[B^-]}{y_{AB}[AB]}=\frac{y_{A^+}y_{B^-}}{y_{AB}}K$$

A^+ と B^- の活量係数がそれぞれ $y_{A^+}=0.80$，$y_{B^-}=0.75$ であり，電荷をもたない中性化学種 AB の活量係数は1とみなされるので，濃度平衡定数 K は熱力学的平衡定数 K° と次のように関係づけられる．

$$K^\circ=y_{A^+}y_{B^-}K=0.80\times0.75\times K$$

したがって，

$$K=\frac{1.2\times10^{-8}}{0.80\times0.75}=2.0\times10^{-8}\ \mathrm{mol\ dm^{-3}}$$

電離平衡時における各濃度は，電離度 α を用いると AB の初期濃度 2.0×10^{-4} mol dm^{-3} と次のように関係づけられる．

$$[A^+]=[B^-]=2.0\times10^{-4}\alpha\ \mathrm{mol\ dm^{-3}}$$

$[AB]=2.0\times10^{-4}\times(1-\alpha)\,mol\,dm^{-3}$

ここで，α はその平衡定数の値からみて非常に小さい数値と推定できることから，$\alpha\ll1$ より，$[AB]=2.0\times10^{-4}\,mol\,dm^{-3}$ と近似できる．すなわち

$$K=\frac{[A^+][B^-]}{[AB]}=\frac{(2.0\times10^{-4}\alpha)^2}{2.0\times10^{-4}}$$
$$=2.0\times10^{-8}$$

したがって，

$$\alpha=\sqrt{\frac{2.0\times10^{-8}}{2.0\times10^{-4}}}=1.0\times10^{-2}$$

(3) 純水中でも AB の電離定数は極めて小さい数値とみなせるので，イオン強度は 10^{-4} 以下であると考えられる．したがって，A^+ と B^- の活量係数はいずれも 1 であると近似してよいので，このときの濃度平衡定数 K は熱力学的平衡定数 K° に等しくなる．すなわち，純水中では

$$K=K^\circ=1.2\times10^{-8}\,mol\,dm^{-3}$$

塩化ナトリウムが共存する場合より電離定数が小さくなり，電離度も減少する．つまり，上問(2)と(3)で得られた値の比較から，共存塩により電離度が増大することがわかる．このような効果を活量効果，共存塩効果，または異種イオン効果と呼んでいる（第5章参照）．

以上のように化学平衡の計算を厳密に行う場合には，熱力学的平衡定数ならびに反応物と生成物の活量を用いなければならない．その場合，デバイ-ヒュッケル式や図1.1により活量係数を見積もって計算することになる．しかし日常の化学分析で出会う系はイオン強度が高いとか，複雑な組成をもつため活量係数を見積もることが困難な場合が多い．このようなこともあって実用上は活量係数をすべて1とみなし，熱力学的平衡定数の代わりに濃度平衡定数を用いて化学平衡を考えることがよく行われている．

演 習 問 題

【1.1】 次の反応式を完成せよ．必要ならば H^+, H_2O を加えよ．

(1) $Al(OH)_3 + H_2SO_4 \longrightarrow Al_2(SO_4)_3$

(2) $Bi^{3+} + H_2S \longrightarrow Bi_2S_3$

(3) $PbS + NO_3^- \longrightarrow Pb^{2+} + S + NO$

(4) $H_2SO_3 + I_2 \longrightarrow H_2SO_4 + I^-$

(5) $MnO_4^- + C_2O_4^{2-} + H^+ \longrightarrow Mn^{2+} + CO_2$

【1.2】 次の問に答えよ．

(1) $1.00\,mol\,dm^{-3}$ の酢酸溶液 $200\,cm^3$ を調製するためには，氷酢酸（99.5％，密度 1.048）何 cm^3 を溶解すればよいか．

(2) 市販の濃塩酸は 35.39％ の HCl を含み，その密度は $1.180\,g\,cm^{-3}$（15°C）である．この塩酸のモル濃度を求めよ．

(3) 20°C で，塩化ナトリウムは水 100 g に 35.8 g 溶ける．この溶液の密度を $1.20\,g\,cm^{-3}$ として，濃度を質量パーセント濃度とモル濃度で示せ．

(4) 98.0％ の濃度の濃硫酸（密度：$1.83\,g\,cm^{-3}$（25°C））$10.0\,cm^3$ を $100\,cm^3$ の水に加えて溶解した．この溶液を中和するには何 g の水酸化ナトリウムが必要か．

(5) 1.26 g の硝酸銀を水に溶解して，$250\,cm^3$ に定容した．この溶液のモル濃度を求めよ．また，この溶液に 1.03 g の塩化ナトリウムを加えたときに生成する塩化銀の質量を求めよ．

【1.3】 次の問に答えよ．

(1) Be^{2+}, Ca^{2+} および Ba^{2+} それぞれ 100 ppb 含む溶液のモル濃度を求めよ．

(2) 硝酸鉛を水に溶解して 100 ppm の鉛の溶液を $1.00\,dm^3$ 調製するには，何グラムの硝酸鉛を溶解すればよいか．

(3) 2.60 g の鉄鋼を酸に溶解して全容が $100\,cm^3$ の溶液を調製した．この溶液中の亜鉛の濃度を測定しところ $0.555\,\mu mol\,dm^{-3}$ であった．この鉄鋼中の亜鉛の濃度を ppm で表せ．

【1.4】 次の溶液内反応

$$A + 2B \rightleftharpoons C + 2D$$

において，A と B が 1：2 のモル比で反応するとき，A の 99.9％ が生成物に変わるとすれば濃度平衡定数はいくらでなければならないか．

【1.5】 フッ化水素の分解反応

$$2HF(g) \rightleftharpoons H_2(g) + F_2(g)$$

の 727°C（1000 K）での濃度平衡定数は 1.00×10^{-13} である．内容積が $2.00\,dm^{-3}$ の容器内に 1.00 モルのフッ化水素を入れて，1000 K に保ち，この反応が平衡に達したときのフッ素ガスの濃度を計算せよ．

【1.6】 塩分濃度が 3.5 wt％の海水がある．この塩分がすべて塩化ナトリウムからなるとして，この海水中のナトリウムイオンと塩化物イオンのそれぞれの活量係数を計算せよ．また，NaCl の平均活量係数を求めよ．ただし，この海水（NaCl 溶液）の密度を $1.0\,g\,cm^{-3}$ とする．

【1.7】 電解質 M_mN_n が水溶液中で

$$M_mN_n \rightleftharpoons mM^{n+} + nN^{m-}$$

のように電離平衡にあるとき，この溶液のイオン強度が 0.001 以下の場合，M_mN_n の平均活量係数は次のように表されることを示せ．

$$-\log y_{\pm(M_mN_n)} = 0.51mn\sqrt{I}$$

【1.8】 次の化学反応の熱力学的平衡定数（$K°$）と濃度平衡定数（K）との関係を式で表せ．

(1) $NH_3(g) + H_2O \rightleftharpoons NH_4^+ + OH^-$

(2) $HCN + H_2O \rightleftharpoons H_3O^+ + CN^-$

(3) $2H_2O_2 \rightleftharpoons 2H_2O + O_2(g)$

(4) $BaSO_4(s) + CO_3^{2-} \rightleftharpoons BaCO_3(s) + SO_4^{2-}$

(5) $BaSO_4(s) \rightleftharpoons Ba^{2+} + SO_4^{2-}$

第2章 酸塩基平衡

酸 (acid) と塩基 (base) はもっとも身近な化学の概念の一つである．酸は，一般生活においても酢を代表とした酸っぱい物質として，また，金属を溶解する，植物色素を変色させる，石灰を発泡させる等の性質をもつ物質として理解されてきた．一方，塩基は，酸の性質を打ち消し，水を生成するものとして定義されてきた．本章では，現在用いられている酸塩基反応の基礎について学ぶ．

2.1 酸と塩基の概念

酸・塩基に対する化学的な定義は，現在ではおもに「アレニウスの定義」，「ブレンステッドの定義」および「ルイスの定義」の三つで説明されている．そのほか，ピアソンの酸塩基の概念 (HSAB) がある (3.2節d項参照)．

a. アレニウスの酸塩基の定義

1887年にアレニウス (S. A. Arrhenius) は，酸を「水素を含み，水に溶解すると水素イオンと陰イオンとに電離する物質」と定義した．たとえば，塩化水素 HCl (気体) は次のように電離して水素イオン H^+ を生成するので酸である．

$$HCl \longrightarrow H^+ + Cl^- \qquad (2.1)$$

一方，塩基を「水酸基を含み，水に溶解すると水酸化物イオンと陽イオンとに電離する物質」と定義した．

このように，アレニウスの考え方は，水溶液中での酸塩基反応を理解するのにもっとも基礎的でありかつ簡便な定義である．この定義により，反応速度も含めこれまでの水溶液内の種々の平衡や反応が的確に説明できるようになった．

b. ブレンステッドの酸塩基の定義

1923年にブレンステッド (J. N. Brønsted) は，「プロトン H^+ を与えるものを酸」また，「プロトン H^+ を受け取るものを塩基」と定義した．このように酸・塩基反応を H^+ の授受で考えることにより，共役の酸塩基対，電荷をもった酸塩基などを考えることができるようになった．また，水以外の溶媒中の酸塩基平衡も説明できる汎用性のある定義である．

ここでプロトンは水素の原子核を意味しており，アレニウスの定義した水和の水素イオンではない．したがって，ブレンステッドの定義では，H^+ の授受の相手が必ず必要となる．酢酸を例に取ると，水溶液中では次のような反応で水素イオン (水和イオン) を生成する．

$$CH_3COOH + H_2O \rightleftharpoons H_3O^+ + CH_3COO^- \qquad (2.2)$$

ここで，酢酸 CH_3COOH は H_2O にプロトンを与えている (右方向) ので酸である．しかしこの逆方向の反応 (左方向) を考えると，酢酸イオン CH_3COO^- は H_3O^+(オキソニウムイオン) からプロトンを受け取っているので塩基である．このような関係にある，酸 CH_3COOH と塩基 CH_3COO^- のような対を，共役酸塩基対とよぶ．

一方，H_2O は CH_3COOH から H^+ を受け取り，H_3O^+ となっているので水 H_2O は塩基である．また，左方向への反応を考えると，H_3O^+ はプロトンを与えて H_2O となっているので酸である．このように H_3O^+ と H_2O も共役酸塩基対である．したがって，酢酸の解離平衡およびその共役の関係は次のように表せる．

$$CH_3COOH + H_2O \rightleftharpoons H_3O^+ + CH_3COO^-$$

酸　塩基　酸　塩基

（塩基と酸：共役）

（酸と塩基：共役）

このように酸塩基平衡はプロトンを交換する2組の共役酸塩基対が組み合わさって起こる．この関係は水溶液以外の非水溶媒にも用いることができる．

塩基についてもまったく同様の関係が得られる．アンモニアを例に取ると，水溶液中では次のような反応で水酸化物イオンを生成する．

$$NH_3 + H_2O \rightleftharpoons NH_4^+ + OH^- \qquad (2.3)$$

この右方向への反応では，NH_3 は H_2O から H^+ を受け取って NH_4^+ となっているので塩基である．逆方向の反応を考えると NH_4^+ は OH^- に H^+ を与えて NH_3 になっている．したがって，NH_4^+ は酸であり，NH_4^+ と NH_3 は共役酸塩基対である．

H_2O は，CH_3COOH との反応では塩基として作用しているのに，NH_3 との反応では酸として作用している．このように酸としても塩基としても作用する物質を両性物質（amphoteric compound）とよぶ．

c. ルイスの定義

同じ1923年にルイス（G. N. Lewis）は塩基を電子対供与体と定義し，この電子対を受け取るものを酸と定義した．このように，プロトンは電子対受容体の一つであり，これまでプロトンに限定されていた酸塩基の定義がさらに一般化された．プロトンとアンモニアの反応を，電子対も明示して書き表すと，

$$H^+ + :NH_3 \rightleftharpoons H:NH_3^+ \ (NH_4^+) \qquad (2.4)$$

すなわち，酸 H^+ は塩基 NH_3 の電子対を受け取って，塩（もしくは錯体）を生成する．この考え方では，酸はプロトンである必要はなく，金属イオンでもよい．たとえば，硫酸銅(II)を水に溶解したときには，

$$CuSO_4 + 6(:OH_2) \rightleftharpoons [Cu(:OH_2)_6]^{2+} + SO_4^{2-} \qquad (2.5)$$

ここで，銅(II)イオンは水の電子対を受け取って水和イオン（アクア錯体）を生成していることより，酸として反応していることがわかる．この水和イオンにアンモニアを加えると，配位している水分子を置換してアンミン錯体を生成する．

$$[Cu(:OH_2)_6]^{2+} + 4:NH_3 \rightleftharpoons [Cu(:NH_3)_4(:OH_2)_2]^{2+} + 4:OH_2 \qquad (2.6)$$

したがって，水和イオンからの錯体の生成は塩基分子の置換反応として取り扱うことができる．このように，ルイスの酸塩基の考え方により錯形成反応も酸塩基反応として統一的に説明できる．

この章においてはおもにプロトンの関与した酸塩基を説明するので，ブレンステッドの定義に従った酸塩基の取り扱いや計算を行うことにする．

2.2 酸および塩基の強さと水平化効果

a. 酸解離定数と塩基解離定数

酸を HA で表すと，水溶液中の電離平衡は一般的に次の式で表される．

$$HA + H_2O \rightleftharpoons H_3O^+ + A^- \qquad (2.7)$$

酢酸を例にとると，式(2.7)の酸解離の平衡定数は，酢酸およびイオンそれぞれの平衡濃度，$[CH_3COOH]$ および $[CH_3COO^-]$ を用いて次式で表される．

$$K = \frac{[H_3O^+][CH_3COO^-]}{[CH_3COOH][H_2O]} \qquad (2.8)$$

ここで，$[H_3O^+]$ を $[H^+]$ で表し，$[H_2O]$ を左辺に移すと，次のように簡略化される．

$$K_a = K[H_2O] = \frac{[H^+][CH_3COO^-]}{[CH_3COOH]} \qquad (2.9)$$

K_a は酸解離定数とよばれ，酸の強さの尺度となる．これらの値はその酸に特有であり，一定の温度，圧力の下では一定である（本当に一定なのは活量で表した定数である）．酸 HA が強い方が K_a の値は大きい．通常は $pK_a(=-\log K_a)$ を用いることが多く，pK_a の値が小さいほどその酸は強く，強酸では負の値となる．

一方，塩基（B）の場合も同様に，解離平衡は式(2.10)で表せ，その平衡定数である塩基解離定数

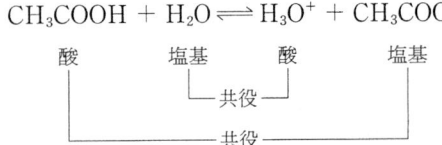

K_b は式(2.11)で表される．

$$B + H_2O \rightleftharpoons BH^+ + OH^- \qquad (2.10)$$

$$K_b = \frac{[BH^+][OH^-]}{[B]} \qquad (2.11)$$

酸と同様，K_b が大きいほど OH^- の生成割合が多くなり，塩基が強くなる．pK_a と同様に，$-\log K_b$ を pK_b で表すと，塩基が強いほど pK_b は小さくなる．

b．酸解離定数とその共役塩基の塩基解離定数との関係

式(2.10)の平衡において BH^+ は塩基 B の共役の酸であり，BH^+ については次のように酸解離平衡を考えることができる（式(2.10)の逆反応は酸解離ではなく中和反応である）．

$$BH^+ + H_2O \rightleftharpoons H_3O^+ + B \qquad (2.12)$$

この平衡の酸解離定数は，次式で表される．

$$K_a = \frac{[H^+][B]}{[BH^+]} \qquad (2.13)$$

B の塩基解離定数（式(2.11)と BH^+ の酸解離定数(式(2.13))の積を取ると，次のようになる．

$$K_a K_b = \frac{[BH^+][OH^-]}{[B]} \frac{[H^+][B]}{[BH^+]}$$

$$= [H^+][OH^-] = K_w \qquad (2.14)$$

すなわち K_a と K_b の積は K_w(水のイオン積)となる．両辺の対数をとると，塩基 B の pK_b はその共役酸の pK_a で表すことができる．

$$pK_a = pK_w - pK_b \qquad (2.15)$$

したがって，酸と塩基の強さを pK_a で統一して表すことができる．また，この式からわかるように，酸（塩基）が強ければ強いほど，共役の塩基（酸）は弱くなる．たとえば，強酸である HCl は完全解離し，共役塩基である塩化物イオン Cl^- は次のような反応は示さない．

$$Cl^- + H_2O \not\rightleftharpoons HCl + OH^- \qquad (2.16)$$

したがって，強酸の共役の塩基は，実質上，塩基としては作用しない．同様に強塩基の共役の酸は酸の性質を示さない．

【例題 2.1】 水溶液中のアンモニアの塩基解離平衡は次のように表される．

$$NH_3 + H_2O \rightleftharpoons NH_4^+ + OH^- \qquad (a)$$

アンモニアの共役の酸であるアンモニウムイオン NH_4^+ の酸解離定数（pK_a）を求めよ．ただし，水のイオン積は $pK_w = 14.0$ であり，アンモニアの pK_b は 4.8 である．

【解答】 アンモニウムイオンの酸解離平衡は次式で表せる．

$$NH_4^+ + H_2O \rightleftharpoons H_3O^+ + NH_3 \qquad (b)$$

NH_3 の塩基解離定数および NH_4^+ の酸解離定数は次式で表せる．

$$K_b = \frac{[NH_4^+][OH^-]}{[NH_3]} \qquad (c)$$

$$K_a = \frac{[H^+][NH_3]}{[NH_4^+]} \qquad (d)$$

これらの積を取ると，次のようになる．

$$K_a K_b = \frac{[NH_4^+][OH^-]}{[NH_3]} \frac{[H^+][NH_3]}{[NH_4^+]}$$

$$= [H^+][OH^-] = K_w \qquad (e)$$

すなわち K_a と K_b の積は K_w となり，両辺の対数をとると，

$$pK_a + pK_b = pK_w \qquad (f)$$

したがって，アンモニウムイオン NH_3 の pK_a は次のように得られる．

$$pK_a = K_w - pK_b = 14.0 - 4.8 = 9.2 \qquad (g)$$

---

c．水平化効果

強酸 HA は水溶液においては完全に解離し，H_3O^+ となってしまう．

$$HA + H_2O \longrightarrow H_3O^+ + A^- \qquad (2.17)$$

したがって，どのように強い酸でも水溶液中では，すべて H_3O^+ となってしまい，H_3O^+ より強い酸は存在し得ない．すなわち，どのように強い酸も強さは H_3O^+ で頭打ちとなり，酸の強さに違いは現れなくなる．これを水平化効果（leveling effect）とよぶ．一方，塩基の場合も同様に，どのような強塩基も OH^- で頭打ちとなる．すなわち，OH^- に水平化される．このように，水溶液中で最も強い酸はオキソニウムイオン H_3O^+ であり，もっとも強い塩基は水酸化物イオン OH^- ということになる．

d. 塩の加水分解

強酸と弱塩基の塩もしくは強塩基と弱酸の塩の水溶液は，それぞれ酸性および塩基性を示す．これは，次の式(2.18),(2.19)に示すように加水分解によって説明される．すなわち，弱塩基であるアンモニアと塩酸との塩である塩化アンモニウムを例にとると，水溶液では次のように完全解離する．

$$NH_4Cl \longrightarrow NH_4^+ + Cl^- \qquad (2.18)$$

アンモニウムイオンは溶媒の水と反応してアンモニアと水素イオンを生成する．

$$NH_4^+ + H_2O \rightleftharpoons NH_3 + H_3O^+ \qquad (2.19)$$

このように加水分解反応により H_3O^+ が放出され，溶液は酸性を示す．

重金属イオンの強酸の共役塩基との塩の多くは，加水分解反応により酸性を示す．塩化鉄(III)を例にとると，次に示すように鉄(III)イオン（アクアイオン，第3章参照）の加水分解により水素イオンが放出され，溶液は酸性を示す．

$$FeCl_3 \longrightarrow Fe^{3+} + 3Cl^- \qquad (2.20)$$

$$[Fe(H_2O)_6]^{3+} + H_2O \longrightarrow [Fe(OH)(H_2O)_5]^{2+} + H_3O^+ \qquad (2.21)$$

ここでは鉄(III)イオンの一段階のみの反応を示したが，さらにプロトンを放出する多プロトン酸であり，最終的には水酸化鉄[$Fe(OH)_3$]として沈殿する．

【例題2.2】 加水分解をブレンステッドの定義により説明せよ．

【解答】 塩化アンモニウム溶液はアンモニウムイオン NH_4^+ と塩化物イオン Cl^- との混合物と考えることができる．式(2.16)で示したように，Cl^- イオンは強酸 HCl の共役の塩基であることより，事実上塩基性を示さない．一方，アンモニウムイオンは式(2.19)に示されるように，ブレンステッドの酸である．このように，酸塩基という観点からは，塩化アンモニウムはアンモニウムイオンという正に荷電した酸と見なすことができる．ここで，Cl^- イオンは単に電荷のバランスを合わせるものと考えることができる．

【例題2.3】 酸の強さにおよぼす電荷の影響について説明せよ．

【解答】 酸においては電荷が正に高いほど H^+ に対する静電的反発が強くなり，H^+ を放出し易くなる．すなわち酸性が強くなる．逆に，電荷が負に高くなれば酸は弱くなる．水和鉄イオンを例に取ると，Fe^{2+} および Fe^{3+} の酸解離は次式で表される．

$$Fe(H_2O)^{2+} + H_2O \rightleftharpoons Fe(OH)^+ + H_3O^+ \qquad (a)$$

$$Fe(H_2O)^{3+} + H_2O \rightleftharpoons Fe(OH)^{2+} + H_3O^+ \qquad (b)$$

式(a)および(b)のそれぞれの酸解離定数は，$pK_a = 9.5$ および $pK_a = 3.0$ であり，同じ鉄イオンであるにもかかわらず，正の荷電の高い Fe^{3+} の水和イオンの方がはるかに酸性が強い．

また，多プロトン酸についても同様の結果が得られる．たとえば，リン酸では，負電荷の増加と共に H_3PO_4($pK_{a1} = 2.16$)，$H_2PO_4^-$($pK_{a2} = 7.21$)，HPO_4^{2-}($pK_{a3} = 12.32$)の順で酸性が弱くなる．したがって，5+，6+といった高い電荷を持つ金属イオンは酸性が非常に強く，水和イオンとしては存在しえない．たとえば，六価のウラン（U(VI)）の場合は加水分解し，

$$U^{6+} + 4H_2O \longrightarrow U(OH)_4^{2+} + 4H^+ \qquad (c)$$

$$U(OH)_4^{2+} \longrightarrow UO_2^{2+} + 2H_2O \qquad (d)$$

で示されるように，U^{6+} イオンは水中では存在し得ず，加水分解種と見なされるウラニルイオン UO_2^{2+} が安定な化学種となる．ここで，U^{6+} はイオンの電荷が+6であることを示し，U(VI) もしくは U^{VI} はウランの酸化数が+VIであることを示す．

2.3 酸塩基平衡の定量的取り扱い

溶液内の反応は通常数多くの平衡からなっており，化学種の平衡濃度を求めるときにそのすべてを考慮し厳密に計算することは，非常に複雑でありかつ困難である．しかし，特殊な条件のとき以外は，幾つかの平衡は無視することができ，多くの場合適切な近似を用いることにより，より簡単に平衡計算を行うことが可能である．溶液中の化学種の平衡濃度を考えるときには，このような適切な近似を行うことが重要である．

a．強酸溶液の pH

強酸は完全解離するので，水素イオンの濃度は加えた酸の濃度に等しくなる．

$$[H^+]=C_A \tag{2.22}$$

すなわち，

$$pH=-\log C_A \tag{2.23}$$

b．弱酸溶液の pH

弱酸 HA の酸解離平衡は次式で表せる．

$$HA \rightleftharpoons H^+ + A^- \tag{2.24}$$

酸解離定数は

$$K_a=\frac{[H^+][A^-]}{[HA]} \tag{2.25}$$

で表せる．ここで式(2.24)より，HA から解離した H^+ と A^- の濃度は等しいので，

$$[A^-]=[H^+] \tag{2.26}$$

また，弱酸の解離の程度は低いので，[HA]の濃度は全濃度 C_A で近似できる，

$$[HA]=C_A \tag{2.27}$$

これらの関係を，式(2.25)に代入すると，

$$K_a=\frac{[H^+]^2}{C_A} \tag{2.28}$$

したがって

$$[H^+]=\sqrt{K_aC_A} \tag{2.29}$$

このように，弱酸の水溶液の pH は，次式で与えられる．

$$pH=\frac{1}{2}(pK_a-\log C_A) \tag{2.30}$$

c．酸溶液の一般式

溶媒である水の自己プロトン解離も考慮した，一プロトン酸水溶液の pH の一般式は次のように求められる．水溶液中の酸塩基平衡は，HA の解離平衡および溶媒である水の自己プロトリシスである．

$$HA \rightleftharpoons H^+ + A^- \tag{2.31}$$

$$H_2O \rightleftharpoons H^+ + OH^- \tag{2.32}$$

平衡の計算は，これらの物質の収支と電気的中性および平衡定数から得られる複数の式の，連立方程式を解くことになる．まず，酸の全濃度を C_A とすると，酸の収支は

$$C_A=[HA]+[A^-] \tag{2.33}$$

で与えられ，正電荷の濃度の総和は負電荷の濃度の総和に等しいという，電気的中性の関係より次式が得られる．

$$[H^+]=[A^-]+[OH^-] \tag{2.34}$$

HA の酸解離定数および水のイオン積（自己プロトリシス定数）は

$$K_a=\frac{[H^+][A^-]}{[HA]} \tag{2.35}$$

$$K_w=[H^+][OH^-] \tag{2.36}$$

である．以上より，式(2.33)～(2.36)の四つの方程式が得られたので，これらの式から条件によって変化する平衡濃度，[HA]，$[A^-]$，$[OH^-]$を消去し，C_A と$[H^+]$の関係式を導けばよい．すなわち，式(2.33)へ(2.35)を代入し[HA]を消去すると，

$$[A^-]=C_A(1+[H^+]K_a^{-1})^{-1} \tag{2.37}$$

これを式(2.34)へ代入して$[A^-]$を消去した後，式(2.36)を用いて$[OH^-]$を消去すると

$$C_A=([H^+]-K_w[H^+]^{-1})(1+[H^+]K_a^{-1}) \tag{2.38}$$

となり，整理すると式(2.39)が得られる．

$$[H^+]^3+K_a[H^+]^2-(K_aC_A+K_w)[H^+]-K_aC_A=0 \tag{2.39}$$

この式は$[H^+]$に関する三次式のため通常の方法では，C_A からすぐには$[H^+]$は求められない．いろいろな K_a について，$[H^+]$に対して C_A を計算し，pH-logC_A 曲線を求めたのが図 2.1 である．

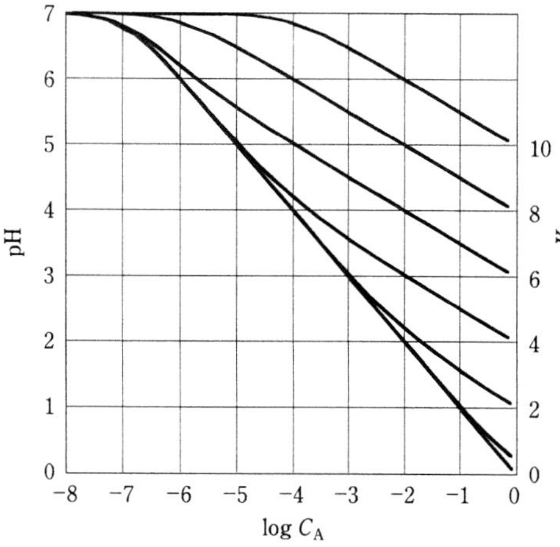

図 2.1　いろいろな pK_a の酸の濃度に対する pH の変化

【例題2.3】 上の計算において，溶液が酸性のときの$[H^+]$を求める近似式を求めよ．

【解答】 溶液が酸性の条件下(pH<6)では$[H^+] \gg [OH^-]$であることより，式(2.34)は式(a)で近似できる．通常，酸の溶液は酸性となるので，この近似は成り立つ．

$$[H^+]=[A^-] \quad \text{(a)}$$

式(a)を式(2.37)へ代入して$[A^-]$を消去すると，

$$K_a^{-1}[H^+]^2+[H^+]-C_A=0 \quad \text{(b)}$$

が得られる．このように一つの近似を考えることにより，式(2.39)は二次式となる．したがって，$[H^+]$は式(c)で求められる．

$$[H^+]=\frac{K_a(-1+\sqrt{1+4K_a^{-1}C_A})}{2} \quad \text{(c)}$$

この式を用いなければならないのは，酸解離定数が酸の濃度に近いとき($K_a \simeq C_A$)だけである．強酸もしくは弱酸の場合は，上の(a),(b)のような近似でさらに簡単な式になる．

【例題2.4】 これまで酸で求めた式を参考に塩基溶液のpHを計算する式を求めよ．

【解答】 例題2.3で求めた式において，酸HAのC_A，K_aの代わりに対応する塩基Bの濃度C_Bおよび塩基解離定K_bを用いて，$[H^+]$の代わりに$[OH^-]$を計算すればよい．そして最後に$pH=pK_w-pOH$によりpHが求まる．たとえば，塩基性領域における弱塩基のpHの計算においては，式(2.29)でK_a，C_A，$[H^+]$の代わりにそれぞれK_b，C_B，$[OH^-]$を用いる．すなわち

$$[OH^-]=\sqrt{K_bC_B} \quad \text{(a)}$$

したがって，

$$pH=pK_w-pOH=14-\frac{1}{2}(pK_b-\log C_B) \quad \text{(b)}$$

もしくは，Bの共役の酸HB^+のpK_aを用いれば，

$$pH=14-\frac{1}{2}(14-pK_a-\log C_B)$$

$$=7+\frac{1}{2}(pK_a+\log C_B) \quad \text{(c)}$$

【例題2.5】 酢酸水溶液の，解離していない酸形およびイオン化した酢酸イオンの平衡濃度の割合のpHに対する変化を示せ．

【解答】 酢酸の酸解離定数は

$$K_a=\frac{[H^+][CH_3COO^-]}{[CH_3COOH]} \quad \text{(a)}$$

で表されるので，$[H^+]$を移動すると

$$\frac{[CH_3COO^-]}{[CH_3COOH]}=\frac{K_a}{[H^+]} \quad \text{(b)}$$

の関係が得られる．このように非解離の化学種の濃度$[CH_3COOH]$と解離した化学種の濃度$[CH_3COO^-]$の比は$K_a/[H^+]$に等しい．

$[H^+]=K_a$の場合，すなわち溶液のpHをpK_aに等しくしたときには(酢酸の場合，$pH=pK_a=4.76$)

$$\frac{[CH_3COO^-]}{[CH_3COOH]}=\frac{K_a}{[H^+]}=\frac{10^{-4.76}}{10^{-4.76}}=1 \quad \text{(c)}$$

となり，$[CH_3COO^-]$は$[CH_3COOH]$と等しくなる．溶液のpHを上げてゆくと解離した化学種CH_3COO^-の割合は増加していく．

酢酸水溶液のpHをpK_aより1単位高い値である5.76にしたときの，酸解離した酢酸イオンの比は次のようになる．すなわち$[H^+]=10^{-5.76}$を式(c)に代入すると，

$$\frac{[CH_3COO^-]}{[CH_3COOH]}=\frac{K_a}{[H^+]}=\frac{10^{-4.76}}{10^{-5.76}}=10 \quad \text{(d)}$$

となる．このように，水素イオン濃度がK_aの10分の1のときには，解離した酢酸の濃度$[CH_3COO^-]$は非解離の酢酸の濃度$[CH_3COOH]$の10倍となる．式(d)からわかるように，どのような酸の溶液においても，pHがpK_aから1単位低い場合には，解離した化学種の濃度は非解離の化学種の濃度の10分の1となる．

ここで，酢酸の全濃度(加えた濃度)C_{HA}に対する，解離した化学種の濃度$[CH_3COO^-]$の割合を生成分率X_Aとする．加えた酢酸はCH_3COOHもしくはCH_3COO^-のいずれかの化学種で存在するので，$C_{HA}=[CH_3COOH]+[CH_3COO^-]$となる．したがって，

$$X_A=\frac{[CH_3COO^-]}{C_{HA}}$$

$$=\frac{[CH_3COO^-]}{[CH_3COOH]+[CH_3COO^-]} \quad \text{(e)}$$

式(a)の酸解離定数より

$$[CH_3COOH]=[H^+][CH_3COO^-]K_a^{-1}$$

が得られ，式(e)へ代入すると

$$X_A=\frac{[CH_3COO^-]}{[H^+][CH_3COOH]K_a^{-1}+[CH_3COO^-]}$$

$$= \frac{1}{[H^+]K_a^{-1}+1} \qquad \text{(f)}$$

となる．$[H^+]=10^{-4.76}$ として pH$(=-\log[H^+])$ に対して求められた X_A を図 2.2 に示す．

同様にしてプロトンの付加した化学種 (HOAc) の生成分率 X_{HA} は次式で与えられる．

$$X_{HA}=1-X_A \qquad \text{(g)}$$

pH に対する X_{HA} の変化を図 2.2 に示す．この図からわかるように，X_{HA} と X_A の曲線の交点すなわち CH_3COOH と CH_3COOH の濃度の等しい pH は酢酸の pK_a に対応する．また pH が pK_a より2単位以上高いときには$([CH_3COO^-]/[CH_3COOH])>100$ となり酸形の化学種 (CH_3COOH) の生成比は無視できるほど小さくなる．同様に pH が pK_a より 2 単位以上低いときには，塩基形の化学種 (CH_3COO^-) の生成は無視できる．

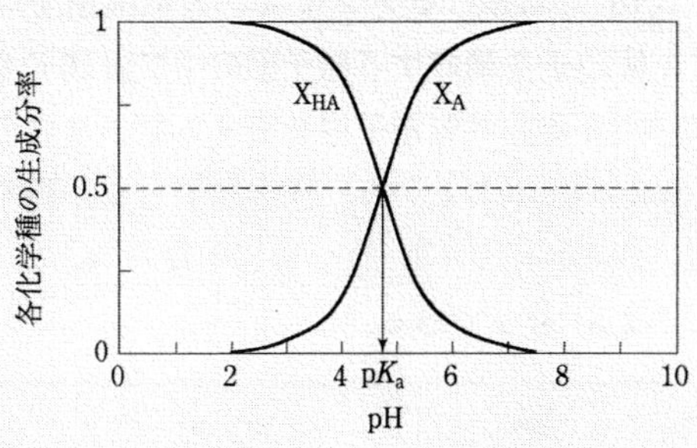

図 2.2　酢酸の各化学種の生成分率の pH による変化

演 習 問 題

【2.1】 pK_a=3 の酸の (a) 10^{-1}, (b) 10^{-3}, (c) 10^{-5} mol dm^{-3} 溶液の pH を計算せよ．

【2.2】 アンモニアの (a) 10^{-3}, (b) 10^{-5} mol dm^{-3} 水溶液の pH を計算せよ．ただし，アンモニウムイオン NH_4^+ の pK_a は 9.25 である．

【2.3】 酢酸ナトリウムの 10^{-2} mol dm^{-3} 溶液の pH を求めよ．ただし，酢酸の pK_a は 4.75 である．

【2.4】 1 mol dm^{-3} の酢酸と 1 mol dm^{-3} の酢酸ナトリウムとを含む水溶液に関する以下の問に答えよ．

(1) この溶液中のすべての平衡反応について平衡定数を定義せよ，

(2) この溶液中の酢酸の全濃度(C_A)とナトリウムイオンの全濃度(C_{Na})それぞれについて，物質収支式を示せ．

(3) この溶液中のイオン種について電荷収支式を示せ．

(4) 酢酸ナトリウムが強電解質であること，1 mol dm^{-3} の酢酸と 1 mol dm^{-3} の酢酸ナトリウムとを含む溶液が弱酸性であることを考慮して，上記(3)の電荷収支式の近似式を示せ．

(5) 上記(4)の電荷：収支式の近似式を用い，この溶液中に存在する$[Na^+]$, $[CH_3COO^-]$ および$[CH_3COOH]$の数値を示せ．

(6) 上記(5)の結果を用い，この溶液の pH が酢酸の pK_aに等しいことを示せ．

【2.5】 10^{-2} mol dm^{-3} の酢酸の (a) pH 2, (b) pH 4, (c) pH 4.75, (d) pH 7 における解離した酢酸イオン (OAc^-) の割合を計算せよ．

【2.6】 次の問に答えよ．

(1) 10^{-2} mol dm^{-3} リン酸溶液の pH を計算せよ．また，この pH における各化学種の生成分率を計算せよ．ただし，リン酸の pK_{a1}=2.16, pK_{a2}=7.21, pK_{a3}=12.32.

(2) 10^{-2} mol dm^{-3} のリン酸の (a) pH 2, (b) pH 4, (c) pH 6, (d) pH 10, (e) pH 13 においてもっとも多く存在する化学種を示せ．

第3章 錯形成平衡

金属イオンが配位子と反応して金属錯体を生成する反応は錯形成反応とよばれ，金属イオンの定量にしばしば用いられる．たとえば，キレート滴定法（第6章参照）ではコンプレクサンという配位子との錯形成反応を，吸光光度法（第10章参照）では呈色試薬という配位子との錯形成反応を利用している．本章では，これらの定量法の原理や操作などを理解するための基礎となる考え方や平衡計算の方法などを学ぶ*1．

3.1 錯形成反応と金属錯体

a．錯形成反応

ルイス酸である金属イオンと配位子（ligand）とよばれるルイス塩基とから金属錯体を生成する反応を錯形成反応（complexation reaction あるいは complex-formation reaction）という．イオンの電荷を省略して金属イオンを M，配位子を L で表すと

$$\mathrm{M + L \longrightarrow ML} \tag{3.1}$$

がもっとも簡単な錯形成反応になる．この反応では，M は非共有電子対を L から受け取って金属錯体 ML を生成する．たとえば，Ni^{2+} の溶液にアンモニア水を加えていくと，まず

$$\mathrm{Ni^{2+} + NH_3 \longrightarrow Ni(NH_3)^{2+}} \tag{3.2}$$

の反応で，Ni^{2+} と NH_3 が 1：1 のモル比で結合したアンミン錯体 $Ni(NH_3)^{2+}$（金属イオンに配位したアンモニアをアンミンという）が生成する*2．この反応では，Ni^{2+} は NH_3 の窒素原子上にある非共有電子対を受け取り $Ni(NH_3)^{2+}$ を生成する．式(3.2)におけるアンモニアの窒素原子のように，配位子を構成する原子団の中で金属イオンに供与できる非共有電子対を有する原子を供与原子（donor atom）という．供与原子となり得る元素は，17 族の F，Cl，Br，I，16 族の O，S，15 族の N，P などである．

【例題 3.1】 錯形成反応をルイスの酸塩基反応として説明せよ．

【解答】 式(3.1)を言葉で表現すると

$$\text{金属イオン + 配位子} \longrightarrow \text{金属錯体} \tag{a}$$

となる．この反応を非共有電子対の授受という観点で表現すると

$$\text{電子対受容体 + 電子対供与体} \longrightarrow \text{配位錯体} \tag{b}$$

となる．ルイス酸は電子対受容体，ルイス塩基は電子対供与体であるから，ルイスの酸塩基反応として錯形成反応を表現すると式(c)となる．

$$\text{ルイス酸 + ルイス塩基} \longrightarrow \text{配位錯体} \tag{c}$$

b．逐次錯形成反応と全錯形成反応

式(3.1)の反応で生成した ML に二つ目の L が配位すると

$$\mathrm{ML + L \longrightarrow ML_2} \tag{3.3}$$

という反応で ML_2 が生成する．たとえば，Ni^{2+} と NH_3 との錯形成反応では，まず $Ni(NH_3)^{2+}$ が生成するが，そこにアンモニア水をさらに加えていくと

---

*1 反応や平衡の具体例には，金属イオンとしては Ni^{2+} あるいは Zn^{2+} を，配位子としてはアンモニアあるいはエチレンジアミン四酢酸をおもに用いるが，他の金属イオンや配位子についても同様な取り扱いができる．なお，ここでは溶媒は水に限定する．

*2 日本化学会の「化合物命名法」に従うと，Ni^{2+} の 1：1 アンミン錯体は $[Ni(NH_3)]^{2+}$ と表すことになるが，本書では化学種の濃度を表すために直角カッコ [ ] を用いるので，錯体の化学式には [ ] を付けない．そのため，Ni^{2+} の 1：1 アンミン錯体は $Ni(NH_3)^{2+}$ と表す．

$$Ni(NH_3)^{2+} + NH_3 \longrightarrow Ni(NH_3)_2^{2+} \quad (3.4)$$
$$Ni(NH_3)_2^{2+} + NH_3 \longrightarrow Ni(NH_3)_3^{2+} \quad (3.5)$$
$$Ni(NH_3)_3^{2+} + NH_3 \longrightarrow Ni(NH_3)_4^{2+} \quad (3.6)$$
$$Ni(NH_3)_4^{2+} + NH_3 \longrightarrow Ni(NH_3)_5^{2+} \quad (3.7)$$
$$Ni(NH_3)_5^{2+} + NH_3 \longrightarrow Ni(NH_3)_6^{2+} \quad (3.8)$$

という一連の反応が順次起こり，最終的には $Ni(NH_3)_6^{2+}$ が生成する．式(3.4)～(3.8)のようなタイプの錯形成反応を逐次錯形成反応(stepwise complexation reaction あるいは successive complexation reaction) という．

一方，$Ni(NH_3)_m^{2+}$ $(m=2\sim6)$ の生成反応は

$$Ni^{2+} + 2NH_3 \longrightarrow Ni(NH_3)_2^{2+} \quad (3.9)$$
$$Ni^{2+} + 3NH_3 \longrightarrow Ni(NH_3)_3^{2+} \quad (3.10)$$
$$Ni^{2+} + 4NH_3 \longrightarrow Ni(NH_3)_4^{2+} \quad (3.11)$$
$$Ni^{2+} + 5NH_3 \longrightarrow Ni(NH_3)_5^{2+} \quad (3.12)$$
$$Ni^{2+} + 6NH_3 \longrightarrow Ni(NH_3)_6^{2+} \quad (3.13)$$

という式で表すこともできる．式(3.9)～(3.13)のようなタイプの錯形成反応を全錯形成反応(overall complexation reaction) という．

図 3.1 に，Ni^{2+} と結合していない NH_3 の濃度 $[NH_3]$ の関数として，$Ni(NH_3)_m^{2+}$ $(m=0\sim6)$ の生成割合を計算した結果を示す（図 3.1 の作図法は例題 3.8 で説明する）．この図は，$[NH_3]$ に応じて複数の錯体が共存していることを示している．

たとえば，$[NH_3]=0.1\,mol\,dm^{-3}$ では，$Ni(NH_3)_2^{2+}$ が 7%，$Ni(NH_3)_3^{2+}$ が 27%，$Ni(NH_3)_4^{2+}$ が 43%，$Ni(NH_3)_5^{2+}$ が 21%，$Ni(NH_3)_6^{2+}$ が 2% 存在しており，Ni^{2+} と $Ni(NH_3)^{2+}$ の存在は無視できる（表 3.3 を参照）．

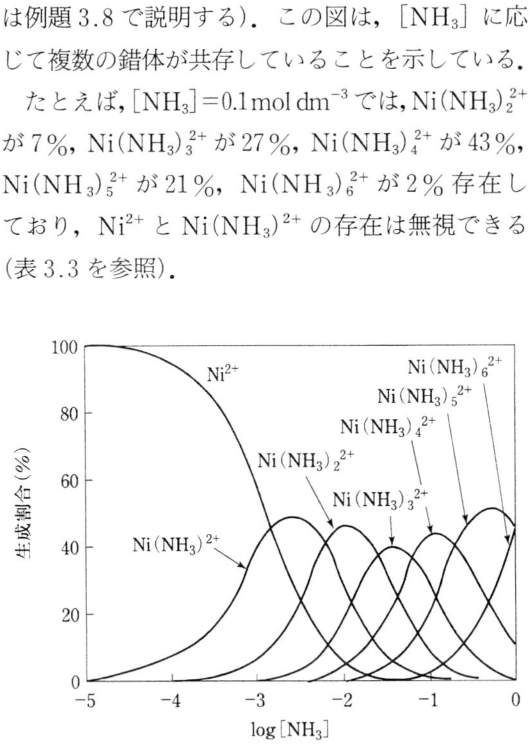

図 3.1 ニッケル(II)-アンミン錯体の生成割合

【例題 3.2】 逐次錯形成反応と全錯形成反応との関係を示せ．

【解答】 $Ni(NH_3)^{2+}$ は，式(3.2)では右辺にあるが，式(3.4)では左辺にある．したがって，式(3.2)と(3.4)を加えると

$$Ni^{2+} + 2NH_3 \longrightarrow Ni(NH_3)_2^{2+} \quad (3.9)$$

となり，$Ni(NH_3)_2^{2+}$ の全錯形成反応式を得る．式(3.9)に式(3.5)を加えると

$$Ni^{2+} + 3NH_3 \longrightarrow Ni(NH_3)_3^{2+} \quad (3.10)$$

となり，$Ni(NH_3)_3^{2+}$ の全錯形成反応式を得る．すなわち，式(3.2)と式(3.4)～(3.8)を加えると

$$Ni^{2+} + 6NH_3 \longrightarrow Ni(NH_3)_6^{2+} \quad (3.13)$$

となり，$Ni(NH_3)_6^{2+}$ の全錯形成反応式を得る．したがって，ML_m までの逐次錯形成反応式を加えると ML_m の全錯形成反応式を得る．

c. 金属イオンと錯体

溶液中での $Ni(NH_3)^{2+}$ の生成反応は，通常，式(3.2) のように表される．しかし，この式どおりの反応が起きているわけではない．というのは，溶液中ではプロトン H^+ が H_3O^+（オキソニウムイオン）のような水和イオンとして存在しているのと同様に，金属イオン M^{n+} も $M(H_2O)_x^{n+}$ のような水和イオン* として存在しているからである．たとえば，Ni^{2+} は水和数 (hydration number) x が 6 の $Ni(H_2O)_6^{2+}$ として存在している．そうすると，水和水を考慮して式(3.2)を書き表すと

$$Ni(H_2O)_6^{2+} + NH_3 \longrightarrow Ni(NH_3)(H_2O)_5^{2+} + H_2O \quad (3.14)$$

となる．式(3.14)で錯形成反応を表した場合，錯形成反応は水和水を他の配位子（この場合は NH_3）で置換する反応（配位子置換反応：ligand substitution reaction）になる．しかし，式(3.2)で表したときには，水和水を配位子とみなしていないので，錯形成反応を配位子置換反応とは考えない．

* 水和金属イオン $M(H_2O)_x^{n+}$ は，M^{n+} が H_2O の酸素原子上の非共有電子対を受け取って生成する．この場合，水は溶媒であるとともに，配位子でもある．金属イオンに配位した水をアクアというので，$M(H_2O)_x^{n+}$ をアクア金属イオンとよぶことがある．

d．配位子と錯体

供与原子の数に着目すると，配位子は単座配位子（monodentate ligand）と多座配位子（multidentate ligand）とに分けられる．単座配位子は供与原子が一つの配位子で，式(3.14)の NH_3 のように水和水を一つ置換して金属イオンに配位する．このような単座配位子には，NH_3 以外に，F^-，Cl^-，Br^-，I^- のような単原子イオン，CN^-，SCN^-，OH^- のような多原子イオン，H_2O，ピリジン，アニリンのような多原子分子がある．

複数の供与原子を有する多座配位子は，金属イオンとの錯生成に伴い，供与原子の数だけの水和水を置換する．たとえば，グリシンイオン（示性式は $NH_2CH_2COO^-$ で，これを gly^- と略記する）は，$Ni(H_2O)_6^{2+}$ との錯形成反応に伴い

$$Ni(H_2O)_6^{2+} + gly^- \longrightarrow Ni(H_2O)_4(gly)^+ + 2\,H_2O \qquad (3.15)$$

のように，二つの水和水を置換する．式(3.15)の反応では，$NH_2CH_2COO^-$ はアミノ基の窒素原子上の非共有電子対とプロトン解離したカルボキシル基の酸素原子上の非共有電子対を Ni^{2+} に供与する．したがって，グリシンイオンは2座配位子である．その結果，図3.2に示すようなキレート構造と呼ばれる環状構造の錯体が生成する．このキレート環には五つの原子(Ni, N, C, C, O) が含まれ，これらが五角形を成している．このようなキレート環を5員環キレートという．

アミノ基やプロトン解離したカルボキシル基のような供与原子を含む原子団を配位官能基という．代表的な配位官能基を表3.1に示す．多座配位子では，金属イオンに配位したときにキレート環が生成するように，複数の配位官能基がメチレン基（$-CH_2-$）やフェニレン基（$-C_6H_4-$）などの炭素骨格で結びつけられている．表3.2に代表的な多座配位子を示す．

表 3.1　代表的な配位官能基

供与原子	配位官能基
N	アミノ基($-NH_2$)，イミノ基($>NH$)，ニトリロ基($>N-$)，オキシム基($>C=N-OH$)，アゾ基($-N=N-$)，ピリジル基($-NC_5H_4^-$)
O	プロトン解離したカルボキシル基($-COO^-$) プロトン解離したヒドロキシル基($-O^-$)，カルボニル基($>C=O$)
S	プロトン解離したジチオカルボキシル基($-CSS^-$)，プロトン解離したメルカプト基($-S^-$)，チオカルボニル基($>C=S$)

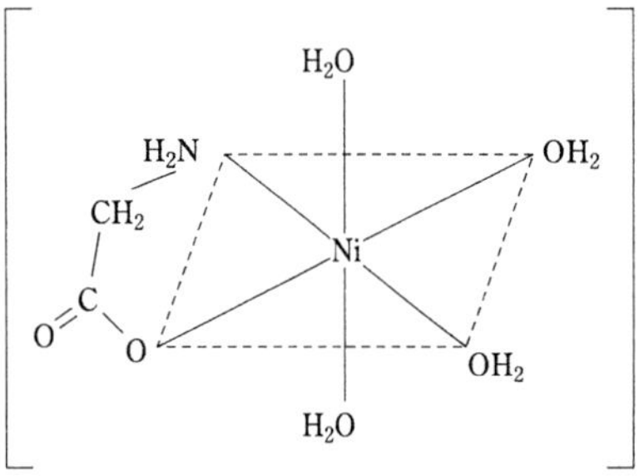

図 3.2　$Ni(H_2O)_4(gly)^+$ の構造

【例題 3.3】　キレート滴定（第6章）では，EDTA と略称されるエチレンジアミン四酢酸（4プロトン酸であるから H_4edta と表す）との錯形成反応が利用される．$edta^{4-}$ は二つのニトリロ基とプロトン解離した四つのカルボキシル基を配位官能基とする6座配位子であるから，$Ni(H_2O)_6^{2+}$ と EDTA の4価陰イオンとの錯形成反応は

$$Ni(H_2O)_6^{2+} + edta^{4-} \longrightarrow Ni(edta)^{2-} + 6H_2O$$

で表される．図3.2にならって $Ni(edta)^{2-}$ の構造を示し，生成するキレート環の種類と個数を述べよ．

【解答】　$Ni(edta)^{2-}$ の構造を図3.3に示す．この錯体中には，Ni，N，C，C，O からなる5員環キレートが四つ，Ni，N，C，C，N からなる5員環キレートが一つある．

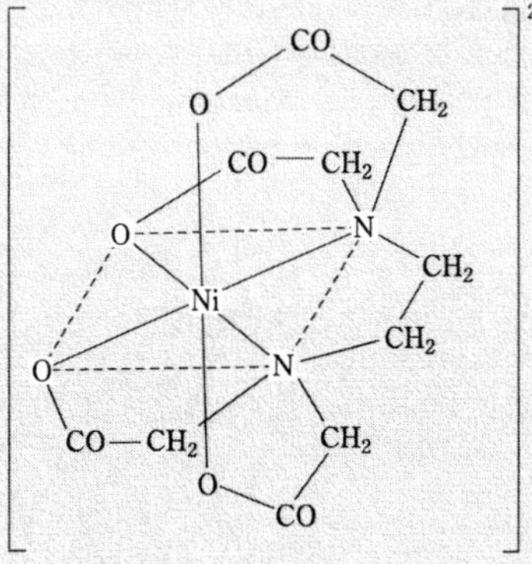

図 3.3　$Ni(edta)^{2-}$ の構造

表 3.2 代表的な多座配位子

名	称	構造式*	供与原子
二座配位子	アセチルアセトン	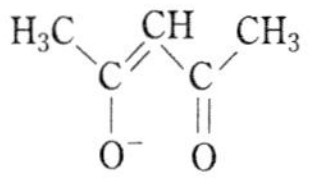	O, O
	シュウ酸	COO^- | COO^-	O, O
	酒石酸	$HO-CH-COO^-$ | $HO-CH-COO^-$	O, O
	ジメチルグリオキシム	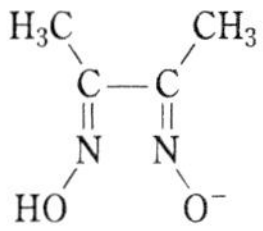	N, N
	2,2′-ビピリジン	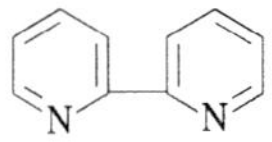	N, N
	8-キノリノール	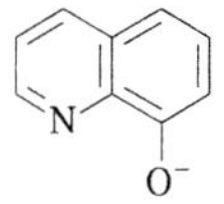	N, O
	ジエチルジチオカルバミン酸	$(C_2H_5)_2N-CSS^-$	S, S
	ジチゾン	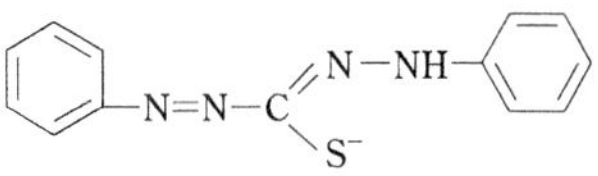	N, S
三座配位子	クエン酸	CH_2COO^- | $HO-C-COO^-$ | CH_2COO^-	O, O, O
	イミノ二酢酸	HN ⟨ CH_2COO^-, CH_2COO^-	N, O, O
	1-(2-ピリジルアゾ)-2-ナフトール	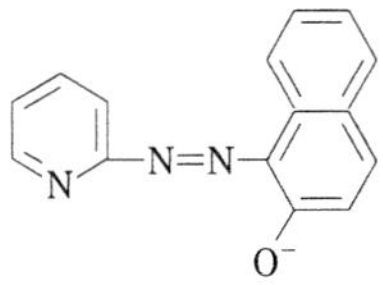	N, N, O
四座配位子	ニトリロ三酢酸	N ⟨ CH_2COO^-, CH_2COO^-, CH_2COO^-	N, O, O, O
	トリエタノールアミン	N ⟨ $CH_2CH_2O^-$, $CH_2CH_2O^-$, $CH_2CH_2O^-$	N, O, O, O
五座配位子	ヒドロキシエチルエチレンジアミン三酢酸	$(HOCH_2CH_2)(^-OOCCH_2)NCH_2CH_2N(CH_2COO^-)_2$	N, N, O, O, O
六座配位子	エチレンジアミン四酢酸	$(^-OOCCH_2)_2NCH_2CH_2N(CH_2COO^-)_2$	N, N, O, O, O, O
	シクロヘキサンジアミン四酢酸	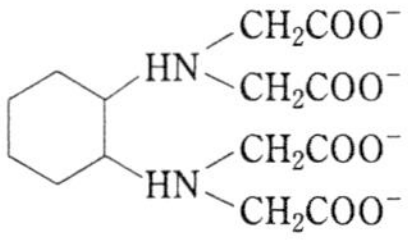	N, N, O, O, O, O

* プロトン解離した化学種で示した.

3.2 生 成 定 数

a. 生成定数

Ni^{2+} と NH_3 とから $Ni(NH_3)^{2+}$ を生成する反応は可逆反応であるから，式(3.2)の反応は

$$Ni^{2+} + NH_3 \rightleftharpoons Ni(NH_3)^{2+} \quad (3.16)$$

と表される（これ以後，水和水は省略する）．この反応の平衡定数を

$$K_1 = \frac{[Ni(NH_3)^{2+}]}{[Ni^{2+}][NH_3]} \quad (3.17)$$

と定義し，K_1 を $Ni(NH_3)^{2+}$ の生成定数（formation constant）あるいは安定度定数（stability constant）とよぶ．

式(3.16)で表される平衡だけを考えればよい場合には，ニッケル(II) およびアンモニアの全濃度 C_{Ni} および C_{NH_3} に対して

$$C_{Ni} = [Ni^{2+}] + [Ni(NH_3)^{2+}] \quad (3.18)$$

$$C_{NH_3} = [NH_3] + [Ni(NH_3)^{2+}] \quad (3.19)$$

という物質収支式が書けるので，式(3.17)～(3.19)を連立させて解けば，$[Ni^{2+}]$，$[NH_3]$ および$[Ni(NH_3)^{2+}]$を一義的に決めることができる．

【例題 3.4】 式(3.16) で表される平衡だけを考えればよいものとして，$C_{Ni}=0.100\ \mathrm{mol\ dm^{-3}}$，$C_{NH_3}=0.050\ \mathrm{mol\ dm^{-3}}$ での $[Ni^{2+}]$，$[NH_3]$ および $[Ni(NH_3)^{2+}]$ を計算せよ．ただし，$K_1=6.3\times10^2$ とする．

【解答】 ニッケル(II) とアンモニアの物質収支式および $Ni(NH_3)^{2+}$ の生成定数から

$$0.100 = [Ni^{2+}] + [Ni(NH_3)^{2+}] \quad (a)$$

$$0.050 = [NH_3] + [Ni(NH_3)^{2+}] \quad (b)$$

$$6.3\times10^2 = \frac{[Ni(NH_3)^{2+}]}{[Ni^{2+}][NH_3]} \quad (c)$$

という三つの式が得られる．これらを組み合わせて得られる式

$$6.3\times10^2 = \frac{0.100-[Ni^{2+}]}{\{[Ni^{2+}]([Ni^{2+}]-0.050)\}} \quad (d)$$

を解くと，$[Ni^{2+}]=0.052\ \mathrm{mol\ dm^{-3}}$ となる．したがって，$[NH_3]=0.002\ \mathrm{mol\ dm^{-3}}$，$[Ni(NH_3)^{2+}]=0.048\ \mathrm{mol\ dm^{-3}}$ となり，この条件では全アンモニアの内の 96 % が Ni^{2+} に配位している．

---

b. 逐次生成定数と全生成定数

3.1 節 b. に示したように，$Ni(NH_3)_m^{2+}$ ($m=1$～6) の生成平衡には

$$Ni(NH_3)_{m-1}^{2+} + NH_3 \rightleftharpoons Ni(NH_3)_m^{2+} \quad (3.20)$$

という表し方と

$$Ni^{2+} + mNH_3 \rightleftharpoons Ni(NH_3)_m^{2+} \quad (3.21)$$

という表し方がある．したがって，$Ni(NH_3)_m^{2+}$ の生成定数にも 2 とおりの表し方が必要となる．そこで，式(3.20)の錯形成平衡に対しては

$$K_m = \frac{[Ni(NH_3)_m^{2+}]}{[Ni(NH_3)_{m-1}^{2+}][NH_3]} \quad (3.22)$$

という逐次生成定数（stepwise formation constant）を用い，式(3.21)の錯形成平衡に対しては

$$\beta_m = \frac{[Ni(NH_3)_m^{2+}]}{[Ni^{2+}][NH_3]^m} \quad (3.23)$$

という全生成定数（overall formation constant）を用いる（$K_1=\beta_1$ である）．

【例題 3.5】 逐次生成定数と全生成定数との関係を示せ．

【解答】 $K_1=[Ni(NH_3)^{2+}]/([Ni^{2+}][NH_3])$ と $K_2=[Ni(NH_3)_2^{2+}]/([Ni(NH_3)^{2+}][NH_3])$ とを見比べると，K_1 の分子にある $[Ni(NH_3)^{2+}]$ が K_2 では分母にある．したがって，K_1 と K_2 を掛けると

$$K_1\times K_2 = \frac{[Ni(NH_3)^{2+}]}{[Ni^{2+}][NH_3]} \times \frac{[Ni(NH_3)_2^{2+}]}{[Ni(NH_3)^{2+}][NH_3]} = \frac{[Ni(NH_3)_2^{2+}]}{[Ni^{2+}][NH_3]^2} = \beta_2 \quad (a)$$

となる．このように，逐次生成定数を順次掛けていくと

$$K_1\times K_2\times K_3 = \beta_3 \quad (b)$$

$$K_1\times K_2\times K_3\times K_4 = \beta_4 \quad (c)$$

$$K_1\times K_2\times K_3\times K_4\times K_5 = \beta_5 \quad (d)$$

$$K_1\times K_2\times K_3\times K_4\times K_5\times K_6 = \beta_6 \quad (e)$$

となる．すなわち，ML_m までの逐次生成定数を掛けると ML_m の全錯形成定数を得る．

【例題 3.6】 $N(NH_3)_6^{2+}$ までのアンミン錯体の生成を考慮した場合のニッケル(II) とアンモニアの物質収支式を示し，β_m を用いてそれぞれの物質収

支式を$[Ni^{2+}]$と$[NH_3]$の関数で表せ．

【解答】 ニッケル(II)の物質収支式は

$$C_{Ni}=[Ni^{2+}]+[Ni(NH_3)^{2+}]+[Ni(NH_3)_2^{2+}]+[Ni(NH_3)_3^{2+}]+[Ni(NH_3)_4^{2+}]+[Ni(NH_3)_5^{2+}]+[Ni(NH_3)_6^{2+}] \quad (a)$$

となり，アンモニアの物質収支式は

$$C_{NH_3}=[NH_3]+[Ni(NH_3)^{2+}]+2[Ni(NH_3)_2^{2+}]+3[Ni(NH_3)_3^{2+}]+4[Ni(NH_3)_4^{2+}]+5[Ni(NH_3)_5^{2+}]+6[Ni(NH_3)_6^{2+}] \quad (b)$$

となる．各アンミン錯体の濃度 $[Ni(NH_3)_m^{2+}]$ に

$$[Ni(NH_3)_m^{2+}]=\beta_m[Ni^{2+}][NH_3]^m \quad (c)$$

を代入すると，ニッケル(II) の物質収支式として

$$\begin{aligned}C_{Ni}&=[Ni^{2+}]+\beta_1[Ni^{2+}][NH_3]+\beta_2[Ni^{2+}][NH_3]^2+\beta_3[Ni^{2+}][NH_3]^3+\beta_4[Ni^{2+}][NH_3]^4\\&\quad+\beta_5[Ni^{2+}][NH_3]^5+\beta_6[Ni^{2+}][NH_3]^6\\&=[Ni^{2+}](1+\beta_1[NH_3]+\beta_2[NH_3]^2+\beta_3[NH_3]^3+\beta_4[NH_3]^4+\beta_5[NH_3]^5+\beta_6[NH_3]^6)\end{aligned} \quad (d)$$

を，アンモニアの物質収支式として

$$\begin{aligned}C_{NH_3}&=[Ni^{2+}]+\beta_1[Ni^{2+}][NH_3]+2\beta_2[Ni^{2+}][NH_3]^2+3\beta_3[Ni^{2+}][NH_3]^3+4\beta_4[Ni^{2+}][NH_3]^4\\&\quad+5\beta_5[Ni^{2+}][NH_3]^5+6\beta_6[Ni^{2+}][NH_3]^6\\&=[Ni^{2+}](1+\beta_1[NH_3]+2\beta_2[NH_3]^2+3\beta_3[NH_3]^3+4\beta_4[NH_3]^4+5\beta_5[NH_3]^5+6\beta_6[NH_3]^6)\end{aligned} \quad (e)$$

を得る．式(d)と式(e)は $[NH_3]$ に関する六次式ではあるが，変数は $[Ni^{2+}]$ と $[NH_3]$ だけである．したがって，C_{Ni} と C_{NH_3} を与えて，式(d)と(e)を連立させれば，$[Ni^{2+}]$ と $[NH_3]$ が一義的に決まる．このようにして決めた $[Ni^{2+}]$ と $[NH_3]$ を式(c)に代入すれば各アンミン錯体の濃度も決まる．

【例題 3.7】 例題 3.6 の C_{Ni} のうちで，$[Ni(NH_3)^{2+}]$ が占める割合を表す式を導け．

【解答】 例題 3.6 の式(c)に $m=1$ を代入すると

$$[Ni(NH_3)^{2+}]=\beta_1[Ni^{2+}][NH_3] \quad (a)$$

となる．一方，例題 3.6 の式(d) の丸カッコ ( ) の中を α で表すと

$$\alpha=1+\beta_1[NH_3]+\beta_2[NH_3]^2+\beta_3[NH_3]^3+\beta_4[NH_3]^4+\beta_5[NH_3]^5+\beta_6[NH_3]^6 \quad (b)$$

となり，例題 3.6 の式(d)は次式(c)となる．

$$C_{Ni}=[Ni^{2+}]\times\alpha \quad (c)$$

したがって，$[Ni(NH_3)^{2+}]/C_{Ni}$ は次式で表される．

$$\frac{[Ni(NH_3)^{2+}]}{C_{Ni}}=\frac{\beta_1[Ni^{2+}][NH_3]}{[Ni^{2+}]\times\alpha}=\frac{\beta_1[NH_3]}{\alpha} \quad (d)$$

【例題 3.8】 例題 3.7 の結果を基に，Ni^{2+} および各アンミン錯体の生成割合を $[NH_3]$ の関数として図示せよ．ただし，式(3.22)で定義されるアンミン錯体の逐次生成定数は $\log K_1=2.8$，$\log K_2=2.2$，$\log K_3=1.6$，$\log K_4=1.2$，$\log K_5=0.7$，$\log K_6=0.0$ とする．

【解答】 例題 3.7 の結果を Ni^{2+} および他のアンミン錯体に適用すると

$$\frac{[Ni^{2+}]}{C_{Ni}}=\frac{[Ni^{2+}]}{[Ni^{2+}]\times\alpha}=\frac{1}{\alpha} \quad (a)$$

$$\frac{[Ni(NH_3)_m^{2+}]}{C_{Ni}}=\frac{\beta_m[Ni^{2+}][NH_3]^m}{[Ni^{2+}]\times\alpha}=\frac{\beta_m[NH_3]^m}{\alpha} \quad (b)$$

表 3.3 ニッケル(II)-アンミン錯体の生成割合(%)

$\log[NH_3]$	Ni^{2+}	$Ni(NH_3)^{2+}$	$Ni(NH_3)_2^{2+}$	$Ni(NH_3)_3^{2+}$	$Ni(NH_3)_4^{2+}$	$Ni(NH_3)_5^{2+}$	$Ni(NH_3)_6^{2+}$
0.0	0.0	0.0	0.0	0.6	9.0	45.2	45.2
−0.5	0.0	0.0	0.5	6.0	30.3	48.0	15.2
−1.0	0.0	0.4	6.7	26.9	42.6	21.3	2.1
−1.5	0.3	6.2	31.2	39.3	19.7	3.1	0.1
−2.0	4.6	28.4	45.6	18.1	2.9	0.1	0.0
−2.5	24.2	48.4	24.2	3.0	0.1	0.0	0.0
−3.0	57.6	36.4	5.8	0.2	0.0	0.0	0.0
−3.5	82.6	16.5	0.8	0.0	0.0	0.0	0.0
−4.0	94.0	5.9	0.1	0.0	0.0	0.0	0.0
−4.5	98.0	2.0	0.0	0.0	0.0	0.0	0.0
−5.0	99.4	0.6	0.0	0.0	0.0	0.0	0.0

を得る．式(a)と式(b)の右辺は $[NH_3]$ だけの関数であるから，$[NH_3]$ を与えれば各化学種の生成割合が計算できる．β_m の値は，例題 3.5 に示した関係を用いると，$\log\beta_1=2.8$，$\log\beta_2=5.0$，$\log\beta_3=6.6$，$\log\beta_4=7.8$，$\log\beta_5=8.5$，$\log\beta_6=8.5$ となる．このようにして作成したのが図 3.1 である．作図に用いた計算結果の一部を表 3.3 に示す．

c．キレート効果

3.1 節 d 項で説明したように，多座配位子は金属キレートとよばれる環状構造の錯体を生成する．ここでは，表 3.4 に示したニッケル(II)錯体の生成定数を用いて，生成定数の大きさに及ぼすキレート環生成の効果（キレート効果）を考える．

表 3.4　ニッケル(II) 錯体の生成定数とキレート効果

配位子 (L^{n-}) *1	5 員環キレートの数	$\log K_{NiL}$ *2	$\Delta\log K_{NiL}$
NH_3	0	2.8	−
CH_3COO^-	0	0.7	−
gly^-	1	5.8	2.3
ida^{2-}	2	8.1	3.9
nta^{3-}	3	11.5	6.6
$edta^{4-}$	5	18.5	10.1

*1　Hgly（グリシン）：NH_2CH_2COOH
H_2ida（イミノ二酢酸）：$NH(CH_2COOH)_2$
H_3nta（ニトリロ三酢酸）：$N(CH_2COOH)_3$
H_4edta（エチレンジアミン四酢酸）：
$(HOOCH_2C)_2NCH_2CH_2N(CH_2COOH)_2$

*2　$K_{NiL}=\dfrac{[NiL^{2-n}]}{[Ni^{2+}][L^{n-}]}$

グリシンイオン gly^- の N-C 結合を切断すると，$NH_2CH_2COO^-$ の配位官能基に対応する単座配位子は NH_3 と CH_3COO^- であることがわかる．したがって，Ni^{2+} に gly^- が配位した錯体の生成定数 $K_{Ni(gly)}$ と，Ni^{2+} に NH_3 と CH_3COO^- の両方が配位した錯体の生成定数 $K_{Ni(N,O)}$ とを比較すれば，$Ni(gly)^+$ 錯体のキレート効果 $\Delta\log K_{Ni(gly)}$ が評価できる．この場合，$K_{Ni(N,O)}$ の対数値が $Ni(NH_3)^{2+}$ の生成定数 $K_{Ni(N)}$ の対数値と $Ni(CH_3COO)^+$ の生成定数 $K_{Ni(O)}$ の対数値の和に等しいと考えると

$$\log K_{Ni(N,O)}=\log K_{Ni(N)}+\log K_{Ni(O)}=2.8+0.7=3.5 \qquad (3.24)$$

となる*．したがって

$$\Delta\log K_{Ni(gly)}=\log K_{Ni(gly)}-K_{Ni(N,O)}=5.8+3.5=2.3 \qquad (3.25)$$

を得る．他の多座配位子についても同様な比較を行い，得られた $\Delta\log K_{NiL}$ 値を表 3.4 に示した．

【例題 3.9】　表 3.4 の $\Delta\log K_{NiL}$ 値から，5 員環キレートが一つ形成されると生成定数が対数値でどれ程大きくなるかを計算せよ．

【解答】　キレート環一つあたりのキレート効果を計算すると，L が gly^- の場合は 2.3/1=2.3，ida^{2-} の場合は 3.9/2=2.0，nta^{3-} の場合は 6.6/3=2.2，$edta^{4-}$ の場合は 10.1/5=2.0 となる．したがって，表 3.4 のニッケル(II) 錯体については，5 員環キレートが一つ形成されると生成定数が対数値で 2.1 大きくなる．

d．配位子の塩基性と HSAB の原理

錯形成反応はルイス酸である金属イオンとルイス塩基である配位子との酸塩基反応であるから（例題 3.1），立体障害やキレート効果の程度が同じであれば，金属イオンのルイス酸性が強いほど，また，配位子の供与原子のルイス塩基性が強いほど錯体の生成定数は大きくなるはずである．特定の配位子について様々な金属イオン錯体の生成定数を比較すると，金属イオンのルイス酸性度の差，すなわち錯形成能の差を知ることができる．たとえば，第 1 遷移系列における 2 価金属イオン錯体の生成定数の順序は，配位子の性質や供与原子の数とは無関係に

$$Mn^{2+}<Fe^{2+}<Co^{2+}<Ni^{2+}<Cu^{2+}>Zn^{2+}$$

となる．この順序は Irving-Williams の系列といわれ，例外は比較的少ない．

一方，特定の金属イオンについて同一の配位官能基を有する配位子との錯体の生成定数を比較す

* 反応温度 T でのギブズの標準自由エネルギー変化 ΔG° とその反応に対応する平衡定数 K との間には，$\Delta G^\circ=-RT\ln K=-2.303\times RT\log K$ の関係がある（R は気体定数）．したがって，ΔG° に加成性がある場合には，$\log K$ に加成性が成り立つ．

ると，配位子のブレンステッド塩基性が強いほど生成定数が大きくなる．すなわち配位子のプロトン付加定数（酸解離定数の逆数）が大きいほど生成定数が大きくなる傾向が認められる．しかし，配位官能基や供与原子の種類が異なると，このような規則性はみられなくなる．

たとえば，Al^{3+} はフッ化物イオンと生成定数の大きい錯体を生成するが，ヨウ化物イオンとはほとんど錯体を生成しない．ハロゲン化水素酸のプロトン付加定数の順序は HF > HCl > HBr > HI であるから，プロトン付加定数と生成定数との間に比例関係が成立すれば，すべての金属イオンについてフルオロ錯体の生成定数は，ヨード錯体の生成定数より大きくなるはずである．

ところが，Hg^{2+} はフッ化物イオンとほとんど錯体を生成しないが，ヨウ化物イオンとは生成定数の大きい錯体を生成する．Hg^{2+} 以外にも，たとえば，Cu^{+}，Ag^{+}，Cd^{2+} のような金属イオンは，ブレンステッド塩基性の強いフッ化物イオンとよりもブレンステッド塩基性の弱いヨウ化物イオンと安定な錯体を生成する．これらの金属イオンは 17 族元素とだけでなく，16 族および 15 族元素についても第 2 周期元素（O，N）を供与原子として含む配位子よりも，第 3 周期以降の元素（S，P など）を供与原子として含む配位子との間でより安定な錯体を生成する．

これに反して，Al^{3+} はこれとはまったく逆の傾向を示す．すなわち，金属イオンは F，O，N のような供与原子を有する配位子ともっとも安定な錯体を有するグループと I，S，P のような供与原子を有する配位子ともっとも安定な錯体を有するグループに大別されることになる．F，O，N のような供与原子は，電気陰性度が高く，分極率が低く，酸化されにくく，結合に関与する電子を強く結びつけているという意味でこれらを硬い塩基（hard base）とよび，一方，I，S，P のような供与原子は，電気陰性度が低く，分極率が高く，酸化されやすく，結合に関与する電子を弱く結びつけているという意味でこれらを軟らかい塩基（soft base）とよぶと，「硬い塩基（配位子）は硬い酸（金属イオン）と安定な錯体を生成し，軟らかい塩基（配位子）は軟らかい酸（金属イオン）と安定な錯体を生成する」という HSAB（hard and soft acids and bases）の原理が成り立つ．これによりルイス酸である金属イオンに硬さ，軟らかさを考えることができる．

R. G. Pearson によって分類された酸および塩基のうち，分析化学でしばしば扱う代表的なものを表 3.5 に示す．これらの表と HSAB の原理から錯形成反応をはじめ，多くの反応を予測したり，説明したりすることができる．

【例題 3.10】 次の①，②の操作で，どのような反応が起こるか HSAB の原理を用いて予測せよ．

① Ca^{2+} と Ag^{+} とを含む溶液にフッ化物イオンおよびヨウ化物イオンの溶液を加える．

② Cd^{2+} と Zn^{2+} とを含む塩酸酸性の溶液に硫化水素を通じる．

【解答】

① 硬い配位子であるフッ化物イオンは硬い金属イオンCa^{2+} と反応してCaF_2 の沈殿を生成す

表 3.5 酸と塩基の分類

酸	硬い酸	H^{+}，アルカリ金属イオン，アルカリ土類金属イオン，Mn^{2+}，Al^{3+}，Sc^{3+}，Ga^{3+}，In^{3+}，ランタニドイオン，Cr^{3+}，Co^{3+}，Fe^{3+}，Ce^{3+}，As(III)，Si(IV)，Ti(IV)，Zr^{4+}，Hf^{4+}，Th^{4+}，U^{4+}，Sn^{4+}，VO^{2+}，UO_2^{2+}，Mo(VI)，W(VI)，Cr(VI)
	軟らかい酸	Cu^{+}，Ag^{+}，Au^{+}，Tl^{+}，Hg_2^{2+}，Pd^{2+}，Cd^{2+}，Pt^{2+}，Hg^{2+}，CH_3Hg^{+}，Pt^{4+}，Tl^{3+}
	中間に属する酸	Fe^{2+}，Co^{2+}，Ni^{2+}，Cu^{2+}，Zn^{2+}，Pb^{2+}，Sn^{2+}，Sb^{3+}，Bi^{3+}，Rh^{3+}，Ir^{3+}
塩基	硬い塩基	H_2O，OH^-，F^-，CH_3COO^-，PO_4^{3-}，SO_4^{2-}，Cl^-，CO_3^{2-}，ClO_4^-，NO_3^-，ROH，RO^-，R_2O，NH_3
	軟らかい塩基	R_2S，RSH，RS^-，I^-，SCN^-，$S_2O_3^{2-}$，CN^-，CO
	中間に属する塩基	$C_6H_5NH_2$，C_5H_5N，N_3^-，Br^-，NO_2^-，SO_3^-

R はアルキル基あるいはアリール基を示す．

るが，Ag^+ とは沈殿を生成しない．軟らかい配位子であるヨウ化物イオンは軟らかい金属イオン Ag^+ と反応して AgI の沈殿を生成するが，Ca^{2+} と反応しない．

② S^{2-} は軟らかい配位子であるから，軟らかい金属イオン Cd^{2+} とは酸性でも反応し，CdS として沈殿する．Zn^{2+} は中間に属する金属イオンであり，S^{2-} との親和力は Cd^{2+} よりも弱く，酸性では S^{2-} へのプロトン付加が優先し，硫化物としては沈殿しない（ただし，弱酸性からは沈殿が始まる）．

3.3　副反応と副反応係数

a．主反応と副反応

この節では，Zn^{2+} と EDTA 4 価陰イオン Y^{4-}（電荷を持たない EDTA を例題 3.3 では H_4edta で表したが，ここでは H_4Y で表す）との錯形成反応

$$Zn^{2+} + Y^{4-} \rightleftharpoons ZnY^{2-} \tag{3.26}$$

を主反応として取り上げ，アンモニア緩衝液中では Zn^{2+}，Y^{4-} および ZnY^{2-} にどのような副反応が起こるかを考える．さらに，それらの副反応の程度を定量的に表す考え方を紹介する．

b．金属イオンの副反応と副反応係数

溶液の pH が 8 より高くなると，Zn^{2+} には

$$Zn^{2+} + nOH^- \rightleftharpoons Zn(OH)_n^{2-n} \quad (n=1\sim4) \tag{3.27}$$

で表される可溶性ヒドロキソ錯体 $Zn(OH)_n^{2-n}$ の生成反応が起こる．また，アンモニア緩衝液中では，共存するアンモニアの濃度に応じて

$$Zn^{2+} + mNH_3 \rightleftharpoons Zn(NH_3)_m^{2+} \quad (m=1\sim4) \tag{3.28}$$

で表されるアンミン錯体 $Zn(NH_3)_m^{2+}$ の生成反応も起こる．したがって，アンモニア緩衝液中では

$$\begin{array}{c} Zn(OH)_n^{2-n} \\ \upharpoonleft\downharpoonright\ nOH^- \\ Zn^{2+} + Y^{4-} \rightleftharpoons ZnY^{2-} \\ \upharpoonleft\downharpoonright\ mNH_3 \\ Zn(NH_3)_m^{2+} \end{array} \tag{3.29}$$

で表されるように，Zn^{2+} に対して Y^{4-}，OH^- および NH_3 が競争的に配位する．式(3.29)における $Zn(OH)_n^{2-n}$ の生成反応や $Zn(NH_3)_m^{2+}$ の生成反応のように，主反応である ZnY^{2-} の生成反応と競合する金属イオンの反応を金属イオンの副反応という*.

EDTA と結合していない亜鉛(II) の全化学種を Zn′ で表すと，式(3.29)は

$$Zn' + Y^{4-} \rightleftharpoons ZnY^{2-} \tag{3.30}$$

と書き換えられ，[Zn′] は

$$[Zn'] = [Zn^{2+}] + \Sigma[Zn(OH)_n^{2-n}] + \Sigma[Zn(NH_3)_m^{2+}] \tag{3.31}$$

となる．式(3.27)の平衡定数である $Zn(OH)_n^{2-n}$ の全生成定数を

$$\beta_n = \frac{[Zn(OH)_n^{2-n}]}{[Zn^{2+}][OH^-]^n} \tag{3.32}$$

で，式(3.28)の平衡定数である $Zn(NH_3)_m^{2+}$ の全生成定数を

$$\beta_m = \frac{[Zn(NH_3)_m^{2+}]}{[Zn^{2+}][NH_3]^m} \tag{3.33}$$

で定義すると

$$[Zn(OH)_n^{2-n}] = \beta_n[Zn^{2+}][OH^-]^n \tag{3.34}$$

$$[Zn(NH_3)_m^{2+}] = \beta_m[Zn^{2+}][NH_3]^m \tag{3.35}$$

となる．式(3.34)と式(3.35)を式(3.31)に代入すると

$$\begin{aligned}[Zn'] &= [Zn^{2+}] + \Sigma\beta_n[Zn^{2+}][OH^-]^n + \Sigma\beta_m[Zn^{2+}][NH_3]^m \\ &= [Zn^{2+}](1 + \Sigma\beta_n[OH^-]^n + \Sigma\beta_m[NH_3]^m) \\ &= [Zn^{2+}] \times \alpha_{Zn(OH,NH_3)}\end{aligned} \tag{3.36}$$

となる．式(3.36)の $\alpha_{Zn(OH,NH_3)}$ を，可溶性ヒドロキソ錯体の生成とアンミン錯体の生成を同時に考慮した Zn^{2+} の副反応係数とよぶ．$\alpha_{Zn(OH,NH_3)}$ は

$$\alpha_{Zn(OH,NH_3)} = 1 + \Sigma\beta_n[OH^-]^n + \Sigma\beta_m[NH_3]^m \tag{3.37}$$

のように [OH^-] と [NH_3] の関数であるから，pH と [NH_3] が決まれば一定値になる．式(3.36)より

* 実際の ZnY^{2-} 生成反応では，Zn^{2+}，Y^{4-} および ZnY^{2-} に同時に副反応を考えなければならないが，b 項では Zn^{2+} だけに，c 項では Y^{4-} だけに，d 項では ZnY^{2-} だけに副反応を考えればよい場合について説明し，3.4 節ですべてに副反応を考える必要がある場合について説明する．

$$\frac{[Zn^{2+}]}{[Zn']} = \frac{1}{\alpha_{Zn(OH,NH_3)}} \qquad (3.38)$$

したがって，$1/\alpha_{Zn(OH,NH_3)}$ は，EDTA と結合していない亜鉛(II) Zn′ の内の Zn^{2+} の割合を表す．

【例題 3.11】 $Zn(OH)_n^{2-n}$ の生成だけを考慮した Zn^{2+} の副反応係数を $\alpha_{Zn(OH)}$，$Zn(NH_3)_m^{2+}$ の生成だけを考慮した Zn^{2+} の副反応係数を $\alpha_{Zn(NH_3)}$ で表し，$\alpha_{Zn(OH)}$，$\alpha_{Zn(NH_3)}$ および $\alpha_{Zn(OH,NH_3)}$ 間の関係を示せ．

【解答】 Zn^{2+} の副反応として $Zn(OH)_n^{2-n}$ の生成だけを考慮する場合には，式(3.31)は

$$[Zn'] = [Zn^{2+}] + \Sigma[Zn(OH)_n^{2-n}] \qquad (a)$$

となり，式(3.34)を式(a)に代入すると

$$[Zn'] = [Zn^{2+}] + \Sigma\beta_n[Zn^{2+}][OH^-]^n$$
$$= [Zn^{2+}](1+\Sigma\beta_n[OH^-]^n)$$
$$= [Zn^{2+}] \times \alpha_{Zn(OH)} \qquad (b)$$

したがって，$\alpha_{Zn(OH)}$ は

$$\alpha_{Zn(OH)} = 1 + \Sigma\beta_n[OH^-]^n \qquad (c)$$

一方，$Zn(NH_3)_m^{2+}$ の生成だけを考慮する場合には，式(3.31) は

$$[Zn'] = [Zn^{2+}] + \Sigma[Zn(NH_3)_m^{2+}] \qquad (d)$$

となるので，式(3.35)を式(d) に代入すると

$$[Zn'] = [Zn^{2+}] + \Sigma\beta_m[Zn^{2+}][NH_3]^m$$
$$= [Zn^{2+}](1+\Sigma\beta_m[NH_3]^m)$$
$$= [Zn^{2+}] \times \alpha_{Zn(NH_3)} \qquad (e)$$

となる．したがって，$\alpha_{Zn(NH_3)}$ は

$$\alpha_{Zn(NH_3)} = 1 + \Sigma\beta_m[NH_3]^m \qquad (f)$$

式(c)と式(f)を式(3.37)に代入すると，次式が得られる．

$$\alpha_{Zn(OH,NH_3)} = \alpha_{Zn(OH)} + \alpha_{Zn(NH_3)} - 1 \qquad (g)$$

【例題 3.12】 式(3.32) の β_n として $\log\beta_1 = 5.0$，$\log\beta_2 = 8.3$，$\log\beta_3 = 13.6$，$\log\beta_4 = 18.0$ を，式(3.33)の β_m として $\log\beta_1 = 2.2$，$\log\beta_2 = 4.5$，$\log\beta_3 = 6.9$，$\log\beta_4 = 8.9$ を用い，$C_{NH_3} = 0.1\ \mathrm{mol\ dm^{-3}}$ のアンモニア緩衝液中での $\alpha_{Zn(OH)}$，$\alpha_{Zn(NH_3)}$ および $\alpha_{Zn(OH,NH_3)}$ を，pH 1〜14 の範囲で計算せよ．ただし，$C_{NH_3} \gg C_{Zn}$ とする．

【解答】 $\alpha_{Zn(OH)}$ については，例題 3.11 の式(c)を用いる．この式に各 β_n の値を代入すると

$$\alpha_{Zn(OH)} = 1 + 10^{5.0}[OH^-] + 10^{8.3}[OH^-]^2 + 10^{13.6}[OH^-]^3 + 10^{18.0}[OH^-]^4 \qquad (a)$$

となる．$[H^+][OH^-] = K_W = 10^{-14.0}$ を用いて $[H^+]$ の関数に変換すると

$$\alpha_{Zn(OH)} = 1 + \frac{10^{-9.0}}{[H^+]} + \frac{10^{-19.7}}{[H^+]^2} + \frac{10^{-28.4}}{[H^+]^3} + \frac{10^{-38.0}}{[H^+]^4} \qquad (b)$$

となる．pH を与えて式(b)より $\alpha_{Zn(OH)}$ を計算すると，表 3.6 の 2 列の結果を得る．$\alpha_{Zn(NH_3)}$ については，まず $[NH_3]$ を求め，それを例題 3.11 の式(f)に代入する．

pH 1〜14 の範囲で $[NH_3]$ を求める場合には，酸性では NH_3 が NH_4^+ となっているので，C_{NH_3} は

$$C_{NH_3} = [NH_3] + [NH_4^+] + [Ni(NH_3)^{2+}] + 2[Ni(NH_3)_2^{2+}] + 3[Ni(NH_3)_3^{2+}] + 4[Ni(NH_3)_4^{2+}] + 5[Ni(NH_3)_5^{2+}] + 6[Ni(NH_3)_6^{2+}] \qquad (c)$$

となる．$C_{NH_3} \gg C_{Zn}$ であるから式(c) は

$$C_{NH_3} \fallingdotseq [NH_3] + [NH_4^+] \qquad (d)$$

と近似できる．式(d)の $[NH_4^+]$ をアンモニアへのプロトン付加定数

$$K_{NH_4} = \frac{[NH_4^+]}{[H^+][NH_3]} \qquad (e)$$

を用いて書き換えると

$$C_{NH_3} = [NH_3](1 + K_{NH_4}[H^+]) \qquad (f)$$

となる．式(f)に $K_{NH_4} = 10^{9.24}$ と $C_{NH_3} = 0.1\ \mathrm{mol\ dm^{-3}}$ を代入して変形すると

$$[NH_3] = \frac{0.1}{1 + 10^{9.24}[H^+]} \qquad (g)$$

となる．pH を与えて式(g)から $[NH_3]$ を計算すると，表 3.6 の 3 列の値を得る．例題 3.11 の式(f)に各 β_m の値を代入すると

$$\alpha_{Zn(NH_3)} = 1 + 10^{2.2}[NH_3] + 10^{4.5}[NH_3]^2 + 10^{6.9}[NH_3]^3 + 10^{8.9}[NH_3]^4 \qquad (h)$$

となるので，表 3.6 の 3 列の $[NH_3]$ 値を式(h)に代入して $\alpha_{Zn(NH_3)}$ を計算すると，表 3.6 の 4 列の値を得る．

このようにして得た $\alpha_{Zn(OH)}$ と $\alpha_{Zn(NH_3)}$ の値を例題 3.11 の式(g)に代入して $\alpha_{Zn(OH,NH_3)}$ を計算すると，表 3.6 の 5 列の値を得る．pH ≦ 6 では $\alpha_{Zn(OH,NH_3)} = 1$ であるから，EDTA と結合していない亜鉛(II) は Zn^{2+} として存在している．また，7 ≦ pH ≦ 10 では $\alpha_{Zn(NH_3)} > \alpha_{Zn(OH)}$ であり，アンミン錯体生成反応により 11 ≦ pH では $\alpha_{Zn(OH)} > \alpha_{Zn(NH_3)}$ であるから，

可溶性ヒドロキソ錯体生成反応により $\alpha_{Zn(OH,NH_3)}$ 値が決まる．

表 3.6　Zn^{2+} の副反応係数

pH	$\alpha_{Zn(OH)}$	$[NH_3]^a$ /mol dm^{-3}	$\alpha_{Zn(NH_3)}$	$\alpha_{Zn(OH,NH_3)}$
1	1.0	5.7×10^{-10}	1.0	1.0
2	1.0	5.7×10^{-9}	1.0	1.0
3	1.0	5.7×10^{-8}	1.0	1.0
4	1.0	5.7×10^{-7}	1.0	1.0
5	1.0	5.7×10^{-6}	1.0	1.0
6	1.0	5.7×10^{-5}	1.0	1.0
7	1.0	5.7×10^{-4}	1.1	1.1
8	1.1	5.4×10^{-3}	4.7	4.8
9	2.1	3.6×10^{-2}	1.8×10^{3}	1.8×10^{3}
10	1.5×10^{2}	8.5×10^{-2}	4.7×10^{4}	4.7×10^{4}
11	1.0×10^{6}	9.8×10^{-2}	8.6×10^{4}	1.1×10^{6}
12	1.0×10^{10}	0.10	8.7×10^{4}	1.0×10^{10}
13	1.0×10^{14}	0.10	8.7×10^{4}	1.0×10^{14}
14	1.0×10^{18}	0.10	8.7×10^{4}	1.0×10^{18}

a　$C_{NH_3}=0.1$ mol dm^{-3}

c．配位子の副反応と副反応係数

例題3.3に示したように，Y^{4-} はニトリロ基窒素とプロトン解離したカルボキシル基酸素を供与原子とする6座配位子として Zn^{2+} に配位する．ところが，これらの供与原子には

$$pH^+ + Y^{4-} \rightleftharpoons H_pY^{p-4} \quad (p=1\sim4) \tag{3.39}$$

で表されるプロトン付加が起こる．その結果，図3.4および図3.5に示すように Y^{4-} は溶液のpHに応じて HY^{3-}，H_2Y^{2-}，H_3Y^- および H_4Y という化学種で存在する*1．したがって，pHが12より低い溶液中では

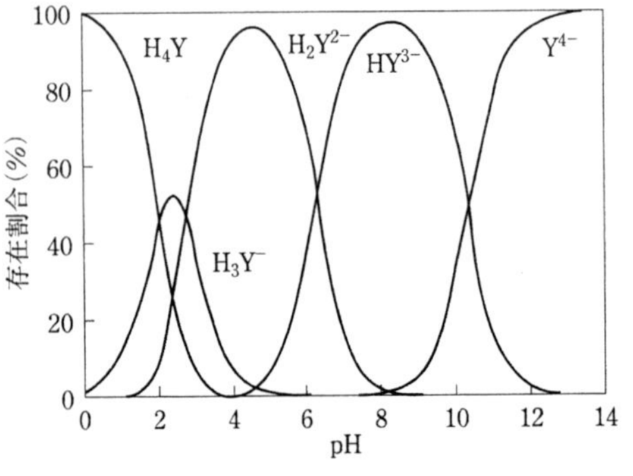

図 3.4　Y^{4-} のプロトン付加種の存在割合

*1　強酸性では H_5Y^+ や H_6Y^{2+} といったプロトン付加種の存在を考慮する必要があるが，ここではこれらは無視する．

$$\begin{array}{l} Zn^{2+} + Y^{4-} \rightleftharpoons ZnY^{2-} \\ \quad\quad\ \ \upharpoonleft\downharpoonright pH^+ \\ \quad\quad\ \ H_pY^{p-4} \end{array} \tag{3.40}$$

で表されるように，Y^{4-} に対して Zn^{2+} という金属イオンと H^+ というルイス酸が競争的に結合する．式(3.40)における Y^{4-} へのプロトン付加反応のように，主反応である ZnY^{2-} の生成反応と競合する配位子の反応を配位子の副反応という*2．

亜鉛(II)と結合していないEDTAの全化学種を Y′ で表すと，式(3.40)は

$$Zn^{2+} + Y' \rightleftharpoons ZnY^{2-} \tag{3.41}$$

と書き換えられ，[Y′] は

$$[Y'] = [Y^{4-}] + \Sigma[H_pY^{p-4}] \tag{3.42}$$

で与えられる．式(3.39)の平衡定数である Y^{4-} への全プロトン付加定数を

$$\beta_p = \frac{[H_pY^{p-4}]}{[H^+]^p[Y^{4-}]} \tag{3.43}$$

で定義すると

$$[H_pY^{p-4}] = \beta_p[H^+]^p[Y^{4-}] \tag{3.44}$$

となる．式(3.44)を式(3.42)に代入すると

$$\begin{aligned}[Y'] &= [Y^{4-}] + \Sigma\beta_p[H^+]^p[Y^{4-}] \\ &= [Y^{4-}](1+\Sigma\beta_p[H^+]^p) = [Y^{4-}]\times\alpha_{Y(H)}\end{aligned} \tag{3.45}$$

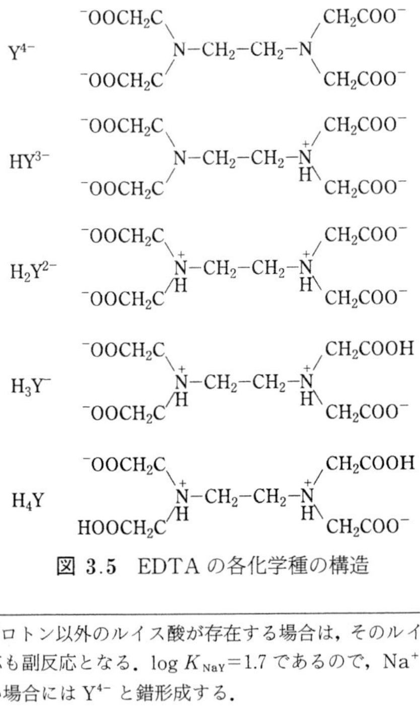

図 3.5　EDTAの各化学種の構造

*2　プロトン以外のルイス酸が存在する場合は，そのルイス酸との反応も副反応となる．$\log K_{NaY}=1.7$ であるので，Na^+ も濃度が高い場合には Y^{4-} と錯形成する．

となる．式(3.45)の $\alpha_{Y(H)}$ を，プロトン付加を考慮した Y^{4-} の副反応係数とよぶ．$\alpha_{Y(H)}$ は

$$\alpha_{Y(H)} = 1 + \sum \beta_p [H^+]^p \quad (3.46)$$

のように $[H^+]$ だけの関数であるから，pH が決まれば一定値になる．式(3.45)を変形すると

$$\frac{[Y^{4-}]}{[Y']} = \frac{1}{\alpha_{Y(H)}} \quad (3.47)$$

となる．したがって，$1/\alpha_{Y(H)}$ は，亜鉛(II) と結合していない EDTAY′ 内の Y^{4-} の割合を表す．

【例題 3.13】 式(3.42)の Y′ のうちの Y^{4-}，HY^{3-}，H_2Y^{2-}，H_3Y^- および H_4Y の存在割合をpHの関数として図示せよ．また，pH 1～14 の範囲で $\alpha_{Y(H)}$ を計算せよ．ただし，式(3.43)の β_p は $\log\beta_1 = 10.2$，$\log\beta_2 = 16.4$，$\log\beta_3 = 19.1$，$\log\beta_4 = 21.1$ とする．

【解答】 Y^{4-} の生成割合は，式(3.47)で与えられる．H_pY^{p-4} の生成割合は，式(3.43)を変形した

$$[Y^{4-}] = \frac{[H_pY^{p-4}]}{\beta_p [H^+]^p} \quad \text{(a)}$$

を式(3.47)に代入して得られる

$$\frac{[H_pY^{p-4}]}{[Y']} = \frac{\beta_p [H^+]^p}{\alpha_{Y(H)}} \quad \text{(b)}$$

で与えられる．式(3.47)と式(b)の右辺は $[H^+]$ だけの関数であるから，pH を与えれば各化学種の存在割合が計算できる．このようにして作成したのが図 3.4 である．

式(3.46)に各 β_p の値を代入すると

$$\alpha_{Y(H)} = 1 + 10^{10.2}[H^+] + 10^{16.4}[H^+]^2 + 10^{19.1}[H^+]^3 + 10^{21.1}[H^+]^4 \quad \text{(c)}$$

となる．pH を与えて式(c)より $\alpha_{Y(H)}$ を計算すると，表 3.7 の 2 列の値を得る．たとえば，pH＝1 での $\alpha_{Y(H)}$ が $10^{17.8}$ であるので，Y′ のうちの Y^{4-} の割合は pH＝1 では $1/10^{17.8}$ となる．また，pH≧12 で $\alpha_{Y(H)}$ が 1 になるので，pH ≧12 では Y′ はもっぱら Y^{4-} として存在している．

---

d．金属錯体の副反応と副反応係数

式(3.26)の主反応で生成する ZnY^{2-} を含む溶液の pH を下げると

$$ZnY^{2-} + H^+ \rightleftharpoons ZnHY^- \quad (3.48)$$

の反応が起こり，酸性錯体 $ZnHY^-$ が生成する．逆に，pH を上げると

$$ZnY^{2-} + OH^- \rightleftharpoons Zn(OH)Y^{3-} \quad (3.49)$$

の反応が起こり，塩基性錯体 $Zn(OH)Y^{3-}$ が生成する．これらの錯体の生成も考慮すると，亜鉛(II)-EDTA 錯体の生成反応は

$$\begin{array}{c} Zn(OH)Y^{3-} \\ \upharpoonleft\downharpoonright OH^- \\ Zn^{2-} + Y^{4-} \rightleftharpoons ZnY^{2-} \\ \upharpoonleft\downharpoonright H^+ \\ ZnHY^- \end{array} \quad (3.50)$$

という 3 種類の錯体を生成する反応になる．

亜鉛(II)-EDTA 錯体の全化学種を(ZnY)′ で表すと，式(3.50)は

$$Zn^{2+} + Y^{4-} \rightleftharpoons (ZnY)' \quad (3.51)$$

と書き換えられ，$[(ZnY)']$ は

$$[(ZnY)'] = [ZnY^{2-}] + [ZnHY^-] + [Zn(OH)Y^{3-}] \quad (3.52)$$

で与えられる．酸性錯体の生成定数を

$$K_{ZnHY} = \frac{[ZnHY^-]}{[ZnY^{2-}][H^+]} \quad (3.53)$$

で，塩基性錯体の生成定数を

$$K_{Zn(OH)Y} = \frac{[Zn(OH)Y^{3-}]}{[ZnY^{2-}][OH^-]} \quad (3.54)$$

で定義し，これらを用いて式(3.52)を書き換えると

$$\begin{aligned}[(ZnY)'] &= [ZnY^{2-}](1 + K_{ZnHY}[H^+] + K_{Zn(OH)Y}[OH^-]) \\ &= [ZnY^{2-}] \times \alpha_{ZnY(H,OH)} \end{aligned} \quad (3.55)$$

となる．式(3.55)の $\alpha_{ZnY(H,OH)}$ を，酸性錯体と塩基性錯体の生成を同時に考慮した ZnY^{2-} の副反応係数とよぶ．$\alpha_{ZnY(H,OH)}$ は

$$\alpha_{ZnY(H,OH)} = 1 + K_{ZnHY}[H^+] + K_{Zn(OH)Y}[OH^-] \quad (3.56)$$

のように $[H^+]$ と $[OH^-]$ の関数であるから，pH が決まれば一定値になる．式(3.55)を変形すると

$$\frac{[ZnY^{2-}]}{[(ZnY)']} = \frac{1}{\alpha_{ZnY(H,OH)}} \quad (3.57)$$

となる．したがって，$1/\alpha_{ZnY(H,OH)}$ は，亜鉛(II)-EDTA 錯体 (ZnY)′ の内の ZnY^{2-} の割合を表す値になる．

【例題3.14】 酸性錯体および塩基性錯体の生成定数として $\log K_{ZnHY} = 3.0$ および $\log K_{Zn(OH)Y} = 2.1$ を用い，pH 1～14 の範囲で $\alpha_{ZnY(H,OH)}$ を計算せよ．

【解答】 式(3.56)にK_{ZnHY}および$K_{Zn(OH)Y}$の値を代入すると

$$\alpha_{ZnY(H,OH)}=1+10^{3.0}[H^+]+10^{2.1}[OH^-] \quad (a)$$

となる．$[H^+][OH^-]=10^{-14.0}$を用いて$[H^+]$の関数に変換すると

$$\alpha_{ZnY(H,OH)}=1+10^{3.0}[H^+]+\frac{10^{-11.9}}{[H^+]} \quad (b)$$

となる．pHを与えて式(b)より$\alpha_{ZnY(H,OH)}$を計算すると表3.7の3列の値を得る．pH≦3では酸性錯体，pH≧12では塩基性錯体の生成による影響を考慮しなければならないが，4≦pH≦11では$\alpha_{ZnY(H,OH)}$が1になるので，このpH範囲では$(ZnY)'$はもっぱらZnY^{2-}として存在する．

表 3.7 亜鉛(II)-EDTA 錯体の条件生成定数

pH	$\log\alpha_{Y(H)}$	$\log \alpha_{Zn(OH,NH_3)}$	$\log \alpha_{ZnY(H,OH)}$	$\log K'_{ZnY}$
1	17.8	0.0	2.0	0.7
2	13.5	0.0	1.0	4.0
3	10.6	0.0	0.3	6.2
4	8.4	0.0	0.0	8.1
5	6.4	0.0	0.0	10.1
6	4.6	0.0	0.0	11.9
7	3.3	0.0	0.0	13.2
8	2.2	0.7	0.0	13.6
9	1.2	3.3	0.0	12.0
10	0.4	4.7	0.0	11.4
11	0.1	6.0	0.0	10.4
12	0.0	10.0	0.4	6.9
13	0.0	14.0	1.1	3.6
14	0.0	18.0	2.1	0.6

3.4 条件生成定数と平衡計算

a. 条件生成定数

3.3節のb〜d項で述べた副反応をすべて考慮すると，亜鉛(II)-EDTA錯体の生成反応は

$$Zn' + Y' \rightleftharpoons (ZnY)' \quad (3.58)$$

で表される．この反応の平衡定数をK'_{ZnY}で表すと

$$K'_{ZnY}=\frac{[(ZnY)']}{[Zn'][Y']} \quad (3.59)$$

となる．式(3.36)，(3.45)および(3.55)を式(3.59)に代入すると

$$K'_{ZnY}=\frac{K_{ZnY}\times\alpha_{ZnY(H,OH)}}{\alpha_{Zn(OH,NH_3)}\times\alpha_{Y(H)}} \quad (3.60)$$

を得る．$\alpha_{Y(H)}$と$\alpha_{ZnY(H,OH)}$は$[H^+]$だけの関数，$\alpha_{Zn(OH,NH_3)}$は$[NH_3]$と$[H^+]$の関数であるから，pHと$[NH_3]$が決まれば，これら三つの副反応係数の値がすべて決まり，式(3.60)からK'_{ZnY}の値も決まる．すなわち，式(3.59)で定義される平衡定数の値は，反応条件（この場合は，pHと$[NH_3]$）に依存するが，反応条件が決まれば一定値になる．

このような平衡定数を条件生成定数（conditional formation constant）という．式(3.36)，(3.45)および(3.55)に示したように，$\alpha_{Zn(OH,NH_3)}$，$\alpha_{Y(H)}$，$\alpha_{ZnY(H,OH)}$はいずれも1より大きい正の値である．したがって，$\alpha_{Zn(OH,NH_3)}$と$\alpha_{Y(H)}$が式(3.60)の分母にあり，$\alpha_{ZnY(H,OH)}$が分子にあることは，Y^{4-}とZn^{2+}の副反応は条件生成定数を小さくするが，ZnY^{2-}の副反応は条件生成定数を大きくすることを意味する．

【例題 3.15】 例題3.12，3.13および3.14で計算した$\alpha_{Zn(OH,NH_3)}$値，$\alpha_{Y(H)}$値，$\alpha_{ZnY(H,OH)}$値を用いて，$C_{NH_3}=0.10\ \mathrm{mol\ dm^{-3}}$のアンモニア緩衝液中での$K'_{ZnY}$をpH 1〜14の範囲で計算せよ．ただし，$\log K_{ZnY}=16.5$とする．

【解答】 式(3.60)の対数をとり，$\log K_{ZnY}=16.5$を代入すると

$$\log K'_{ZnY}=16.5+\log\alpha_{ZnY(H,OH)}-(\log\alpha_{Zn(OH,NH_3)}+\log\alpha_{Y(H)}) \quad (a)$$

となる．式(a)を用いて$\log K'_{ZnY}$を計算すると，表3.7の5列に示す値を得る．$\log\alpha_{Zn(OH,NH_3)}$はpHが高くなるほど大きくなるが，$\log\alpha_{Y(H)}$はpHが低くなるほど大きくなるので，$\log K'_{ZnY}$はpH=8で最大になる．また三つの副反応係数の値を見比べると，亜鉛(II)-EDTA錯体の生成反応は

pH≦3では $Zn^{2+} + Y' \rightleftharpoons (ZnY)'$ (b)

4≦pH≦7では $Zn^{2+} + Y' \rightleftharpoons ZnY^{2-}$ (c)

8≦pH≦11では $Zn' + Y' \rightleftharpoons ZnY^{2-}$ (d)

12≦pHでは $Zn' + Y^{4-} \rightleftharpoons (ZnY)'$ (e)

で表されることがわかる．なお，式(3.26)で表される反応が起こるpHは存在しない．

b．条件生成定数を用いる平衡計算

a. で述べたように，すべての副反応を考慮した亜鉛(II)-EDTA 錯体の生成反応(式(3.58))

$$Zn' + Y' \rightleftharpoons (ZnY)'$$

に対して，条件生成定数 K'_{ZnY} が(式(3.59))

$$K'_{ZnY} = \frac{[(ZnY)']}{[Zn'][Y']}$$

で定義される．一方，式(3.58)の反応における C_{Zn} と C_Y は

$$C_{Zn} = [Zn'] + [(ZnY)'] \quad (3.61)$$

$$C_Y = [Y'] + [(ZnY)'] \quad (3.62)$$

で表されるので，式(3.59)，(3.61)および(3.62)を連立させれば，式(3.58)の平衡に関わる三つの化学種の濃度 [Zn′]，[Y′] および [(ZnY)′] が一義的に決まる．その際に必要となる K'_{ZnY} 値は，3.3 節の b.～d. に示した方法で $\alpha_{Zn(OH,NH_3)}$，$\alpha_{Y(H)}$ および $\alpha_{ZnY(H,OH)}$ を求め，それらを $K'_{ZnY} = K_{ZnY} \times \alpha_{ZnY(H,OH)}/(\alpha_{Zn(OH,NH_3)} \times \alpha_{Y(H)})$ に代入すれば計算できる．

【例題 3.16】 $C_{Zn} = 1.0 \times 10^{-2}\ mol\ dm^{-3}$，$C_Y = 1.0 \times 10^{-2}\ mol\ dm^{-3}$，$C_{NH_3} = 0.10\ mol\ dm^{-3}$，pH＝9 のアンモニア緩衝液中における [Zn′]，[Y′] および [(ZnY)′] を求めよ．

【解答】 問題の条件での K'_{ZnY} は，表 3.7 より

$$K'_{ZnY} = \frac{[(ZnY)']}{[Zn'][Y']} = 10^{12.0} \quad (a)$$

となる．一方，亜鉛(II) と EDTA の物質収支式は

$$C_{Zn} = [Zn'] + [(ZnY)'] = 1.0 \times 10^{-2}\ mol\ dm^{-3} \quad (b)$$

$$C_Y = [Y'] + [(ZnY)'] = 1.0 \times 10^{-2}\ mol\ dm^{-3} \quad (c)$$

となる．$C_{Zn} = C_Y$ であるから

$$[Zn'] = [Y'] \quad (d)$$

となる．K'_{ZnY} がかなり大きい値であるので，[(ZnY)′]≫[Zn′] とみなすと

$$[(ZnY)'] \fallingdotseq C_{Zn} \quad (e)$$

と近似できる．したがって

$$K'_{ZnY} = \frac{[(ZnY)']}{[Zn'][Y']} = \frac{C_{Zn}}{[Zn']^2} \quad (f)$$

となる．式(f) に K'_{ZnY} と C_{Zn} の数値を代入すると $[Zn'] = 10^{-7.0}\ mol\ dm^{-3}$ を得る．したがって，

$$[Zn'] = [Y'] = 1.0 \times 10^{-7}\ mol\ dm^{-3},$$

$$[(ZnY)'] = 1.0 \times 10^{-2}\ mol\ dm^{-3}.$$

【例題 3.17】 $C_{Zn} = 1.0 \times 10^{-2}\ mol\ dm^{-3}$，$C_Y = 1.0 \times 10^{-2}\ mol\ dm^{-3}$，$C_{NH_3} = 0.10\ mol\ dm^{-3}$ のアンモニア緩衝液中で，式(3.58)の平衡が 99.9％以上右方向に片寄るための K'_{ZnY} の下限値を求めよ．

【解答】 $C_{Zn} = C_Y$ であるから

$$[Zn'] = [Y'] \quad (a)$$

となる．式(3.58)の平衡が 99.9％以上右方向に片寄っている場合には

$$\frac{[Zn']}{C_{Zn}} \leqq 0.001 \quad (b)$$

$$\frac{[(ZnY)']}{C_{Zn}} \geqq 0.999 \fallingdotseq 1 \quad (c)$$

となる．式(b)と式(c)を変形し，$C_{Zn} = 1.0 \times 10^{-2}$ を代入すると

$$[Zn'] = [Y'] \leqq 0.001 \times C_{Zn} = 1.0 \times 10^{-5} \quad (d)$$

$$[(ZnY)'] \geqq 1 \times C_{Zn} = 1.0 \times 10^{-2} \quad (e)$$

となる．したがって

$$K'_{ZnY} = \frac{[(ZnY)']}{[Zn'][Y']} \geqq \frac{1 \times 10^{-2}}{(1 \times 10^{-5})^2} = 1.0 \times 10^{8} \quad (f)$$

これより，K'_{ZnY} の下限値として 1.0×10^8 を得る．$\log K'_{ZnY} \geqq 8$ となる pH 範囲は，表 3.7 によると，4～11 となる．

演 習 問 題

【3.1】 $1.0 \times 10^{-2}\ mol\ dm^{-3}$ のカルシウム(II) と $1.0 \times 10^{-2}\ mol\ dm^{-3}$ の EDTA(H_4Y)とを含む pH 6 の溶液中での錯形成平衡

$$Ca^{2+} + Y' \rightleftharpoons CaY^{2-}$$

に関する以下の各問に答えよ．ただし，この系で考慮すべき副反応は Y^{4-} へのプロトン付加による HY^{3-} と H_2Y^{2-} の生成反応だけとし，

$$K_{CaY} = \frac{[CaY^{2-}]}{[Ca^{2+}][Y^{4-}]} = 10^{10.6}$$

$$K_1 = \frac{[HY^{3-}]}{[H^+][Y^{4-}]} = 10^{10.2}$$

$$K_2 = \frac{[H_2Y^{2-}]}{[H^+][HY^{3-}]} = 10^{6.2}$$

とする．

(1) カルシウム(II)の全濃度を C_{Ca} で表し，カルシウム(II)に関する物質収支式を示せ．

(2) EDTA の全濃度を C_Y で表し，EDTA に関する物質収支式を示せ．

(3) $[Y'] = [Y^{4-}]\alpha_{Y(H)}$ で定義される $\alpha_{Y(H)}$ を，K_1 と K_2 を用いて，$[H^+]$ の関数として表せ．

(4) pH 6 での $\alpha_{Y(H)}$ の数値を有効数字 2 桁で求めよ．

(5) $K'_{CaY} = [CaY^{2-}]/([Ca^{2+}][Y'])$ の pH 6 での数値を有効数字 2 桁で求めよ．

(6) この溶液中に存在する Ca^{2+}，Y^{4-}，HY^{3-}，H_2Y^{2-}，CaY^{2-} を存在量の多い順に並べよ．

【3.2】 1.0×10^{-2} mol dm^{-3} のカルシウム(II)と 1.0×10^{-2} mol dm^{-3} の EDTA(H_4Y) とを含む溶液中での錯形成平衡

$$Ca^{2+} + Y' \rightleftharpoons CaY^{2-}$$

において，全カルシウム(II) の 99.9％ 以上が CaY^{2-} として存在するための pH の下限値を以下の手順で求めよ．ただし，この系で考慮すべき副反応は Y^{4-} へのプロトン付加による HY^{3-} と H_2Y^{2-} の生成反応だけとし，CaY^{2-} の生成定数および Y^{4-} のプロトン付加定数は前問の値を用いよ．

(1) Y^{4-} へのプロトン付加を考慮した副反応係数 $\alpha_{Y(H)}$ を定義し，pH が 7，8，9，10 および 11 での $\alpha_{Y(H)}$ の数値を有効数字 2 桁で求めよ．

(2) 全カルシウム(II)の99.9％以上が CaY^{2-} として存在するための条件生成定数 $K'_{CaY} = [CaY^{2-}]/([Ca^{2+}][Y'])$ の下限値を求めよ．

(3) K'_{CaY} と K_{CaY} との関係を用い，全カルシウム(II) の 99.9％ 以上が CaY^{2-} として存在するための $\alpha_{Y(H)}$ の上限値を求めよ．

(4) 上記の(1)と(3)とから，問題の条件を満たす pH の下限値を 7，8，9，10 および 11 の中から選べ．

第4章　酸化還元平衡

酸化（oxidation）と還元（reduction）は，酸・塩基とならんで化学の基本的な概念である．古くは，酸化とは元素または分子が酸素と化合することをいい，還元とは逆に酸素を奪うことをいった．しかし酸化還元反応は酸素以外にも水素，金属，ハロゲン，硫黄のような多くの元素との反応まで含むようになったので，現在では「酸化とはイオンや原子または分子から電子を奪う反応であり，還元とはその反対にイオンや原子または分子が電子を得る反応である」と定義されている．本章では，この定義に基づき酸化還元反応を理解するための基礎を学ぶ．

4.1　酸化と還元

現代の酸化と還元の定義に従うと，酸化剤と還元剤との関係は

$$\text{酸化剤} + n\,\mathrm{e}^- \rightleftharpoons \text{還元剤} \qquad (4.1)$$

と表すことができる．ここで n は電子（e^-）の数を示す．このような組合せを共役な酸化還元対という．

【例題 4.1】　酸化還元反応を酸塩基反応と比較してその類似性と相違点を述べよ．

【解答】　式(4.1)から明らかなように酸化還元反応は電子の授受である．一方，酸塩基反応をブレンステッドの定義に従って表すと，

$$\text{酸} \rightleftharpoons \text{塩基} + \text{プロトン} \qquad \text{(a)}$$

となり，酸塩基反応はプロトンの授受である．プロトンは水素の原子核で，溶液中では裸で存在することは難しい．すなわち溶媒和された形で存在する．水溶液中ではプロトンは H_3O^+ の形で，あるいはさらに水和された形で存在する．したがって，酸 HA を水に溶解すると

$$\mathrm{HA} + \mathrm{H_2O} \rightleftharpoons \mathrm{H_3O^+} + \mathrm{A^-} \qquad \text{(b)}$$

という平衡が成立する．この反応で H_2O は塩基である．このように酸塩基反応はただ一つだけ単独に起こることなく，必ず一対の酸塩基反応が組み合わさって起こる．式(4.1)の電子は溶液中で遊離の形で存在せず，プロトンと同じように溶媒和した形で存在する．しかし，水中で存在すべき溶媒和電子は極めて短寿命（約 10^{-11} 秒）であり，水溶液中の酸化還元平衡を考える場合には水和電子の存在を考慮せず，2組の酸化還元系の電子の授受の程度を考察すればよい．すなわち

$$\text{酸化剤(1)} + \text{還元剤(2)} \rightleftharpoons \text{還元剤(1)} + \text{酸化剤(2)} \qquad \text{(c)}$$

このように酸化還元反応は酸塩基反応とまったく同じように考えることができる．ただし，溶媒和プロトン（水溶液では H_3O^+）は安定に存在するが溶媒和電子は安定に存在しない．この違いが，酸の基準を溶媒和プロトンにおけるが，還元剤の基準を溶媒和電子（水溶液では e^-_{aq}）におけない結果をもたらす．したがって，酸塩基の強さや溶液の pH は2章の式(2.30)や例題2.4の式(c)より知ることができるが，酸化還元の強さは次節で述べるように $2H^+ + 2e^- \rightleftharpoons H_2$ の反応を基準として決められる．そして酸化還元電位より酸化還元反応の程度を知ることができる．

4.2　電極電位と電池

a．電極電位

金属亜鉛板を，亜鉛イオンを含む溶液に浸すと，一部の亜鉛が溶け出し金属-溶液界面に電気

的二重層が形成されて電位差が生じる(図 4.1). この反応過程は

$$Zn^{2+} + 2e^- \rightleftharpoons Zn \qquad (4.2)$$

と書くことができる. このとき生じた電位差は Zn^{2+}/Zn の半電池, すなわち式(4.2)の半反応の起電力に相当する. 酸化体 (O_x) と還元体 (Red) を含む溶液に白金のような不活性な電極を浸した場合でも, 白金の表面には同じように電位差が生じる. その反応を

$$O_x + ne^- \rightleftharpoons \mathrm{Red} \qquad (4.3)$$

と書き, O_x/Red の半電池の起電力はこの半反応の電位を表す.

式(4.3)は電子の授受の反応であるので, この半反応の電位差 $E^\circ_{(Ox/Red)}$ は物質の酸化力や還元力の強さを表す. 強い酸化剤は強く電子を引きつけ, 弱い酸化剤はそれほど電子を強く引きつけない. 還元剤はその逆であり, 強い還元剤は電子を放しやすく, 弱い還元剤は電子を相手に与えにくい. したがって, 強い酸化剤ほど式(4.3)の電位が大きくなり, 酸化力が弱いほどあるいは強い還元剤であるほどその電位は小さくなる. しかし, その半反応の絶対的な電位そのものは測定することができない. そこで二つの半反応で構成する電池をつくり, その起電力を測定する.

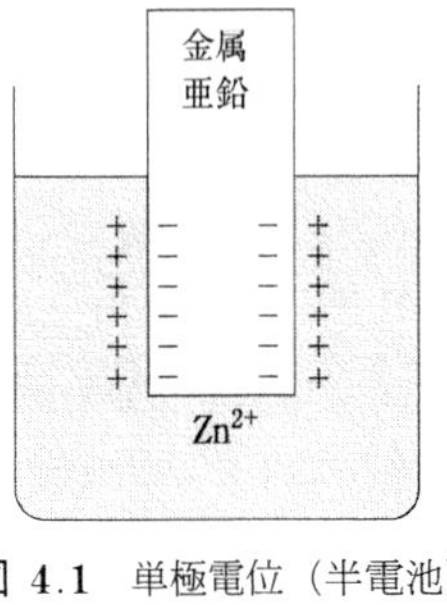

図 4.1 単極電位 (半電池)

基準の半電池として, 標準状態における水素電極反応

$$\frac{1}{2}H_2(g) \rightleftharpoons H^+ + e^- \qquad (4.4)$$

が用いられる. ここで標準状態は 1 気圧 (10^5 Pa) の水素ガスと活量 1 の水素イオンを考える (実際 1.18 mol dm^{-3} の塩酸がこれに相当する). この標準状態の溶液に白金黒のついた白金電極を浸すと, 白金黒表面と水溶液との間では式(4.4)の反応が起こる. この半反応の電池を

$$\mathrm{Pt},\ H_2[1\,\mathrm{atm}(10^5\,\mathrm{Pa})]|H^+(a_{H^+}=1)$$

と表す. この電池を標準水素電極 (normal hydrogen electrode, NHE と略す) とよび, 種々の半反応の電池の起電力測定の基準として用い, 標準水素電極の電位をゼロとする. 標準水素電極を左側に, ある物質の半電池を右側に持つ電池をつくり, その電池の起電力を測定すると, 右側の物質の酸化還元電位を知ることができる. 右側の半電池を構成する酸化還元系の活量が 1 の場合の電位を, その物質の標準電極電位 (standard electrode potential) あるいは標準酸化還元電位 (standard redox potential) といい E° で表す. 右側の電極の正負の符号は, そのまま半電池の符号と一致する. たとえば式(4.2)で表される半反応の電池と標準水素電極の組合せの電池は

$$\mathrm{Pt},\ H_2(1\,\mathrm{atm}(10^5\,\mathrm{Pa}))|H^+(a_{H^+}=1)||Zn^{2+}(a=1)|Zn$$

となる. この電池の起電力は -0.763 V であるので, 式(4.2)の標準酸化還元電位 $E^\circ_{(Zn^{2+}/Zn)} = -0.76$ V と表す. 半反応の電位の符号が負であるので, 式(4.2)は右から左への反応が起こりやすいことを示す. すなわち金属亜鉛(Zn) は強い還元剤である. 代表的な化学種の酸化還元電位を付録 5 に示す. 付録 5 において標準酸化還元電位が正の大きな値のものが強い酸化剤である. したがって, フッ素, セリウム(IV), 過マンガン酸イオン (酸性溶液), 塩素, 二クロム酸イオンは強い酸化剤である. 逆に, 弱い酸化剤と共役な還元剤は強い還元剤となるので, 金属ナトリウム, 金属亜鉛, シュウ酸, 金属スズは強い還元剤である.

b. 電極反応

標準水素電極を基準として, 物質の標準酸化還元電位の表し方について述べたが, ここでは標準水素電極以外の種々の半電池を組み合わせた電池について考える. 図 4.2 に示されるように, 一方のセルには硫酸亜鉛の溶液に亜鉛板を浸し, 他方のセルでは硫酸銅の溶液に銅板を浸す. 両液を塩化カリウムの塩橋で連絡する. この電池はよく知られたダニエル電池である. この電池を

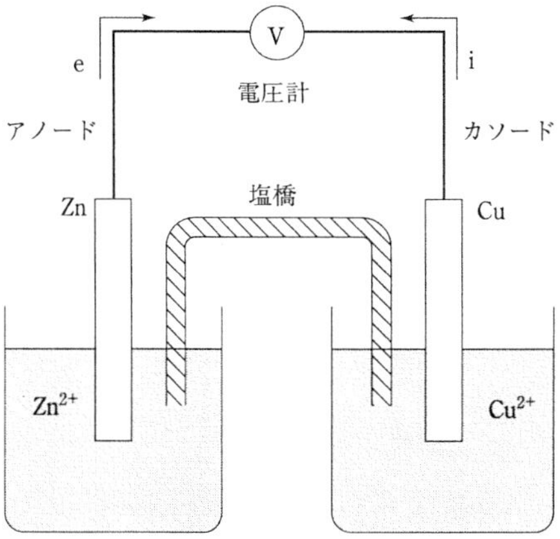

図 4.2　ダニエル電池

$Zn|Zn^{2+}||Cu^{2+}|Cu$

と表す．外部の回路を閉じると，亜鉛電極で亜鉛が溶解し，銅電極では金属銅が析出する．電極の反応は

［アノード］　$Zn \rightleftharpoons Zn^{2+} + 2\,e^-$　　(4.5)

［カソード］　$Cu^{2+} + 2\,e^- \rightleftharpoons Cu$　　(4.6)

全反応は

$$Cu^{2+} + Zn \rightleftharpoons Cu + Zn^{2+} \qquad (4.7)$$

酸化反応が進行している電極をアノード（anode）といい，還元反応が進行している電極をカソード（cathode）という．図 4.2 において電子は導線を通って亜鉛板から銅板へ移行する．電流はこの逆の方向に流れて銅極が正極，亜鉛極が負極となる．図 4.2 で電池の両極間の電位差を電池の起電力（electromotive force）という．電池の起電力は電池と逆の方向に電圧をかけて，電流がほとんど流れない状態で測定される．また電池の起電力は電極のそれぞれの半電池の起電力（付録 5）の差から計算できる．

c．電極のよび方

電極の符号のよび方は，電子の流れる方向が電池と電気分解とでは逆であるので，しばしば混同しやすい．表 4.1 に比較してまとめておく．いずれの場合でも，還元反応が起こっている電極をカソードと定義し，酸化反応が起こっている電極をアノードと定義する．

この電極名の定義はそれぞれの極が正に帯電するか，負に帯電するかということに関係がない．

表 4.1　電極名の定義と呼び方

定　義	アノード			カソード		
	外部へ	電極	溶液	外部から	電極	溶液
電子の流れ	e^-←	e^-←	Red ↓ e^- ↓ Ox	e^-→	e^-→	Ox ↓ e^- ↓ Red
反　応	酸化			還元		
電気分解	陽極			陰極		
電　池	負極（マイナス極）			正極（プラス極）		

電気分解においてはアノードは当然正に帯電するが，電池においては負に帯電する．日本語では陽極すなわち正極，陰極すなわち負極と受け取られるので，陽極，陰極という言葉を避けてアノード，カソードという言葉を用いる．さらに正に帯電している極を正極（プラス極），負に帯電している極を負極（マイナス極）とする．

d．電池の起電力の計算

半反応の標準酸化還元電位（付録 5）から電池の起電力や他の半反応の標準酸化還元電位を計算することができる．

【例題 4.2】　$Cu|Cu^{2+}(a=1)||Ag^+(a=1)|Ag$ で示される電池の全反応の式と起電力を求めよ．

【解答】　$2\,Ag^+ + 2\,e^- \rightleftharpoons 2\,Ag \quad E^\circ_{(Ag^+/Ag)} = 0.80\ V$

$Cu^{2+} + 2\,e^- \rightleftharpoons Cu \quad E^\circ_{(Cu^{2+}/Cu)} = 0.34\ V$

全体の反応は

$2\,Ag^+ + Cu \rightleftharpoons Cu^{2+} + 2\,Ag \quad E^\circ = 0.46\ V$

電池の標準起電力は，右側の電極の電位から左側の電極電位を引いた差として表される．この場合は銀極が正極であり銅極が負極である*．

4.3　ネルンストの式

電池の起電力とセル中で反応する各化学種の活量の関係を物理化学者ネルンストが 1889 年に示

*　$2Ag^+ + 2e^- \rightleftharpoons 2Ag$ の標準酸化還元電位を $E^\circ_{(Ag^+/Ag)} = 2 \times 0.80\ V = 1.6\ V$ としてはいけない．標準酸化還元電位は水素電極を基準とした起電力の実測値であるので，電池の半反応式に含まれる電子の数に依存しない．

した．

$$aA + bB + \cdots \rightleftharpoons pP + qQ + \cdots \quad (4.8)$$

の反応における自由エネルギー変化ΔGは

$$\Delta G = \Delta G^\circ + RT\ln\frac{(a_P)^p(a_Q)^q\cdots}{(a_A)^a(a_B)^b\cdots} \quad (4.9)$$

となる．ここでΔG°は標準状態における自由エネルギーの変化である．Rは気体定数（8.31 J•K^{-1} mol^{-1}）である．Tは絶対温度である．電池の起電力E(V) によってnモルの電子が流れたとすると，このときなされた仕事あるいは自由エネルギーの変化は

$$-\Delta G = nFE \quad (4.10)$$

となる．Fはファラデー定数（9.648×10^{4}C mol^{-1}）．また標準状態では，

$$-\Delta G^\circ = nFE^\circ \quad (4.11)$$

となる．したがって，式(4.9)～(4.11)より

$$E = E^\circ - \frac{RT}{nF}\ln\frac{(a_P)^p(a_Q)^q\cdots}{(a_A)^a(a_B)^b\cdots} \quad (4.12)$$

となる．式(4.12)はネルンストの式とよばれ，電位と化学種の活量との関係を示す重要な式である．式(4.8)の熱力学平衡定数をK°とすると

$$K^\circ = \frac{(a_P)^p(a_Q)^q\cdots}{(a_A)^a(a_B)^b\cdots} \quad (4.13)$$

である．電池反応が平衡状態であれば，$\Delta G=0$であり，$E=0$であるので，式(4.11)～(4.13)より

$$-\Delta G^\circ = nFE^\circ = RT\ln K^\circ = 2.3RT\log K^\circ \quad (4.14)$$

が得られる．これより

$$\log K^\circ = \frac{nFE^\circ}{2.3RT} = \frac{nE^\circ}{0.059} \quad (25^\circ\mathrm{C}\ (298\,\mathrm{K})) \quad (4.15)$$

式(4.15)を用いて，E°より酸化還元反応の平衡定数を求めることができる．電池の標準起電力は電池を構成する二つの標準酸化還元電位の差であるので，この差が大きいほど酸化還元の平衡定数は大きく反応は完全に進行する．

【例題 4.3】 式(4.12)の各化学種の活量の代わりにモル濃度（mol dm^{-3}）を用いるとネルンストの式はどのように表されるか．

【解答】 式(4.8)を濃度平衡定数で表すと

$$K = \frac{[P]^p[Q]^q\cdots}{[A]^a[B]^b\cdots}$$

また活量係数をyとすると$a_A = y_A[A]$，$a_B = y_B[B]$，…，$a_P = y_P[P]$，$a_Q = y_Q[Q]$…である．したがって式(4.12)は

$$E = E^\circ + \frac{RT}{nF}\ln\frac{y_A^a y_B^b\cdots}{y_P^p y_Q^q} - \frac{RT}{nF}\ln\frac{[P]^p[Q]^q\cdots}{[A]^a[B]^b\cdots}$$

$$= E^{\circ\prime} - \frac{RT}{nF}\ln\frac{[P]^p[Q]^q\cdots}{[A]^a[B]^b\cdots} \quad (a)$$

また平衡状態では$E=0$であるので，

$$\log K = \frac{nFE^{\circ\prime}}{2.3RT} = \frac{nE^{\circ\prime}}{0.059} \quad (25^\circ\mathrm{C}\ (298\,\mathrm{K}))$$

$E^{\circ\prime}$は条件酸化還元電位であり，式量電位とよばれることもある．イオン強度によって活量係数が変化するので$E^{\circ\prime}$はイオン強度に依存する．

【例題 4.4】 1電子移動を伴う酸化還元反応が25℃（298 K）で99.9％以上進行するためには，反応の酸化還元電位はいくら以上でなければならないか．

【解答】 99.9％以上反応が進行するためには，$K \geqq 10^3$でなければならない．

$$\log K = \frac{nE^\circ}{0.059}$$

より，$n=1$で，$K \geqq 10^3$のとき，

$$E^\circ = 0.059\log K \geqq 0.059\times 3 = 0.177\,\mathrm{V}.$$

ネルンストの式を用いて，酸化還元反応を電池反応としてとらえることにより，種々の反応の平衡状態を理解することができる．また，半反応の酸化還元電位も酸化体と還元体の活量と例題 4.5 の式(b)のように関係づけられる．

【例題 4.5】 ネルンストの式より，半反応$pO_x + ne^- \rightleftharpoons q\mathrm{Red}$の電位を酸化体（$O_x$）および還元体（Red）の活量を用いて表す式を導け．

【解答】 半反応の起電力を水素電極を基準にして考えると，電池は次のようになる．

$$\mathrm{Pt, H_2(g, 1\,atm(10^5\,Pa))|H^+(aq, a_{H^+}=1)\|}$$
$$\mathrm{O_x(aq, a_{O_x})|Red(aq, a_{Red}), Pt}$$

電池反応は

$$pO_x + \frac{n}{2}H_2 \rightleftharpoons qRed + nH^+$$

その平衡電位はネルンストの式より

$$E = E^\circ_{(O_x/Red)} - \frac{RT}{nF}\ln\frac{a_{Red}^q\, a_{H^+}^n \cdots}{a_{O_x}^p\, a_{H_2}^{n/2} \cdots} \qquad (a)$$

ここで a_{H_2} および a_{H^+} はともに1であるから

$$E = E^\circ_{(O_x/Red)} - \frac{RT}{nF}\ln\frac{a_{Red}^q}{a_{O_x}^p} \qquad (b)$$

酸化還元反応はそれぞれの半反応の組合せであるので，半反応の標準酸化還元電位と化学種の活量より反応の平衡定数や電位を容易に知ることができる．付録5の標準酸化還元電位は酸化剤と還元剤のいずれも単位活量（$a=1$）である場合について決められたものである．また，ネルンストの式も活量を用いて誘導された．したがって正確には濃度よりも活量が用いられるべきである．しかし希薄溶液では活量は濃度（モル濃度，質量モル濃度）と数値的にはほぼ等しいと見なせるから，活量を濃度に置き換えても近似的には成立する．したがって，化学種の濃度を用いても電池の電位や酸化還元電位の方向について十分議論することができる．

【例題 4.6】 次の反応の標準酸化還元電位（E°）および25℃での平衡定数（$\log K^\circ$）を求めよ．

$$Ce^{4+} + Fe^{2+} \rightleftharpoons Ce^{3+} + Fe^{3+}$$

【解答】

$Ce^{4+} + e^- \rightleftharpoons Ce^{3+}$	1.61 V
$-)\ Fe^{3+} + e^- \rightleftharpoons Fe^{2+}$	0.77 V
$Ce^{4+} + Fe^{2+} \rightleftharpoons Ce^{3+} + Fe^{3+}$	0.84 V

$$\log K^\circ = \frac{0.84}{0.059} = 14.24,\quad K^\circ = 1.7\times10^{14}$$

したがって反応は定量的に右に進む．

この例題のように半反応の組合せによって得られる反応が，電子を含まない全反応の場合は，個々の半反応の E° をそのまま用いて計算することができる．しかし，自由エネルギー（ΔG°）については加成性が成立するが，電位（E°）については加成性が成立しないので，半反応の組合せから全反応のE°値をそれぞれの半反応の E° 値より計算する場合は，基本的にまず各反応の E° を ΔG° で求めた後，全反応の E° を求めなければならない．

【例題 4.7】 $Cu^{2+} + e^- \rightleftharpoons Cu$ 0.34 V，$Cu^+ + e^- \rightleftharpoons Cu$ 0.52 V より，$Cu^{2+} + e^- \rightleftharpoons Cu^+$ の標準酸化還元電位を計算せよ．

【解答】

	E°/V	$\Delta G^\circ = -nFE^\circ$
$Cu^{2+} + 2e^- \rightleftharpoons Cu$	0.34	$-2F\times0.34$
$-)\ Cu^+ + e^- \rightleftharpoons Cu$	0.52	$-F\times0.52$
$Cu^{2+} + e^- \rightleftharpoons Cu^+$	-0.18 （誤り）	$-F\times0.16$ （正しい）

したがって，$Cu^{2+} + e^- \rightleftharpoons Cu^+$ の反応の自由エネルギーの変化は

$$\Delta G^\circ_{(Cu^{2+}/Cu^+)} = \Delta G^\circ_{(Cu^{2+}/Cu)} - \Delta G^\circ_{(Cu^+/Cu)}$$
$$= -F\times0.16 = -nFE^\circ$$
$$E^\circ = 0.16\ \mathrm{V}\ (\because n=1)$$

【例題4.8】 次の半電池の電極電位（25℃）を求めよ．

(1) $Cd|Cd^{2+}(a=0.01)$

(2) $Ag|Ag^+(a=1.0\times10^{-4})$

(3) $Pt|Fe^{3+}(a=1)$，$Fe^{2+}(a=0.01)$

【解答】 電極の酸化還元電位はそれぞれ $E^\circ_{(Cd^{2+}/Cd)} = -0.40$ V，$E^\circ_{(Ag^+/Ag)} = 0.80$，$E^\circ_{(Fe^{3+}/Fe^{2+})} = 0.77$ V である．$O_x + ne^- \rightleftharpoons Red$ の反応に対する電位はネルンストの式より，$E = E^\circ + (0.059/n)\log(a_{O_x}/a_{Red})$．ここで a_{O_x} および a_{Red} はそれぞれ酸化剤，還元剤の活量を示す．

(1) $-0.40 + 0.059 \div 2 \times (-2) = -0.46$ V

(2) $0.80 + 0.059 \times (-4) = 0.56$ V

(3) $0.77 + 0.059 \times 2 = 0.89$ V

4.4 複雑な系の酸化還元平衡

前節ではネルンストの式を用いて，酸化還元反応の電位や平衡定数を知ることができた．ここではこのような取り扱いをさらに深めるために，酸化還元反応における，(a)水素イオン，(b)沈殿生成，(c)錯体生成の影響について考える．

a. 水素イオンの関与する系

半電池反応に水素イオンや水酸化物イオンが含まれる場合は，電極電位はこれらのイオンの濃度によって変化する．

【例題 4.9】 水の酸化還元反応を示す次の半反応と標準電極電位を参考にして，電位と pH の関係をグラフで示せ．

$$2\,H^+ + 2\,e^- \rightleftharpoons H_2 \qquad 0.00\,V$$

$$O_2 + 4\,H^+ + 4\,e^- \rightleftharpoons 2\,H_2O \qquad 1.23\,V$$

【解答】 二つの半反応式の電位はネルンストの式より，25℃では

$$E_1 = E^\circ_{(H^+/H_2)} + 0.03\log\frac{a_{H^+}{}^2}{a_{H_2}}$$

$$E_2 = E^\circ_{(O_2/H_2)} + 0.015\log\frac{a_{O_2}a_{H^+}{}^4}{a_{H_2O}}$$

a_{H_2}，a_{O_2}，a_{H_2O} は 1 と見なせるので，

$$E_1 = 0.00 + 0.03\log a_{H^+}{}^2 = -0.06\,pH$$

$$E_2 = 1.23 + 0.015\log a_{H^+}{}^4 = 1.23 - 0.06\,pH$$

電位を pH に対してプロットすると，図 4.3 のようになる．このほか過マンガン酸カリウム，二クロム酸カリウム，ヨウ素酸カリウムなどの半反応も水素イオンが関与する．

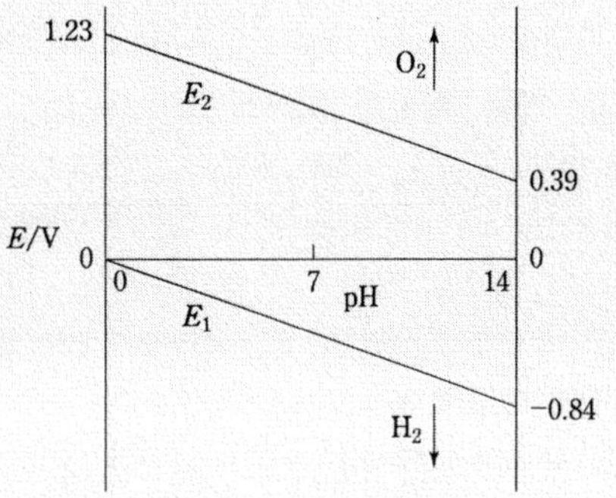

図 4.3　水の酸化還元電位と pH

b．沈殿生成が関与する酸化還元系

金属イオン M^{n+} が沈殿剤 X^- と沈殿 MX_n を生成する場合を考える．半反応 ($M^{n+} + n\,e^- \rightleftharpoons M$) の電位 E と沈殿 MX_n の溶解度積 ($K_{sp,MXn}$) は

$$E = E^\circ + \frac{0.059}{n}\log a_{M^{n+}}$$

$$K_{sp,MXn} = a_{M^{n+}}\,a_{X^-}{}^n$$

これらの式より

$$E = E^\circ + \frac{0.059}{n}\log K_{sp,MX_n} - 0.059\log a_{X^-}$$

$$= E^{\circ\prime} - 0.59\log a_{X^-} \qquad (4.16)$$

$E^{\circ\prime}$ は MX_n/M 系の標準酸化還元電位であり，$a_{X^-}=1$ のときの電位である．

【例題 4.10】 Ag^+/Ag 標準酸化還元電位（0.80 V）および塩化銀の溶解度（$K_{sp}=1.80\times10^{-10}$）より AgCl/Ag 系の酸化還元電位を求めよ．

【解答】

$$E = E^\circ + 0.059\log K_{sp} - 0.059\log a_{X^-}$$

$$= 0.08 + 0.059\log(1.8\times10^{-10}) - 0.059\log a_{X^-}$$

$$= 0.23 - 0.059\log a_{X^-}$$

したがって，$E^\circ_{(AgCl/Ag)} = 0.23\,V$（沈殿生成と酸化還元電位については第 5 章参照）．

c．錯体生成が関与する酸化還元系

金属Mとそのイオン M^{n+} を含む系において M^{n+} が配位子 L と錯体 ML_1，ML_2，…，ML_n を生成する場合は，金属イオンの全濃度を C_M とすると

$$C_M = [M^{n+}](1 + \sum_{m=1}\beta_m[L]^m) = [M^{n+}]\alpha_{M(L)} \qquad (4.17)$$

ここで，β_m は ML_m の全生成定数であり，$\alpha_{M(L)}$ は錯体 ML_m の生成による金属イオン M^{n+} の副反応係数である（第 3 章参照）．したがって，

$$E = E^{\circ\prime} + \frac{0.059}{n}\log\frac{C_M}{\alpha_{M(L)}}$$

$$= E^{\circ\prime} - \frac{0.059}{n}\log\alpha_{M(L)} + \frac{0.059}{n}\log C_M \qquad (4.18)$$

配位子 L が金属イオン M^{n+} と錯体を生成すると電位は減少し，M^{n+} は M に還元されにくくなる．配位子 L が塩基性の場合は L へのプロトン付加が起こるので，酸化還元電位は pH にも影響される．$E^{\circ\prime}$ は活量係数を含む条件酸化還元電位であるが，イオン強度が一定で配位子の濃度や pH が一定ならば，$E^{\circ\prime}$ と $\alpha_{M(L)}$ は一定となる．したがって式(4.18)は

$$E^\circ = E^{\circ\prime\prime} + \frac{0.059}{n}\log C_M \qquad (4.19)$$

となる．$E^{\circ\prime\prime}$ は一定の実験条件のもとでは一定となるので，$E^{\circ\prime\prime}$ が条件酸化還元電位（条件電位）とよばれることもある．

【例題 4.11】 pH7 でニトリロ三酢酸 (H_3nta) が 0.1 mol dm^{-3} 共存する場合の$Cd(nta)^-/Cd$系の酸化

還元電位を求めよ．ただし，$Cd^{2+}+2e^- \rightleftharpoons Cd$，$E^{\circ\prime}=-0.40$ V であり，カドミウム-NTA 錯体の全生成定数は $\log\beta_{Cd(nta)}=9.8$，$\log\beta_{Cd(nta)_2}=14.6$ である．また，NTA の逐次プロトン付加定数は $\log K_{Hnta}=9.71$，$\log K_{H_2nta}=2.48$，$\log K_{H_3nta}=1.8$である．

【解答】 Cd^{2+} と NTA との反応による副反応係数は

$$\alpha_{Cd(L)}=1+\beta_{Cd(nta)}[nta^{3-}]+\beta_{Cd(nta)2}[nta^{3-}]^2 \quad \text{(a)}$$

NTA のプロトン付加による副反応係数は

$$\begin{aligned}\alpha_{L(H)}&=1+K_{H_3nta}K_{H_2nta}K_{Hnta}[H^+]^3\\&\quad+K_{H_2nta}K_{Hnta}[H^+]^2+K_{Hnta}[H^+]\\&=1+10^{13.99}\times10^{-21}+10^{12.19}\times10^{-14}\\&\quad+10^{9.71}\times10^{-7}\simeq10^{2.71} \quad \text{(b)}\end{aligned}$$

pH 7 では $Hnta^{2-}$ がおもな化学種である．

式(a)，(b)より

$$\begin{aligned}\alpha_{Cd(L)}&=1+10^{9.8}\times0.1\div10^{2.71}+10^{14.6}\\&\quad\times(0.1)^2\div10^{5.42}=10^{6.09}+10^{7.18}=10^{7.21}\end{aligned}$$

したがって

$$E=E^{\circ\prime}-\frac{0.059}{n}\log\alpha_{Cd(L)}+\frac{0.059}{n}\log C_{Cd}$$

であるから

$$\begin{aligned}E&=-0.40-0.03\times7.21+0.03\log C_{Cd}\\&=-0.62+0.03\log C_{Cd}\end{aligned}$$

NTA が 0.1 mol dm^{-3} 共存する場合の $Cd(nta)^-$/Cd 系の条件酸化還元電位は−0.62 V となる．

次に金属イオンどうしの系，たとえば Fe^{3+}/Fe^{2+} 系の電位に錯体の生成がどのような影響を及ぼすかについて考えてみよう．

$$Fe^{3+}+e^- \rightleftharpoons Fe^{2+}$$

$$E=E^{\circ\prime}+0.059\log\frac{[Fe^{3+}]}{[Fe^{2+}]}$$

配位子 L が共存すると，L は Fe^{3+} および Fe^{2+} と錯体を生成するので，

$$C_{Fe(III)}=[Fe^{3+}]\alpha_{Fe(III)(L)}$$

$$C_{Fe(II)}=[Fe^{2+}]\alpha_{Fe(II)(L)}$$

となる．これらの式より

$$E=E^{\circ\prime}-0.059\log\frac{\alpha_{Fe(III)(L)}}{\alpha_{Fe(II)(L)}}+0.059\log\frac{C_{Fe(III)}}{C_{Fe(II)}}$$

Fe(III)の副反応係数が大きいほど電位は負に，Fe(II)の副反応係数が大きいほど電位は正になることがわかる．

【例題4.12】 1,10-フェナントロリンを鉄イオンの3倍モル以上含む中性溶液における，Fe(III)/Fe(II)の条件標準酸化還元電位（$E^{\circ\prime}$）を求めよ．ただし $E^{\circ\prime}(Fe^{3+}/Fe^{2+})=0.77$ V，$\log\beta_{Fe(III)(phen)3}=14.1$，$\log\beta_{Fe(II)(phen)3}=21.5$　$\log K_{Hphen}=5.0$ とする．

【解答】 中性領域では $\log K_{Hphen}=5.0$ よりフェナントロリンのプロトン付加は考えなくてよいので，

$$\frac{\alpha_{Fe(III)(L)}}{\alpha_{Fe(II)(L)}}\fallingdotseq\frac{\beta_{Fe(III)(phen)3}}{\beta_{Fe(II)(phen)3}}=10^{-7.4}$$

したがって，

$$\begin{aligned}E&=E^{\circ\prime}-0.059\log\frac{{}_{Fe(III)(L)}\alpha}{{}_{Fe(II)(L)}\alpha}+0.059\log\frac{C_{Fe(III)}}{C_{Fe(II)}}\\&=0.77-0.059\times(-7.4)+0.059\log\frac{C_{Fe(III)}}{C_{Fe(II)}}\\&=1.21+0.059\log\frac{C_{Fe(III)}}{C_{Fe(II)}}\end{aligned}$$

$E^{\circ\prime}$ は 1.21 V となる．1,10-フェナントロリンは Fe(II)と安定な錯体を生成するので，Fe(III)の酸化力は非常に増大する．

【例題 4.13】 Fe^{2+} を X^{n+} で酸化する反応

$$Fe^{2+}+X^{n+} \rightleftharpoons Fe^{3+}+X^{(n-1)+} \quad \text{(a)}$$

と，この系に EDTA（エチレンジアミン四酢酸：H_4Y）が共存し，Fe^{2+} および Fe^{3+} が定量的に FeY^{2-} および FeY^- で存在する場合の反応

$$FeY^{2-}+X^{n+} \rightleftharpoons FeY^-+X^{(n-1)+} \quad \text{(b)}$$

に関する以下の問に答えよ．ただし，それぞれの反応では式(a)および(b)に示した反応だけを考慮すればよいものとする．

(1) Fe^{3+}/Fe^{2+} 系の酸化還元電位 E_{Fe} をネルンストの式を用いて表せ．ただし，その標準酸化還元電位は 0.77 V とする．

(2) $X^{n+}/X^{(n-1)+}$ 系の酸化還元電位 E_X をネルンストの式を用いて表せ．ただし，その標準酸化還元電位は E°_X(V)とする．

(3) 系の平衡電位 E が $E=E_{Fe}=E_X$ で与えられることを考慮して，式(a)の反応の平衡定数 K_{Fe} を常用対数（底が 10 の対数）値 $\log K_{Fe}$ で表せ．

(4) FeY^-/FeY^{2-} 系の酸化還元電位（E_{FeY}）をネルンストの式を用いて表し，その標準酸化還元電位（E°_{FeY}）の値を求めよ．ただし，FeY^- および FeY^{2-} の生成定数は（$[FeY^-]/[Fe^{3+}][Y^{4-}]$）

$=1\times10^{25}$ および$[FeY^{2-}]/[Fe^{2+}][Y^{4-}]=1\times10^{14}$とする．

(5) 式(b)の反応の平衡定数K_{FeY}の常用対数値を求め，Fe^{2+}とFeY^{2-}とではどちらがX^{n+}による酸化を受けやすいかを示せ．

【解答】

(1) $E_{Fe}=0.77+0.059\times\log\frac{[Fe^{3+}]}{[Fe^{2+}]}$

(2) $E_X=E^\circ_X+0.059\times\log\frac{[X^{n+}]}{[X^{(n-1)+}]}$

(3) $0.77+0.059\times\log\frac{[Fe^{3+}]}{[Fe^{2+}]}$

$$=E^\circ_X+0.059\times\log\frac{[X^{n+}]}{[X^{(n-1)+}]}$$

すなわち

$$\log K_{Fe}=\log\frac{[Fe^{3+}][X^{(n-1)+}]}{[Fe^{2+}][X^{n+}]}=\frac{E^\circ_X-0.77}{0.059}$$

(4) $E_{FeY}=E^\circ_{FeY}+0.059\times\log\frac{[FeY^-]}{[FeY^{2-}]}$

$$\frac{[FeY^-]}{[FeY^{2-}]}=\frac{1\times10^{25}}{1\times10^{14}}\times\frac{[Fe^{3+}]}{[Fe^{2+}]}$$

であるから

$$E_{Fe}=E^\circ_{FeY}+0.059\times11+0.059\times\log\frac{[Fe^{3+}]}{[Fe^{2+}]}$$

すなわち，$E^\circ_{FeY}+0.059\times11=E^\circ_{Fe}=0.77$であるから$E^\circ_{FeY}=0.12$.

(5) $\log K_{FeY}=\log\frac{[FeY^-][X^{(n-1)+}]}{[FeY^{2-}][X^{n+}]}$

$$=\frac{E^\circ_X-0.12}{0.059}$$

すなわち，FeY^{2-}の方がX^{n+}による酸化を受けやすい．

4.5　濃淡電池とpH測定

濃度の異なる二液が塩橋を隔てて接している時，二つの溶液の間には電位差が生じる．

$$M|溶液I, M^+(a=a_1)||溶液II, M^+(a=a_2)|M$$

これを濃淡電池という．この電池反応は次のように表される．

$$\begin{array}{l} M^+(a_2)+e^-\rightleftharpoons M \\ -)\ M^+(a_1)+e^-\rightleftharpoons M \\ \hline M^+(a_2)\rightleftharpoons M^+(a_1)\end{array}$$

電池のネルンストの式(4.12)より

$$E=\frac{2.3RT}{F}\log\frac{a_2}{a_1}\quad(\because E^{\circ\prime}=0)\qquad(4.20)$$

$$=0.059\log\frac{a_2}{a_1}\qquad(25\,^\circ C\,(298\,K))$$

である．pH測定はこのような濃淡電池による電位差を測定する．C_1を基準として$C_2=a_{H^+}$とおけば，25°Cで

$$E=E^{\circ\prime}-0.059\,pH\qquad(4.21)$$

$E^{\circ\prime}$をpH標準溶液であらかじめ定めておけば，式(4.21)よりEを想定しpHを知ることができる．しかし，現在ではpHは次のような測定法に基づいて実用的に定義されている．

(1)溶液Xを含む右の電池の起電力を測定する：

Pt, H_2|溶液X|濃KCl溶液|基準電極

(2)標準溶液Sを含む右の電池の起電力を測定する：

Pt, H_2|溶液S|濃KCl溶液|基準電極

溶液XのpHは温度Tで次のように表される．

$$pH(X)=pH(S)+\frac{E_X-E_S}{2.3RT/F}\qquad(4.22)$$

$$=pH(S)+\frac{E_X-E_S}{0.059}\quad(25\,^\circ C)$$

pH(S)は標準溶液のpHであり，その値は5種の溶液のついて与えられている．実用上はガラス電極が水素電極の代わりに用いられる．

ガラス電極の特性が正確に$2.3RT/F$とならない場合や，各種標準溶液の組成やイオン強度の違いによるpHの変化を少なくするために，次のようなpHの別の定義が可能となる．試料溶液のpHをはさむ二つの標準溶液$pH(S_1)$と$pH(S_2)$を用いてそれぞれの電位E_1，E_2を測定する：

$$\frac{pH(X)-pH(S_1)}{pH(S_2)-pH(S_1)}=\frac{E_X-E_1}{E_2-E_1}\qquad(4.23)$$

薄膜を介して組成の異なる二液が接しているときは，各種イオンは濃度が高い方から低い方へ移動する．イオンの移動度がイオンの種類によって違うので，両液の接点で電位が生じる．これが液間電位および膜電位である．この電位は式(4.20)と同様に表される．ガラス電極は内部の水素イオン

標準溶液と外部の試料中の水素イオンが薄いガラス膜で隔てられた，膜電位である．

【例題 4.14】 25°C (298 K) における次の電池の起電力を求めよ．

$$Ag|Ag^+(a=0.01)||Ag^+(a=0.1)|Ag$$

【解答】 式(4.20)より $E=0.06$ V，右側が正極．

演 習 問 題

【4.1】 化学種の活量が1であるとき，次の電池の標準起電力を計算せよ．また自発的に起こる反応式を示せ．

(a) $Cd|Cd^{2+}||Ag^+|Ag$

(b) $Cu|Cu^{2+}||Zn^{2+}|Zn$

(c) $Pt|Fe^{2+}$, $Fe^{3+}||HNO_2$, H^+, $NO_3^-|Pt$

(d) $Zn|Zn^{2+}||Fe^{2+}|Fe$

(e) $Fe|Fe^{2+}||H^+$, H_2O_2, $O_2(g)|Pt$

【4.2】 次の標準酸化還元電位 (E°) を求めよ．

(1) Fe^{3+} に Fe を反応させると不均化反応 ($2Fe^{3+} + Fe \rightleftharpoons 3Fe^{2+}$) が起こるので，$E^\circ_{(Fe^{3+}/Fe)}$ を直接測定することができない．Fe^{3+}/Fe^{2+} および Fe^{2+}/Fe の標準酸化還元電位を用いた Fe^{3+}/Fe の標準酸化還元電位．

(2) $O_2 + 2H^+ + 2e^- \rightleftharpoons H_2O_2$

$E^\circ_{(O_2/H_2O_2)}=0.69$ V　$H_2O_2+2H^++2e^- \rightleftharpoons 2H_2O$

$E^\circ_{(H_2O_2/H_2O)}=1.77$ V

を用いた $O_2 + 4H^+ + 4e^- \rightleftharpoons 2H_2O$ の標準酸化還元電位．

【4.3】 鉄(III)イオンと鉄(II)イオンとの活量の比が次のようであるとき，$Fe^{3+} + e^- \rightleftharpoons Fe^{2+}$ の半反応の酸化還元電位を求めよ．

(a) 0.01：1，(b) 0.1：1.0，(c) 0.4：0.6，(d) 0.5：0.5，(e) 0.6：0.4，(f) 1.0：0.1，(g) 1：0.01

【4.4】 25°C で次の電池の起電力を求めよ．

(a) $Pt, H_2(a=1)|H^+(a=1)||Cu^{2+}(a=0.01)|Cu$

(b) $Pt, H_2(a=1)|H^+(a=1)||Zn^{2+}(a=0.1)|Zn$

(c) $Zn|Zn^{2+}(a=0.001)||Cu^{2+}(a=0.1)|Cu$

(d) $Zn|Zn^{2+}(a=0.1)||Ag^+(a=0.01)|Ag$

(e) $Pt|Sn^{2+}(a=0.1)$, $Sn^{4+}(a=0.01)||Fe^{3+}(a=0.1)$, $Fe^{2+}(a=0.001)|Pt$

【4.5】 マンガン(II)イオンを含む水溶液に過マンガン酸カリウム溶液を加えると二酸化マンガンの沈殿を生じる．この反応式とその平衡定数を求めよ．

【4.6】 Ag_2CrO_4/Ag 系の標準酸化還元電位を計算せよ．ただし，Ag_2CrO_4 の溶解度積を $K_{SP}=2.4\times10^{-12}$ とする．

【4.7】 過剰のシアン化物イオンが共存する場合の $[Fe(CN)_6^{3-}]/[Fe(CN)_6^{4-}]$ の標準酸化還元電位を計算せよ．ただし，$Fe(CN)_6^{3-}$ および $Fe(CN)_6^{4-}$ の全生成定数はそれぞれ $10^{31.0}$, $10^{24.0}$ とする．

【4.8】 Co^{2+} を含む溶液に空気（酸素）を通じると，Co^{3+} に酸化できるか．EDTA を小過剰加えたらどうなるか．標準酸化還元電位を計算して答えよ．ただし，$E^\circ_{(Co^{3+}/Co^{2+})}=1.81$ V であり，Co-EDTA 錯体の生成定数はそれぞれ $10^{16.3}$ ($Co(edta)^{2-}$)，$10^{41.4}$ ($Co(edta)^-$) とする．

第5章　沈殿生成平衡

沈殿が生成したり溶解したりすることは日常的によく起こっている反応であり，分析化学においてももっとも基本的なものの一つである．本章では定性分析，容量分析，重量分析，沈殿分離などで基礎となっている溶解度積に基づいた沈殿生成平衡について学ぶ．

5.1　溶解度と溶解度積

物質の溶媒への溶解は，一般に，溶質-溶質，溶質-溶媒，溶媒-溶媒の相互作用を勘案して総合的に論じられる．ある物質の水溶液が電流の良導体であるのは，その物質がイオンとして解離しているためであり，このような物質は電解質（electrolyte）とよばれる．電解質が水へ溶解するのは，水和エネルギーが格子エネルギー[*1]より大きいためであると説明されている．多くの電解質において格子エネルギーは水和エネルギーより幾分大きいので，水への電解質の溶解は一般に吸熱反応である．したがって，ほとんどの電解質は温度の上昇とともによく溶けるようになる．しかし，温度の上昇にともなって溶解度が減少するものもある[*2]．

電解質に限らず固体（溶質）が一定温度の溶媒中に存在できる量には限度がある．これを溶解度（solubility）といい，次のような表し方がある．

① 一定の質量の溶媒中に溶ける溶質の最大の質量（溶媒100 g あたりの固体のグラム数として表す）．

② 一定質量あるいは一定体積の飽和溶液中に含まれる溶質の質量（溶液100 g あるいは100 cm^3 あたりの固体のグラム数として表す）．

③ 溶質のモル濃度（$mol\ dm^{-3}$）あるいは質量モル濃度（$mol\ kg^{-1}$）．

ただし，結晶水をもつ化合物の水に対する溶解度の場合には，上記①，②での固体のグラム数は無水物の質量で記されている．

沈殿の生成は溶解の反対ということになる．電解質の場合，陽イオンと陰イオンとが静電的相互作用に基づいて接近し，ついで陽イオンと陰イオンに水和していた水分子が脱離して結晶格子を組み立てることになる．ここで，難容性の電解質 MR を水に飽和させたとき，固体 MR(s)，溶液中の MR と解離して生じている M^+ および R^- との間における平衡について考える．このとき，

$$MR(s) \rightleftharpoons MR \rightleftharpoons M^+ + R^- \qquad (5.1)$$

という平衡が成り立っているので，式(5.1)の2段目の平衡に質量作用の法則を適用すると，

$$\frac{[M^+][R^-]}{[MR]} = K \qquad (5.2)$$

となる．式(5.2)は溶液が沈殿 MR で飽和されていない場合にも成立するが，飽和されている場合には，温度とイオン強度が一定の条件下では[MR]は一定の値となる．したがって，式(5.2)は

$$[M^+][R^-] = K[MR] = K_{sp,MR} \qquad (5.3)$$

と書くことができる．ここで $K_{sp,MR}$ は温度とイオン強度によって決まるそれぞれの難溶性物質に固有の定数で，これを溶解度積（solubility product）とよぶ．

溶解度積 $K_{sp,MR}$ と M^+ 濃度と R^- 濃度の積（$[M^+]$

---

*1　水和エネルギーとは構成イオンが水分子と結合して水和イオンを形成する際，イオンと水分子との相互作用によって放出されるエネルギーをいい，格子エネルギーは構成イオンを結晶格子内にとどめておこうとするエネルギーをいう．

*2　Li_2CO_3，$CaCO_3$，$Ca(OH)_2$，$MnSO_4$，$SrCrO_4$ などの化合物．

$[R^-]$）を比較することにより，M^+ および R^- を含む溶液から沈殿 MR が生成するかどうかを推定することができる．まず，$[M^+][R^-] > K_{sp,MR}$ のときは，溶液は沈殿 MR について過飽和になっているので，$[M^+][R^-]$ が $K_{sp,MR}$ に等しくなるまで沈殿 MR が生成する．$[M^+][R^-] = K_{sp,MR}$ のとき，溶液は沈殿 MR で飽和されている．この条件では，沈殿 MR は生成もせず溶解もしない．$[M^+][R^-] < K_{sp,MR}$ のとき，溶液は沈殿 MR について不飽和であるので，沈殿 MR は生成しない．溶解度の小さい難溶性の電解質（塩）は，容易に溶解度積を超えるので沈殿しやすいが，溶解度積の大きい塩は，たとえ過剰の試薬を加えても，$[M^+]$ と $[R^-]$ の積が溶解度積 $K_{sp,MR}$ に達しにくいので沈殿しない．

一般に M_mR_n なる電解質の飽和溶液では，次のような平衡が成り立ち，

$$mM^{n+} + nR^{m-} \rightleftharpoons M_mR_n \tag{5.4}$$

溶解度積 $K_{sp,MR}$ は

$$[M^{n+}]^m[R^{m-}]^n = K_{sp,MR} \tag{5.5}$$

と書くことができる．

熱力学における平衡定数は活量により表示されるから（第1章参照），活量 a を用いて式(5.5)を表すと，

$$(a_{M^{n+}})^m(a_{R^{m-}})^n = K^{\circ}_{sp,M_mR_n} \tag{5.6}$$

この場合の K°_{sp,M_mR_n} は熱力学的溶解度積とよばれる．活量係数を y とすると，活量は

$$a_{M^{n+}} = y_{M^{n+}}[M^{n+}],\quad a_{R^{m-}} = y_{R^{m-}}[R^{m-}]$$

と表されるから，溶解度積 K_{sp} と熱力学的溶解度積 K°_{sp} との関係は，次式のようになる．

$$K_{sp,MR} = \frac{K^{\circ}_{sp,M_mR_n}}{y^m_{M^{n+}}\, y^n_{R^{m-}}} \tag{5.7}$$

難溶性電解質の溶解度積がわかれば，その溶解度は簡単に計算できる．もちろん，その逆も可能で，溶解度から溶解度積を求めることができる．

【例題 5.1】 難溶性塩 MR の溶解度積を $K_{sp,MR}$ とすると，MR の溶解度 S_{MR} (mol dm^{-3}) は，どのように表されるか．また，難溶性塩 M_mR_n の溶解度積 K_{sp,M_mR_n} とその溶解度 $S_{M_mR_n}$ (mol dm^{-3}) との関係はどうなるか．これをもとに，Hg_2Cl_2，$Ca_3(PO_4)_2$ および $Al(OH)_3$ の溶解度積 K_{sp} と溶解度 S (mol dm^{-3}) の関係式を導け．

【解答】 MR の飽和溶液中では M^+ 濃度と R^- 濃度は等しいので，

$$S_{MR} = [M^+] = [R^-] \tag{a}$$

となるので，溶解度 S_{MR} は，式(b)で表される．

$$S_{MR} = K^{1/2}_{sp,MR} \tag{b}$$

M_mR_n の溶解度積 K_{sp,M_mR_n} は

$$[M^{n+}]^m[R^{m-}]^n = K_{sp,M_mR_n} \tag{c}$$

と表され，$[M^{n+}] = mS_{M_mR_n}$，$[R^{m-}] = nS_{M_mR_n}$ となるから，溶解度積と溶解度の関係は，

$$K_{sp,M_mR_n} = (mS_{M_mR_n})^m(nS_{M_mR_n})^n$$
$$= m^m n^n S^{(m+n)}_{M_mR_n} \tag{d}$$

となる．Hg_2Cl_2，$Ca_3(PO_4)_2$，$Al(OH)_3$ の場合には，

$$K_{sp,Hg_2Cl_2} = [Hg_2^{2+}][Cl^-]^2 = S(2S)^2 = 4S^3$$

$$K_{sp,Ca_3(PO_4)_2} = [Ca^{2+}]^3\ [PO_4^{3-}]^2$$
$$= (3S)^3(2S)^2 = 108S^5$$

$$K_{sp,Al(OH)_3} = [Al^{3+}][OH^-]^3 = S(3S)^3 = 27S^4$$

例題5.1から明らかなように沈殿を構成する陽イオンと陰イオンの電荷が異なる場合，K_{sp} は異なったベキ数をもった溶解度と等しくなる．したがって，異なった荷電をもつ化合物の溶解度を K_{sp} により比較するときには注意を要する．

しかしながら，溶解度積と溶解度の関係だけから，ある物質の溶解度が得られる場合は非常に少ない．たとえば，AgCl の沈殿が生成するときには，錯形成反応や加水分解反応などが起こり，$AgCl_2^-$，$AgCl_3^{2-}$，$AgCl_4^{3-}$，Ag_2Cl^+，Ag(OH) などが生成するからである．副反応が生じる場合の沈殿平衡の計算は複雑となるが，錯形成反応で扱ったのと同様に副反応係数 α を用いて条件溶解度積を考えることになる（第3章参照）．副反応を考慮した沈殿生成平衡については，5.3節以下で述べることにして，ここでは副反応が起こらない例を示す．

【例題 5.2】 Ag_2SO_4（式量＝311）がその飽和溶液 100 cm^3 中に 0.79 g 含まれていた．(1)硫酸銀の溶解度 S (mol dm^{-3}) および(2)溶解度積 K_{sp,Ag_2SO_4} を求めよ．

【解答】 (1) $S = \dfrac{0.79}{311} \times \dfrac{1000}{100} = 2.5 \times 10^{-2}\ \text{mol dm}^{-3}$

(2) $[Ag^+]=2S$, $[SO_4^{2-}]=S$ だから

$$K_{sp,Ag_2SO_4}=(2S)^2S=6.3\times10^{-5}$$

【例題 5.3】 $CaSO_4$ の飽和溶液から CaC_2O_4 を沈殿させるのに必要な $C_2O_4^{2-}$ 濃度 (mol dm^{-3}) はいくらか．ただし，$K_{sp,CaSO_4}=2.3\times10^{-5}$, $K_{sp,CaC_2O_4}=2.1\times10^{-9}$ とする．

【解答】 $CaSO_4$ の飽和溶液中の Ca^{2+} 濃度は，

$$[Ca^{2+}]=(K_{sp,CaSO_4})^{1/2}=4.8\times10^{-3}\text{mol dm}^{-3}$$

したがって，$C_2O_4^{2-}$ 濃度は，

$$[C_2O_4^{2-}]=\frac{K_{sp,CaSO_4}}{[Ca^{2+}]}=4.4\times10^{-7}\text{mol dm}^{-3}$$

これまでの例は，一種類の沈殿が生成する例であったが，二種類以上のイオンを含む溶液から一つのイオンだけを選択的に沈殿分離できるかどうかは，分析化学的に興味深いことである．

いま一つの陰イオン R^- と反応して沈殿を生じる N^+ および M^+ の陽イオンが含まれる溶液に，R^- を少量加えたとする．このとき $K_{sp,NR}<K_{sp,MR}$ であれば，初めのうちは N^+ のみが $K_{sp,NR}$ に達するまで NR となって沈殿するが，M^+ の方は $K_{sp,MR}$ に達しなければ溶存するので，N^+ と M^+ を分離することができる．このように分離することを分別沈殿 (fractional precipitation) という．このとき，溶液中に残る N^+ の量は初めの量の 0.1％以下で，M^+ の量の 99.9％が溶液中に残っていれば，N^+ が定量的に M^+ から分離されることになる．これは分析操作において目的のイオンを沈殿としてとりだしたり，妨害イオンを取り除いたりするために用いられる．

【例題 5.4】 Cl^- および CrO_4^{2-} をそれぞれ 1.0×10^{-3} mol dm^{-3} を含む溶液に $AgNO_3$ 溶液を少しずつ加えていくと，AgCl および Ag_2CrO_4 のいずれが先に沈殿するか．ただし，$K_{sp,AgCl}=1.8\times10^{-10}$, $K_{sp,Ag_2CrO_4}=2.4\times10^{-12}$ とする．

【解答】 AgCl を沈殿させるのに必要な Ag^+ の濃度は，

$$[Ag^+]=\frac{K_{sp,AgCl}}{[Cl^-]}=1.8\times10^{-7}\text{mol dm}^{-3}$$

また Ag_2CrO_4 を沈殿させるのに必要な Ag^+ の濃度は，

$$[Ag^+]=\left(\frac{K_{sp,Ag_2CrO_4}}{[CrO_4^{2-}]}\right)^{1/2}=4.9\times10^{-5}\text{mol dm}^{-3}$$

以上の結果より AgCl よりも Ag_2CrO_4 を沈殿させるときの方が Ag^+ を多く必要とし，また AgCl の方が先に沈殿することがわかる．電荷が異なると違った溶解度積の形となるから，同じ濃度で存在していても溶解度積の値の小さい方から順に沈殿するとは限らないことに注意する．

5.2　共通イオン効果と異種イオン効果

沈殿の生成および溶解に影響を及ぼす因子として温度，溶媒の性質および溶液中に共存する種々のイオンなどがある．共存イオンには，沈殿の構成イオンと共通なイオンおよび共通ではないものも含まれる．さらに，沈殿の構成イオンと反応して分子や錯イオンを形成する場合もある (5.4 節参照)．ここでは副反応を考えないで，共通イオンと異種イオンの影響について述べる．

a. 共通イオン効果

ある難溶性塩 MR_n の飽和溶液に，たとえば R^- を加えると，MR_n がさらに沈殿してくる．このように沈殿の構成イオンの一方と共通なイオンの添加により沈殿の溶解度が減少することを共通イオン効果 (common-ion effect) という．

加えた R^- の濃度が C_R mol dm^{-3} のとき，溶解度積は

$$K_{sp,MR_n}=[M^+]([R^-]+C_R)^n \tag{5.8}$$

と表される．一般に $[R^-]\ll C_R$ だから，

$$K_{sp,MR_n}=[M^+]C_R^n \tag{5.9}$$

MR_n の溶解度 S は

$$S=[M^+]=\frac{K_{sp,MR_n}}{C_R^n} \tag{5.10}$$

となる．式 (5.10) から明らかなように R^- の濃度 ($C_R<1$ mol dm^{-3}) が同じなら n が小さいほど共通イオン効果が大きくなる．M^{n+} を R^- により定量的に沈殿させるとき，過剰の R^- を加えるのは

この共通イオン効果に基づいている．しかしM^{n+}とR^-との錯形成反応が起こる場合は沈殿生成にこの効果は有効でない．

【例題 5.5】 CaF_2と$CaCO_3$の純水および1.0×10^{-2} mol dm^{-3} $CaCl_2$溶液への溶解度（mol dm^{-3}）を求めよ．ただし，副反応は起こらないものとし，$K_{sp,CaF_2}=3.4\times10^{-11}$，$K_{sp,CaCO_3}=2.9\times10^{-9}$とする．

【解答】 CaF_2の純水中への溶解度$S^\circ_{CaF_2}$をとすると，$[Ca^{2+}]=S^\circ_{CaF_2}$，$[F^-]=2S^\circ_{CaF_2}$だから，

$$S^\circ_{CaF_2}=\left(\frac{K_{sp,CaF_2}}{4}\right)^{1/3}=2.0\times10^{-4}\ \text{mol dm}^{-3}$$

CaF_2の$CaCl_2$溶液への溶解度をS_{CaF_2}とすると，

$$[Ca^{2+}]=1.0\times10^{-2}+S_{CaF_2},\quad [F^-]=2S_{CaF_2}$$

であり，$S_{CaF_2}\ll1.0\times10^{-2}$を考慮すると，

$$S_{CaF_2}=\left\{\frac{K_{sp,CaF_2}}{(4\times1.0\times10^{-2})}\right\}^{1/2}$$
$$=2.9\times10^{-5}\ \text{mol dm}^{-3}$$

同様にして$CaCO_3$について計算すると，純水中では

$$S^\circ_{CaCO_3}=5.4\times10^{-5}\ \text{mol dm}^{-3}$$

$CaCl_2$溶液への溶解度は

$$S_{CaCO_3}=2.9\times10^{-7}\ \text{mol dm}^{-3}$$

となる．この結果から共通イオン効果によってCaF_2および$CaCO_3$の溶解度が減少していること，また過剰のCa^{2+}はCaF_2よりも$CaCO_3$の溶解度に影響していることがわかる．

b．異種イオン効果

難溶性電解質の構成イオンと同じイオンではなく，しかも構成イオンとはなんらの化学反応も起こさない他のイオンが存在すると，イオン間に働く相互作用のため難溶性電解質の溶解度が増加する．表5.1に濃度の異なるKNO_3溶液中での$AgCl$および$BaSO_4$の溶解度を示す．KNO_3濃度が高いほど二つの塩の溶解度は大きくなっている．またこの表からKNO_3濃度の影響は$AgCl$より$BaSO_4$の方が大きいことがわかる．この現象は異種イオン効果（diverse ion effect）あるいは活量効果（activity effect）とよばれている．

溶液中に沈殿と無関係のイオンが多量に存在するとイオン強度が大きくなるので，濃度の代わりに活量を用いて沈殿生成平衡を考察する必要がある（式(5.7)）．共存イオンの濃度が大きいほど，また難溶性塩の価数が大きいほど沈殿を構成するイオンの活量係数yは1より小さくなり，濃度で表したK_{sp}は熱力学的溶解度積で表したK°_{sp}より大きくなる．しかし，非常に高濃度の共存塩から沈殿を生成させる場合を除いて普通の分析条件ではこの影響はあまり大きくない．

表 5.1 塩化銀と硫酸バリウムの硝酸カリウム溶液中への溶解度

KNO_3 濃度 /mol dm^{-3}	溶解度/10^{-5} mol dm^{-3}	
	AgCl	$BaSO_4$
0	1.28	0.96
0.001	1.33	1.16
0.005	1.39	1.42
0.010	1.43	1.63

［藤原鎮男訳，コルトフ分析化学 I，廣川書店(1975)，p.170］

【例題 5.6】 Debye-Hückelの極限式（第1章参照）を用いて活量係数を求め，純水および1.0×10^{-2} mol dm^{-3}のK_2SO_4溶液中における$AgCl$の溶解度（mol dm^{-3}）を計算せよ．ただし，$K^\circ_{sp,AgCl}=1.8\times10^{-10}$とする．

【解答】 純水中では活量係数$y=1$とおけるから，$AgCl$の溶解度は1.3×10^{-5} mol dm^{-3}となる．K_2SO_4溶液中でのイオン強度Iは

$$I=\frac{1}{2}\Sigma C_iZ_i^2=3.0\times10^{-2}$$

となるから，活量係数は

$$-\log y_{Ag^+}=-\log y_{Cl^-}=0.51\ Z_i\sqrt{I}=0.088$$

となる．したがって，

$$K_{sp,AgCl}=\frac{K^\circ_{sp,M_mR_n}}{y_{Ag^+}y_{Cl^-}}=2.7\times10^{-10}$$

これよりK_2SO_4溶液中での$AgCl$の溶解度は1.6×10^{-5} mol dm^{-3}となり，純水中のそれよりも大きくなることがわかる．

5.3 沈殿生成平衡と酸塩基反応

分析を行う際，金属イオンを水酸化物，硫化物，シュウ酸塩，炭酸塩あるいはリン酸塩として沈殿させることがある．このようなとき，沈殿生成平衡は溶液の水素イオン濃度，すなわちpHによっ

て著しく影響され，また沈殿の生成や溶解によって溶液中の酸塩基平衡も変化をうける．ここでは金属の水和イオンがブレンステッドの酸として作用する場合と沈殿剤がブレンステッドの塩基である場合について考える．

a．水和金属イオンの加水分解

水和した金属イオンはブレンステッドの酸として働き，これは水溶液中で次のようにプロトン解離する．

$$M(OH_2)_6^{n+} + H_2O \rightleftharpoons M(OH)(OH_2)_5^{(n-1)+} + H_3O^+ \quad (5.11)$$

これはさらにプロトン解離し，

$$M(OH)(OH_2)_5^{(n-1)+} + H_2O \rightleftharpoons M(OH)_2(OH_2)_4^{(n-2)+} + H_3O^+ \quad (5.12)$$

ついには $M(OH)_n(OH_2)_{6-n}$（$M(OH)_n$ と略記する）と表される水酸化物が生じる．多くの金属イオンの水酸化物は難溶性の沈殿である．金属イオンの加水分解過程ではヒドロキソ錯体や多核錯体などの化学種が生成するが，ここではこれらの化学種を考慮しないで沈殿平衡を取り扱っていく．

水酸化物 $M(OH)_n$ の沈殿が生成しはじめると，溶解度積は

$$[M^{n+}][OH^-]^n = K_{sp,M(OH)n} \quad (5.13)$$

と表される．式(5.15)と $K_W = [H^+][OH^-]$ から，

$$[M^{n+}] = \frac{K_{sp,M(OH)n}[H^+]^n}{K_W^n} \quad (5.14)$$

また式(5.14)の対数をとり $pM = -\log[M^{n+}]$ とすると，

$$pM = (pK_{sp,M(OH)n} - npK_W) + npH \quad (5.15)$$

となる．式(5.14)および(5.15)より水酸化物の溶解度と pH の関係を知ることができる．

【例題 5.7】 1.0×10^{-2} mol dm^{-3} の Cr^{3+} および Ni^{2+} を含む溶液にアルカリ溶液を加えていくとき，それぞれの水酸化物が沈殿しはじめる pH はいくらか．また，どちらか一方の金属イオンを沈殿分離できるだろうか．ただし，$K_{sp,Cr(OH)_3} = 1.0\times10^{-31}$，$K_{sp,Ni(OH)_2} = 6.3\times10^{-18}$ とする．

【解答】 式(5.15)を用いて pCr および pNi と pH との関係は，図 5.1 のようになる．これらの直線の傾きは金属イオンの電荷に等しくなる．金属イオン濃度は 10^{-2} mol dm^{-3} であるから，pM＝2 の直線とこれらの直線との交点の pH で沈殿生成が始まる．Cr^{3+} の場合は pH＝4.3 で，Ni^{2+} では pH＝6.4 となる．定量的に沈殿する（99.9％の金属イオンが沈殿する）pH では，沈殿しないで残っている溶液中の金属イオン濃度は 10^{-5} mol dm^{-3} であるから pM＝5 である．したがって，pM＝5 の直線と沈殿の生成直線との交点は，99.9％の金属イオンが沈殿する pH となる．この pH は Cr^{3+} では 5.3，Ni^{2+} では 7.9 となるから，Cr^{3+} と Ni^{2+} とが定量的に分離されるためには，Ni^{2+} の水酸化物が生成しはじめる pH よりも低い pH で99.9％の Cr^{3+} 量が沈殿すればよい．したがって，共沈などの現象が起こらないとすれば，Cr^{3+} と Ni^{2+} は沈殿分離できることになる．

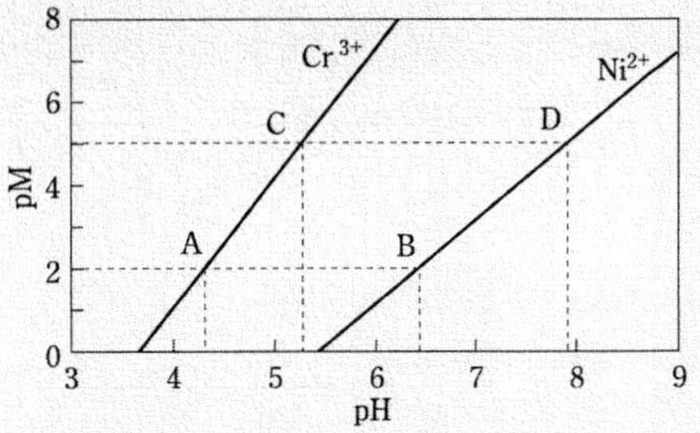

図 5.1　$Cr(OH)_3$ および $Ni(OH)_2$ の溶解度と pH の関係．A：$Cr(OH)_3$ の沈殿生成がはじまる pH，B：$Ni(OH)_2$ の沈殿生成がはじまる pH，C：99.9％の Cr^{3+} 量が沈殿する pH，D：99.9％の Ni^{2+} 量が沈殿する pH．Cr^{3+} が定量的に沈殿分離される pH 範囲は B と C の間．$C_{Cr^{3+}} = C_{Ni^{2+}} = 1.0\times10^{-2}$ mol dm^{-3}

b．沈殿剤がブレンステッドの塩基である場合の沈殿生成

沈殿 MR_n を構成する沈殿剤 R^- がブレンステッドの塩基のとき，次の平衡が成り立つ．

$$M^{n+} + n[R^-] \rightleftharpoons MR_n \qquad K_{sp,MR_n} = [M^+][R^-]^n \quad (5.16)$$

$$R^- + H^+ \rightleftharpoons HR \qquad K_a = \frac{[H^+][R^-]}{[HR]} \quad (5.17)$$

式(5.17)は沈殿反応に対しては副反応であり，H^+ が増加すると平衡は，R^- の濃度が減少する方向に進む．したがって，式(5.16)においては M^+ 濃度が増加し，沈殿が溶解するようになる．

ここで，R^- と H^+ との副反応を考慮した条件

溶解度積 $K_{sp,MR'n}$ を考えよう．いま M^{n+} と結合していない沈殿試薬の全濃度を $[R']$ とすると

$$[R'] = [HR] + [R^-] \qquad (5.18)$$

式(5.19)から

$$[HR] = \frac{[H^+][R^-]}{K_a}$$

を式(5.20)に代入すると

$$[R'] = [R^-]\frac{[H^+]}{K_a+1} = [R^-]\alpha_{R(H)} \qquad (5.19)$$

が得られる．ここで $\alpha_{R(H)}$ は R^- と H^+ との副反応の程度を表す副反応係数である．

副反応を考慮した条件溶解度積 $K_{sp,MR'n}$ は次のように表すことができる．

$$K_{sp,MR'n} = [M^+][R']^n = [M^+][R^-]^n\alpha_{R(H)n} \qquad (5.20)$$

【例題 5.8】 pH 3 の溶液における CuS と FeS の溶解度を求めよ．ただし，$K_{sp,CuS}=7.9\times10^{-36}$, $K_{sp,FeS}=5.0\times10^{-18}$, H_2S の $K_{a1}=10^{-7}$, $K_{a2}=10^{-15}$ とする．

【解答】 硫化物 MS の溶解度積は，

$$K_{sp,MS} = [M^{2+}][S^{2-}] \qquad (a)$$

また，H_2S は

$$H_2S \rightleftharpoons HS^- + H^+,\quad K_{a1} = \frac{[H^+][HS^-]}{[H_2S]} \qquad (b)$$

$$HS^- \rightleftharpoons S^{2-} + H^+,\quad K_{a2} = \frac{[H^+][S^{2-}]}{[HS^-]} \qquad (c)$$

の平衡が成り立つから，M^{2+} と反応していない S^{2-} 濃度を $[S']$，副反応係数 $\alpha_{R(H)}$ とすると，

$$[S'] = [S^{2-}] + [HS^-] + [H_2S] = [S^{2-}]\alpha_{R(H)} \qquad (d)$$

となる．式(b)および(c)より，$\alpha_{R(H)}$ は

$$\alpha_{R(H)} = 1 + \frac{[H^+]}{K_{a1}} + \frac{[H^+]^2}{K_{a1}K_{a2}} \qquad (e)$$

で与えられ，$[H^+]$ の値を代入すれば求まる．したがって，硫化物 MS の条件溶解度積 $K_{sp,MS'}$ は，

$$K_{sp,MS'} = [M^{2+}][S'] = [M^{2+}][S^{2-}]\alpha_{R(H)} = K_{sp,MS}\alpha_{R(H)} \qquad (f)$$

となる．この場合の溶解度は溶液中の M^{2+} の濃度を求めるとよい．溶液中では $[M^{2+}]=[S']$ となっているので，この $[M^{2+}]$ は MS の溶解度 S_{MS} に等しくなる．

$$S_{MS} = [M^{2+}] = [S^{2-}]\alpha_{R(H)} = (K_{sp,MS}\alpha_{R(H)})^{1/2} \qquad (g)$$

pH＝3 での $\alpha_{R(H)}$ は 10^{15} であるから，式(g)より CuS の溶解度 S_{CuS} は，

$$S_{CuS} = (K_{sp,CuS}\,\alpha_{R(H)})^{1/2} = 2.8\times10^{-10}\,\mathrm{mol\,dm^{-3}}$$

また FeS の溶解度 S_{FeS} は，

$$S_{FeS} = (K_{sp,FeS}\,\alpha_{R(H)})^{1/2} = 2.2\times10^{-1}\,\mathrm{mol\,dm^{-3}}$$

【例題 5.9】 $1.0\times10^{-2}\,\mathrm{mol\,dm^{-3}}$ の Co^{2+} と Mn^{2+} をそれぞれ含む酸性溶液に H_2S を通じ CoS を選択的に沈殿させる pH 範囲を求めよ．ただし，Co^{2+} と Mn^{2+} は錯形成反応などの副反応は起こさないものとし，1 気圧（10^5 Pa）の H_2S ガスと平衡にある溶液中の硫化水素の全濃度は $0.10\,\mathrm{mol\,dm^{-3}}$ とする．また，$K_{sp,CoS}=4.0\times10^{-21}$, $K_{sp,MnS}=2.5\times10^{-13}$ とする．

【解答】 溶液中の金属イオンと結合していない硫化水素の全濃度 $[S']$ は $0.10\,\mathrm{mol\,dm^{-3}}$ である．これより Co^{2+} 濃度は，

$$[Co^{2+}] = \frac{K_{sp,CoS}\,\alpha_{R(H)}}{[S']} \qquad (a)$$

となる．ここで $\alpha_{R(H)}$ は，例題 5.8 で与えられている．Co^{2+} が定量的（>99.9％）に沈殿する条件は，$1.0\times10^{-2}\times10^{-3}=1.0\times10^{-5}\,\mathrm{mol\,dm^{-3}}$ 以下であるから

$$[Co^{2+}] = \frac{4.0\times10^{-21}\alpha_{R(H)}}{0.1} < 10^{-5}$$

これより $\alpha_{R(H)}<2.5\times10^{14}$ となる．

一方，MnS が沈殿しない条件は $[Mn^{2+}]=K_{sp,MnS}\,\alpha_{R(H)}/[S']>10^{-2}$ であるから，$\alpha_{R(H)}>4.0\times10^9$ となる．したがって，$\alpha_{R(H)}$ の範囲は $4.0\times10^9<\alpha_{R(H)}<2.5\times10^{14}$ となり，求める pH 範囲は，$3.3<\mathrm{pH}<5.7$ となる．

この結果をグラフに表すと図 5.2 のようになる．この図は式（a）を変形した次の式を用い，

$$\mathrm{pM} = \mathrm{p}K_{sp,MnS} - \log\alpha_{R(H)} + \log[S'] \qquad (b)$$

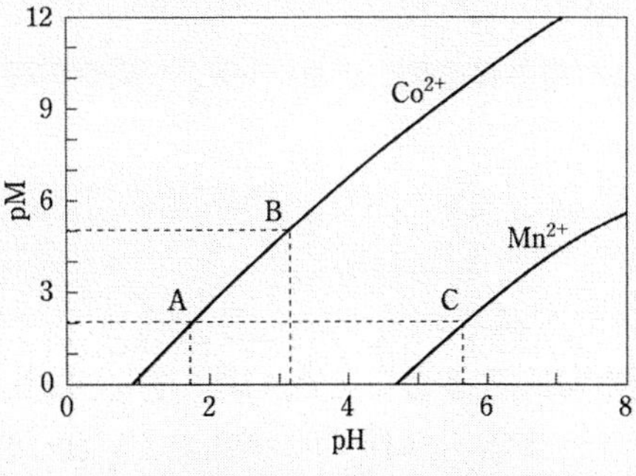

図 5.2 CoS および MnS の溶解度と pH の関係．
A：CoS の沈殿生成がはじまる pH，B：99.9％の Co^{2+} 量が沈殿する pH，C：MnS の沈殿生成がはじまる pHCo^{2+} が定量的に沈殿分離される pH 範囲は B と C の間．$C_{Cr^{2+}}=C_{Ni^{2+}}=1.0\times10^{-2}$ $\mathrm{mol\,dm^{-3}}$，$C_{H_2S}=0.10\,\mathrm{mol\,dm^{-3}}$

pH における $\alpha_{R(H)}$ を求めて pCo および pMn と pH の関係を示したものである．

金属イオンの混合溶液から硫化物として沈殿分離できるかどうか予測する場合，図 5.2 のようなグラフを用いて pM と pH の関係を調べるとよい．

5.4　沈殿生成平衡と錯形成反応

ルイス酸である金属イオンはルイス塩基と反応して種々の錯体を生成する．そのうち，電荷をもたない化学種が難溶性の沈殿となる．共通イオン効果が期待されるのに過剰な沈殿剤の添加により溶解度が増大していく現象や沈殿の構成金属イオンが，共存する他の陰イオンと錯体を形成する条件になると沈殿の溶解がはじまる現象などで錯形成反応が沈殿の生成に影響を与える例は数多く知られている．以下に条件溶解度積を用いて錯形成反応を伴う沈殿生成平衡を考える．

まず，金属イオン M^{n+} が過剰の沈殿剤 R^- と反応し，$MR^{(n-1)+}$, $MR_2^{(n-2)+}$, $MR_3^{(n-3)+}$, …, $MR_p^{(n-p)+}$ の錯体を生成するとしよう．これらの錯体の全生成定数をそれぞれ β_1, β_2, β_3, …, β_p とすると副反応係数 $\alpha_{M(R)}$ は物質の溶媒への溶解は，

$$\alpha_{M(R)}=1+\beta_1[R^-]+\beta_2[R^-]^2+\beta_3[R^-]^3+\cdots+\beta_n[R^-]^n \quad (5.21)$$

となる．沈殿剤 R^- と反応していない金属イオン濃度 $[M']$ は，

$$[M']=[M^{n+}]\alpha_{M(R)} \quad (5.22)$$

である（第 3 章参照）から，MR_n の条件溶解度積 $K_{sp,M'R_n}$ は

$$K_{sp,M'R_n}=[M'][R^-]^n=[M^{n+}][R^-]^n\alpha_{M(R)}=K_{sp,MR_n}\alpha_{M(R)} \quad (5.23)$$

と表すことができる．

沈殿 MR_n を生じるとき，M^{n+} が R^- 以外の配位子 L^- と反応し，$ML^{(n-1)+}$, $ML_2^{(n-2)+}$, $ML_3^{(n-3)+}$, …, $ML_q^{(n-q)+}$ の錯体が生成する場合も，式(5.22)と同様に考えることができる．M の副反応係数を $\alpha_{M(L)}$ とすると，沈殿の条件溶解度積 $K_{sp,M'R_n}$ は，

$$K_{sp,M'R_n}=K_{sp,MR_n}\alpha_{M(L)} \quad (5.24)$$

となる．さらに，沈殿剤 R^- がブレンステッドの塩基として振るまうと，H^+ との副反応係数 $\alpha_{R(H)}$ も考慮する必要があるので，その場合の条件溶解度積 $K_{sp,M'R_n'}$ は

$$K_{sp,M'R_n'}=[M'][R']^n=K_{sp,MR_n}\alpha_{M(L)}\alpha_{R(H)^n} \quad (5.25)$$

と表せる．これらの式を用いて沈殿生成平衡を考えるとよい．

【例題 5.10】　Br^- もまた Cl^- と同様に Ag^+ と反応して $AgBr_2^-$, $AgBr_3^{2-}$, $AgBr_4^{3-}$ などの錯イオンが生じる．これらの全生成定数がそれぞれ，$\beta_1=1.6\times10^4$, $\beta_2=1.3\times10^7$, $\beta_3=1.0\times10^8$, $\beta_4=7.9\times10^8$ であるとき，沈殿 AgBr の溶解度が最小となる Br^- 濃度はいくらか．ただし，$K_{sp,AgBr}=5.0\times10^{-13}$ とし，他の錯イオンは生成しないものとする．

【解答】　Br^- は H^+ と反応しないので $\alpha_{Br(H)}=1$ である．AgBr の条件溶解度積 $K_{sp,Ag'Br}$ は，

$$K_{sp,Ag'Br}=[Ag'][Br^-]=K_{sp,AgBr}\alpha_{Ag(Br)} \quad \text{(a)}$$

Ag^+ の副反応係数 $\alpha_{Ag(Br)}$ は，

$$\alpha_{Ag(Br)}=1+\beta_1[Br^-]+\beta_2[Br^-]^2+\beta_3[Br^-]^3+\beta_4[Br^-]^4 \quad \text{(b)}$$

である．式(a), (b)より $[Ag']$ は

$$[Ag']=\frac{K_{sp,AgBr}\,\alpha_{Ag(Br)}}{[Br^-]}=K_{sp,AgBr}\left(\frac{1}{[Br^-]}+\beta_1+\beta_2[Br^-]+\beta_3[Br^-]^2+\beta_4[Br^-]^3\right) \quad \text{(c)}$$

と表される．AgBr の溶解度 $S=[Ag']$ であるから，

$$\frac{dS}{d[Br^-]}=K_{sp,AgBr}\left(\frac{-1}{[Br^-]^2}+2\beta_3[Br^-]+3\beta_4[Br^-]^2\right)=0$$

のとき，AgBr の溶解度が最小となる．これより求める Br^- 濃度は 2.8×10^{-4} mol dm^{-3} となる．式(c)を用いて AgBr の溶解度 S と Br^- 濃度の関係を図 5.3 に示す．2.8×10^{-4} mol dm^{-3} より Br^- 濃

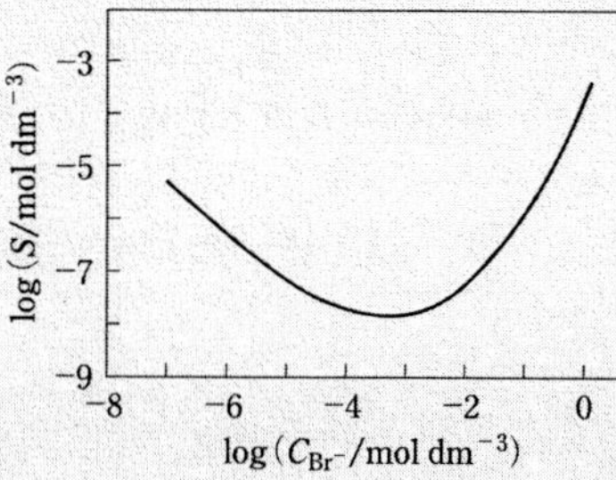

図 5.3　AgBr の溶解度と臭化物イオン濃度の関係

度が高くなると溶解度が大きくなることがわかる．

【例題 5.11】 AgCl の沈殿にアンモニアを加えると，$Ag(NH_3)^+$，$Ag(NH_3)_2^+$ の錯イオンが生成するので，この沈殿は溶解していく．アンミン錯イオンの全生成定数をそれぞれ $\beta_1=2.1\times10^3$，$\beta_2=1.7\times10^7$ とすると，1.0×10^{-2} mol dm^{-3} のアンモニア水への AgCl の溶解度 S(mol dm^{-3}) を求めよ．ただし，$K_{sp,AgCl}=1.8\times10^{-10}$ とし，他の反応は起こらないものとする．

【解答】 アンモニアへの AgCl の溶解度 S は

$$S=[Ag^+]+[Ag(NH_3)^+]+[Ag(NH_3)_2^+]$$
$$=[Ag^+]\alpha_{Ag(NH_3)}$$

また AgCl の条件溶解度積 $K_{sp,Ag'Cl}$ は，

$$[Ag']=[Ag^+]\alpha_{Ag(NH_3)}$$

であるから，

$$K_{sp,Ag'Cl}=[Ag'][Cl^-]=[Ag^+]\alpha_{Ag(NH_3)}[Cl^-]$$
$$=K_{sp,AgCl}\ \alpha_{Ag(NH_3)}$$

アンミン錯イオンの生成定数より副反応係数は

$$\alpha_{Ag(NH_3)}=1.7\times10^3$$

となるから，溶解度 S は

$$S=[Ag']=(K_{sp,AgCl}\ \alpha_{Ag(NH_3)})^{1/2}$$
$$=5.5\times10^{-4}\ \mathrm{mol\ dm^{-3}}$$

陰イオン R^- と難溶性の塩をつくる二つの金属イオン M^{n+} および N^{n+} を含む溶液に，沈殿 NR_n の生成を抑制する別の試薬 X を加えるならばM^{n+} だけを選択的に沈殿させることができる．ここで加えられる試薬 X は N^{n+} と反応するが，M^{n+} とは反応しないものである．これは，マスキング剤とよばれ，沈殿反応がマスキングされるかどうかは条件溶解度積を計算してみるとよい．沈殿反応をマスキングすることは，沈殿の構成成分の一つと反応しうる錯形成剤などを添加することによって条件溶解度積を増加させることである．この際，生成する錯体が安定であるほどマスキングはより効果的となる．

5.5 沈殿生成平衡と酸化還元反応

ある酸化還元反応で沈殿生成が起こると酸化還元対の濃度が変わり，系の酸化還元力が変化する（第 4 章参照）．また酸化還元反応によって沈殿が生じたり，溶解したりするようになる．まず，酸化体 Ox のみが沈殿剤 A と反応し沈殿 OxA_p を生成する場合について考える．

$$\mathrm{Ox} + ne^- \rightleftharpoons \mathrm{Red} \qquad (5.26)$$

$$\mathrm{Ox} + p\mathrm{A} \rightleftharpoons \mathrm{OxA}_p \qquad (5.27)$$

式(5.26)および(5.27)より，この酸化還元反応と沈殿反応は

$$\mathrm{OxA}_p + ne^- \rightleftharpoons \mathrm{Red} + p\mathrm{A} \qquad (5.28)$$

と書くことができる．式(5.26)の酸化還元電位および式(5.27)の溶解度積は，それぞれ

$$E=E^\circ+\frac{0.059}{n}\log\frac{a_{Ox}}{a_{Red}} \quad (25^\circ\mathrm{C}(298\,\mathrm{K})) \qquad (5.29)$$

$$K^\circ_{sp,OxAp}=a_{Ox}a_A^p \qquad (5.30)$$

となる．ここで，活量係数を 1 とすると，式(5.29)および(5.30)は

$$E=E^\circ+\frac{0.059}{n}\log\frac{[Ox]}{[Red]} \qquad (5.29)'$$

$$K_{sp,OxAp}=[Ox][A]^p \qquad (5.30)'$$

と表される．式(5.28)の酸化還元電位 E は式(5.29)′および(5.30)′より，

$$E=E^\circ+\frac{0.059}{n}K_{sp,OxAp}$$
$$-\frac{0.059}{n}\log([Red][A]^p) \qquad (5.31)$$

式(5.31)の第 1 項および第 2 項は定数であるから，これを $E^{\circ\prime}$ とすると，

$$E^{\circ\prime}=E^\circ+\frac{0.059}{n}K_{sp,OxAp} \qquad (5.32)$$

式(5.31)は

$$E=E^{\circ\prime}-\frac{0.059}{n}\log([Red][A]^p) \qquad (5.33)$$

となる．$E^{\circ\prime}$ は沈殿反応を酸化還元反応の副反応とみなしたときの条件標準酸化還元電位ということになる．

同様に還元体 Red が沈殿剤 B と反応して沈殿 $RedB_q$ を生成するならば，このときの酸化還元電位 E は

$$E=E^{\circ\prime}+\frac{0.059}{n}\log([Ox][B]^q) \qquad (5.34)$$

$$E^{\circ\prime}=E^{\circ}-\frac{0.059}{n}K_{\mathrm{sp,RedBq}}$$

と書ける．式(5.33)および(5.34)では K_{sp} の値により酸化還元電位 E が変化することを表している．また，これらの式を用いて酸化還元反応と沈殿反応が同時に起こる反応の平衡定数を計算できる．

【例題 5.12】 1.0×10^{-2} mol dm^{-3} の Cu^{2+} 溶液に I^- を 1.0 mol dm^{-3} となるように加えると，CuI の沈殿が生成する．この溶液中の Cu^{2+} 濃度を求めよ．ただし，Cu^{2+}/Cu^+ 系の標準酸化還元電位 E°＝0.16 V，I_3^-/I^- 系の E°＝0.54 V，$K_{\mathrm{sp,CuI}}=1.1\times10^{-12}$ とする．

【解答】 この反応の平衡定数 K は，

$$2\,Cu^{2+}+5\,I^-\rightleftharpoons 2\,CuI+I_3^-$$

$$K=\frac{[I_3^-]}{[Cu^{2+}]^2[I^-]^5} \qquad \text{(a)}$$

と表され，次の酸化還元反応と沈殿反応を経ると考えられる．

$$2\,Cu^{2+}+3\,I^-\rightleftharpoons 2\,Cu^++I_3^-$$

$$K'=\frac{[Cu^+]^2[I_3^-]}{[Cu^{2+}]^2[I^-]^3} \qquad \text{(b)}$$

$$Cu^++I^-\rightleftharpoons CuI$$

$$K_{\mathrm{sp,CuI}}=[Cu^+][I^-] \qquad \text{(c)}$$

まず，Cu^{2+}/Cu^+ と I_3^-/I^- の酸化還元電位 E から平衡定数 K' を求める．

$$E_{(Cu^{2+}/Cu)}=E^{\circ}_{(Cu^{2+}/Cu^+)}+0.059\log\frac{[Cu^{2+}]}{[Cu^+]} \qquad \text{(d)}$$

$$E_{(I_3^-/I^-)}=E^{\circ}_{(I_3^-/I^-)}+\frac{0.059}{2}\log\frac{[I_3^-]}{[I^-]^3} \qquad \text{(e)}$$

平衡状態では $E_{(Cu^{2+}/Cu^+)}=E_{(I_3^-/I^-)}$ だから，式(d)，(e)より

$$\log\frac{[Cu^+]^2[I_3^-]}{[Cu^{2+}]^2[I^-]^3}=\frac{2}{0.059}(E^{\circ}_{(Cu^{2+}/Cu^+)}-E^{\circ}_{(I_3^-/I^-)})$$

$$\log K'=-12.9$$

また式(b)，(c)より，

$$K'=\frac{K_{\mathrm{sp,CuI^2}}[I_3^-]}{[Cu^{2+}]^2[I^-]^3}$$

$$K=\frac{[I_3^-]}{[Cu^{2+}]^2+[I^-]^5}$$

$$=\frac{K'}{K_{\mathrm{sp,CuI_2}}}=1.1\times10^{11} \qquad \text{(f)}$$

K は非常に大きいので Cu^{2+} は I^- とほとんど反応している．これより

$$[I_3^-]=\frac{1}{2}(1.0\times10^{-2})=0.5\times10^{-2}\ \mathrm{mol\ dm^{-3}}$$

$$[I^-]=1.0-5(0.5\times10^{-2})=1.0\ \mathrm{mol\ dm^{-3}}$$

となるから，$[Cu^{2+}]=2.1\times10^{-7}$ mol dm^{-3}.

演　習　問　題

【5.1】 (a) Na_2SO_4，(b) $NaNO_3$，および (c) HCl の各溶液 1.0×10^{-2} mol dm^{-3} 中への $BaSO_4$ の溶解度 S (mol dm^{-3}) を求めよ．なお，(a) では共通イオン効果，(b) ではイオン強度，また (c) では SO_4^{2-} の副反応だけを考慮すること．ただし，$K_{\mathrm{sp,BaSO_4}}=1.1\times10^{-10}$，$HSO_4^-$ の $K_a=10^{-2}$ とする．

【5.2】 1.0×10^{-2} mol dm^{-3} の Fe^{2+} と Zn^{2+} を含む酸性の溶液に H_2S ガスを通じて，Fe^{2+} を沈殿させずに Zn^{2+} だけを 99.9％以上沈殿させることのできる条件を，以下の手順に従って求めよ．ただし，Fe^{2+} と Zn^{2+} には，いかなる副反応も考慮する必要はなく，共沈や後沈は起こらないものとする．なお，H_2S ガスを通じることによって溶液中の硫化水素の全濃度は 0.10 mol dm^{-3} に保たれているものとする．また，$K_{\mathrm{sp,FeS}}=5.0\times10^{-18}$，$K_{\mathrm{sp,ZnS}}=5.0\times10^{-25}$ とし，H_2S の酸解離定数を K_{a1}，K_{a2} とする．

(1) 1気圧の H_2S ガスと平衡にある溶液中の硫化水素の全濃度を[S′]とすると，これは硫化水素に関係する化学種の濃度の和となる．[S′]を表せ．

(2) S^{2-} へのプロトン付加を考慮した副反応係数 $\alpha_{R(H)}$ を $[H^+]$ だけの関数として表せ．

(3) Fe^{2+} を沈殿しない $\alpha_{R(H)}$ の範囲を示せ．

(4) Zn^{2+} だけを 99.9％以上沈殿させるための $\alpha_{R(H)}$ の範囲を示せ．

(5) 上の(3)と(4)で得た結果から Fe^{2+} を沈殿させずに Zn^{2+} だけを 99.9％以上沈殿させることのできる $\alpha_{R(H)}$ の範囲を示せ．

【5.3】 Al^{3+} の溶液に塩基を加えると，Al^{3+} は

$$Al^{3+} + 3OH^- \rightleftharpoons Al(OH)_3(s) \quad (a)$$

のように水酸化物として沈殿する．さらに塩基を加えると，式(b)の反応が進行し，水酸化物の沈殿は再溶解する．

$$Al(OH)_3(s) \rightleftharpoons H_2AlO_3^- + H^+ \quad (b)$$

反応(a)の溶解度積 $K_{sp_1}=[Al^{3+}][OH^-]^3=1.0\times10^{-32.9}$ および反応(b)の溶解度積 $K_{sp_2}=[H_2AlO_3^-][H^+]=1.0\times10^{-12.4}$ を用いて，$Al(OH)_3(s)$の溶解度が最小となる pH を以下の手順で求めよ．ただし，$K_W=1.0\times10^{-14}$ とする．

(1) 可溶性アルミニウムの全濃度[Al′]を，反応(a)および(b)に含まれる化学種を用いて表せ．

(2) K_{sp_1}，K_{sp_2} および K_W を用いて[Al′]を水素イオン濃度だけの関数で表せ．

(3) 上で得た式を微分して，[Al′]が最小となる pH を求めよ．必要ならば，log 2＝0.30，log 3＝0.48，log 7＝0.85 を用いよ．

【5.4】 MgF_2 の 1.0×10^{-2} mol dm^{-3} HCl 中への溶解度（mol dm^{-3}）を求めよ．ただし，$K_{sp,MgF_2}=6.5\times10^{-9}$，HF の酸解離定数 $K_a=6.7\times10^{-4}$ とする．

【5.5】 Ag^+ は $S_2O_3^{2-}$ と反応して $AgS_2O_3^-$, $Ag(S_2O_3)_2^{3-}$ の錯イオンを生じる．その全生成定数をそれぞれ $\beta_1=10^{8.8}$，$\beta_2=10^{13.5}$ とするとき，2.0 g の AgBr を水 100 cm^3 中に溶かすためには，$S_2O_3^{2-}$ 濃度を最低いくらにすればよいか．ただし，$K_{sp,AgBr}=5.0\times10^{-13}$ とする．

【5.6】 Zn^{2+} および Ni^{2+} をそれぞれ 1.0×10^{-2} mol dm^{-3} 含む溶液において CN^- 濃度が 0.10 mol dm^{-3}，S^{2-} 濃度が 1.0×10^{-3} mol dm^{-3} となるようにすると，ZnS および NiS の沈殿は生成するであろうか．ただし，生成するシアノ錯イオンは，$[Zn(CN)_4]^{2-}$ および $[Ni(CN)_4]^{2-}$ とし，それぞれの全生成定数は，$\beta_{[Zn(CN)_4]^{2-}}=6.3\times10^{16}$，$\beta_{[Ni(CN)_4]^{2-}}=2.0\times10^{32}$ とする．また，$K_{sp,ZnS}=5.0\times10^{-25}$，$K_{sp,NiS}=3.2\times10^{-19}$ とする．

【5.7】 CdS は 1.0 mol dm^{-3} の硝酸に溶けるが，HgS は硝酸にほとんど溶けない．これらの現象について説明せよ．ただし，$K_{sp,CdS}=7.1\times10^{-28}$，$K_{sp,HgS}=4.0\times10^{-53}$，$NO_3^-/NO$ 系の標準酸化還元電位 $E^\circ=0.96$ V，S/S^{2-} 系の $E^\circ=-4.08$ V とする．

第6章　容　量　分　析

容量分析（volumetric analysis）は，目的の成分を含む一定体積の試料溶液に，濃度が正確にわかっている試薬溶液をビュレットより滴下していき（この操作を滴定（titration）という），反応が完結する点までに費やした試薬溶液の体積から，目的成分の量を求める方法である．

容量分析では，正確に体積をはかるための測容器と標準溶液があれば，定量値は有効数字 **4** 桁まで求めることができ，また相対誤差も **0.1 %** 程度にとどめることができる．重量分析（第 **7** 章参照）と並んで主成分の分析に広く用いられている．この章では，これまで学んだ溶液内反応を基にして酸塩基滴定（中和滴定），キレート滴定，酸化還元滴定，沈殿滴定について学ぶ．

6.1　測　　容　　器

容量分析に用いられるおもな測容器はビュレット（buret），ピペット（pipet），メスフラスコ（英：volumetric flask，独：Meßkolben）などである（図 6.1）．これら測容器の体積は温度変化によって膨張あるいは収縮するから，ある一定の温度（標準温度）のときの体積が表示してある．日本工業規格（JIS）では標準温度を 20°C と定め，測容器の精度を JIS R 3505（1994）によって細かく規定している（表 6.1）．

ビュレット：標準溶液の滴下量を測定する場合または任意の体積の溶液をはかり取るのに用い，容量 25，50 cm^3 のものが一般的である．これには，0.1 cm^3 までの目盛りが刻んであり，その先端にはガラスあるいはテフロン製のコックがついている（Geissler 型）．そのほかピンチコック付きまたはガラス球入りのゴム管を接続したもの（Mohr 型）もある．

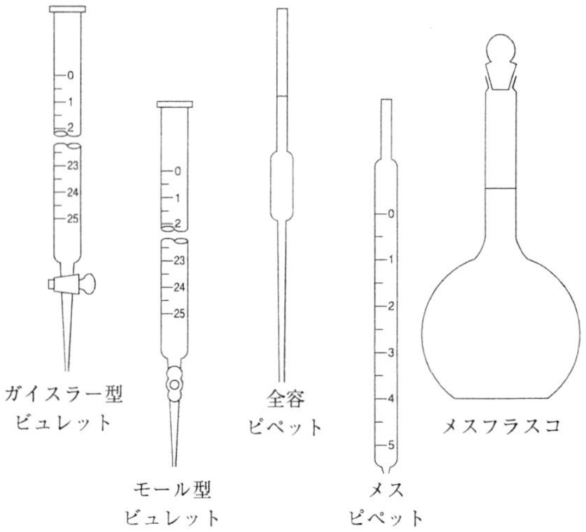

図 6.1　測容器

表 6.1　測容器の許容誤差（クラス A）JIS R 3505 (1994)

ビュレット	表示体積/cm^3	5	10	25	50	100		
	許容誤差/cm^3	±0.01	±0.02	±0.03	±0.05	±0.1		
全容ピペット	表示体積/cm^3	0.5	2	5	10	20	25	50
	許容誤差/cm^3	±0.005	±0.01	±0.015	±0.02	±0.03	±0.03	±0.05
メスフラスコ	表示体積/cm^3	10	25	50	100	250	500	1000
	許容誤差/cm^3	±0.025	±0.04	±0.06	±0.1	±0.15	±0.03	±0.60

ピペット：一定体積の溶液を正確にはかり取る場合に用いる全容ピペット（ホールピペット）*1，任意の体積の液をはかり取るのに用いるメスピペット*2 などがある．いずれも 1，2，5，10 cm^3 などのものがある．

メスフラスコ：標準溶液の調製や溶液を一定体積にする場合に用い，受用（E）と出用（A）とがある*3．普通用いるのは受用で 50，100，250，500，1000 cm^3 などのものがある．

測容器は計量法に基づき標準温度 20°C（290 K）で検定され，合格したものには㉄印がつけられている．より高い精度の全容ピペットとビュレットが必要な場合は，検定*4 を行う必要がある．

6.2　標準試薬と標準溶液

濃度が正確にわかっている試薬溶液を標準溶液といい，滴定で使用する標準溶液は滴定液ともよばれる．理論上の反応の完結点を当量点（equivalence point）というが，実際に正確な当量点を知ることは難しい．実験上で反応が終わった点を終点（end point）といい，これは指示薬，電気化学的方法，光学的方法などを用いて知ることができる．当量点と終点との差が小さいほど，誤差が小さく，正確な滴定法ということになる．

標準溶液の正確な濃度は標準試薬またはそれから調製される溶液（一次標準溶液）を用いて滴定によって定められる．この操作を標定といい，標定によって濃度が決定された溶液を二次標準溶液という．

【例題 6.1】 容量分析で定量値の基準となる物質，すなわち標準試薬はどのような条件を備えていなければならないか．

【解答】 ① 精製および乾燥が容易であること．② 乾燥後の重量が一定で，秤量に適していること．③ 水分，二酸化炭素，酸素，光などの影響を受けにくいこと．④ グラム当量数が大きく，定量的に反応すること．⑤ 溶解度が大きく，加熱しなくても水溶液になること．⑥ 標定に際して終点が鋭敏で正確な濃度が決定できること．

日本工業規格（JIS K 8005 (1999)）に規定されている容量分析用標準試薬の乾燥条件を表 6.2 に示す．これらの標準試薬は指定された乾燥の操作を正しく行うと，用途に沿う方法で決定した成分量を含むもので，容量分析ばかりでなく機器分析でもその標準として，また標準物質の標準値を決定する基礎試薬となっている．

標準試薬を乾燥する際，試薬の性質によっては粉砕するもの，高温で加熱するもの，あるいは比較的低温で加熱するものがあるので注意する（表 6.2）．標準試薬の純度を低下させる要因の中で，とくに留意する必要があるものは水分の量である．

【例題 6.2】 表 6.2 では塩化ナトリウム，炭酸ナトリウム，フッ化ナトリウムなどは 500～600°C（773～873 K）で 1 時間程度加熱しているが，三酸化ヒ素，シュウ酸ナトリウム，二クロム酸カリウムなどは，比較的低温で加熱している．その理由を述べよ．また，標準試薬によっては，加熱する前に粉砕しているのは，なぜか．

【解答】 高温で加熱すると短時間で水分を除去できるが，そのためには試薬が安定で，かつ高温で加熱しても分解，酸化を起こさないことが条件となる．前三者はいずれもイオン結晶性の安定な化合物であるので，500～600°C（773～873 K）という温度で加熱している．

これに対して三酸化ヒ素は 135°C（408 K）以上で昇華するので 105°C（378 K），約 2 時間の加熱が指示されている．シュウ酸ナトリウム，二クロム酸カリウムは，それぞれ次のように

$$Na_2C_2O_4 \longrightarrow Na_2CO_3 + CO\uparrow \quad (>400°C\ (673\ K))$$

$$4\,K_2Cr_2O_7 \longrightarrow 4\,K_2CrO_4 + 2\,Cr_2O_3 + 3\,O_2 \quad (>500°C\ (773\ K))$$

分解するので，高温で乾燥してはいけない．ヨウ

---

*1 英：transfer pipet，独：Vollpipette

*2 英：measuring pipet，独：Meßpipette

*3 受用（うけよう；E，ドイツ語の Einguss の頭文字）では，20°C の液を標線まで満たしたときが表示体積である．出用（だしよう；A ドイツ語の Ausguss の頭文字）では，標線まで満たした液を排出したときの体積が表示体積となる．ビュレットおよびピペットは出用の測容器である．

*4 JIS K 0050 (1964) では，気温，水温，気圧の影響を考慮にいれて，ある条件で行った検定から標準温度 20°C における容量を求める計算法を定めている．

素酸カリウムも高温で分解する．また，アミド硫酸は水と加熱すると硫酸とアミンに分解するので，このものの乾燥には減圧過塩素酸マグネシウムあるいはJIS Z 0701に規定するシリカゲルA形1種入りデシケーターが用いられ，乾燥速度が遅いことから48時間保つことが指示されている．

結晶中の水分にはいろいろな形態のものがある．その一つは吸着水で，これは結晶表面に幾層もの水の吸着層を形成している．もう一つは結晶内部にとりこまれた吸蔵水であり，大きな結晶ほどその量が多い．アミド硫酸，二クロム酸カリウム，フタル酸水素カリウムなどについて，乾燥する前に軽く粉砕するのはこの吸蔵水の揮散を容易にするためである．

酸塩基滴定，キレート滴定，酸化還元滴定，沈殿滴定などでは，表6.2に示した標準試薬により標定された二次標準溶液が滴定液として用いられる．これらの二次標準溶液を調製する際，その試薬の化学的性質により考慮すべきことがある．また，試薬を精製すれば標定の必要がない場合もある．

【例題6.3】 塩酸および水酸化ナトリウム水溶液は酸塩基滴定の二次標準溶液として用いられているが，これらは一次標準試薬とはなり得ない．その理由を述べよ．また，約0.1 mol dm^{-3}の塩酸および水酸化ナトリウム水溶液1 dm^3の調製法について述べよ．

【解答】 塩酸は揮発性の酸であり，揮発により濃度

表 6.2 JIS容量分析用標準試薬およびその乾燥条件

試 薬	純度(%)	乾 燥 条 件	標定される標準溶液の例
亜鉛 $Zn=65.37$	99.99	塩酸(1+3)，水，エタノール(99.5%)(JIS K 8101-1994)，ジエチルエーテル(JIS K 8103-1994)で順次洗い，直ちにデシケーター*中で12時間以上保つ．	EDTA
アミド硫酸 $HOSO_2NH_2=97.095$	99.90	めのう乳鉢中で軽く粉砕後，減圧デシケーター*中で内圧を2.0 KPa以下にして48時間保つ．	NaOH，KOH
塩化ナトリウム $NaCl=58.443$	99.98	白金るつぼ中で600°Cで約1時間加熱後，デシケーター*中で放冷する．	$AgNO_3$
三酸化二ヒ素 $As_2O_3=198.841$	99.98	105°Cで約2時間加熱後，デシケーター*中で放冷する．	I_2，$KMnO_4$
シュウ酸ナトリウム $Na_2C_2O_4=133.999$	99.95	200°Cで約1時間加熱後，デシケーター*中で放冷する．	$KMnO_4$
炭酸ナトリウム(無水) $Na_2CO_3=105.989$	99.97	白金るつぼ中で600°Cで約1時間加熱後，デシケーター*中で放冷する．	HCl，H_2SO_4
銅 $Cu=63.546$	99.98	塩酸(1+3)，水，エタノール(99.5%)(JIS K 8103-1994)，ジエチルエーテル(JIS K 8103-1994)で順次洗い，直ちにデシケーター*中で12時間以上保つ．	EDTA，$Na_2S_2O_3$
二クロム酸カリウム $K_2Cr_2O_7=294.184$	99.98	めのう乳鉢中で軽く粉砕して，150°Cで約1時間加熱後，デシケーター*中で放冷する．	$Na_2S_2O_3$
フタル酸水素カリウム $C_6H_4(COOK)(COOH)$ $=204.224$	99.95	めのう乳鉢中で軽く粉砕して，120°Cで約1時間加熱後，デシケーター*中で放冷する．	NaOH，KOH
フッ化ナトリウム $NaF=41.998$	99.90	白金るつぼ中で500°Cで約1時間加熱後，デシケーター*中で放冷する．	$Th(NO_3)_4$
ヨウ素酸カリウム $KIO_3=214.001$	99.95	めのう乳鉢中で軽く粉砕して，130°Cで約2時間加熱後，デシケーター*中で放冷する．	$Na_2S_2O_3$

* デシケーター中の乾燥剤はJIS Z 0701に規定するシリカゲルA形1種を用い，加熱後のデシケーター中での放冷時間は30分〜1時間とする(JIS K 8005 (1999) 参照)．

が変化するので標準試薬とはなり得ない．しかし，塩酸と水の定沸点混合物（定沸点塩酸，constant boiling point hydrochloric acid）は1気圧で108.6°C (381.6 K) の極大沸点をもち，塩化水素として20.24 wt %（密度約1.1）の一定組成をもつ．したがって，蒸留の際，大気圧を1 mmHg の桁まで正確に測定しておくと，0.05 % 以下の誤差で塩酸濃度を知ることができる（760 mmHg（10^5 Pa）で 6 mol dm^{-3}）．この定沸点塩酸を正確に希釈すれば標定の必要はない．定沸点塩酸は，市販特級の塩酸[*1]を水で約2倍にうすめて，ガラス製すり合わせ蒸留器に入れ，沸騰石を加えて 3〜4 cm^3 min^{-1} の速さで蒸留して得られる．留出温度が一定になってしばらくした後，乾いた容器に集める．蒸留器内の液量が1/10位になると蒸留をやめる[*2]．

市販の濃塩酸は約36 wt % の HCl を含み，密度 1.19，約 12 mol dm^{-3} である．これより 0.1 mol dm^{-3} 塩酸を調製するには，濃塩酸約 9 cm^3 をとり，水でうすめて 1 cm^3 とする．この溶液は標準試薬である炭酸ナトリウム水溶液を用いて標定する．

水酸化ナトリウム（NaOH）は吸湿性が大きく，また，大気中の CO_2 と反応して表面が Na_2CO_3 に変化している可能性があるので，特級品といえども標準試薬にはなりえない．Na_2CO_3 を含む NaOH 水溶液で滴定すると，誤差が大きくなるので，Na_2CO_3 を含まない NaOH 水溶液を調製する必要がある．約 0.1 mol dm^{-3} の NaOH 水溶液 1 cm^3 は次のようにして調製する．

NaOH 165 g をポリエチレン瓶にとり CO_2 を含まない水（約10分間煮沸して冷却した水）150 cm^3 を加え溶解する．NaOH の飽和溶液中では Na_2CO_3 は溶解せずに沈殿するから，大気と接しないようにして数日間放置する．この上澄液約 6 cm^3 をポリエチレン製駒込ピペットで取り，CO_2 を含まない水でうすめて 1 dm^3 とする（上澄液の NaOH 濃度は約 19 mol dm^{-3}）[*3]．この溶液は長期間にわたるとガラスを侵すのでポリエチレン瓶に保存する．また吸収管（ソーダ石灰）を付した栓をする．アミド硫酸あるいはフタル酸水素カリウムを標準溶液として標定する．

【例題 6.4】 過マンガン酸カリウム溶液はシュウ酸ナトリウムを標準溶液として硫酸酸性で標定を行う．その際，被滴定液を 55〜60°C に温め，また，滴定液はゆっくり滴下する．この実験条件を解説せよ．

【解答】 用いる酸：硝酸はそれ自体が酸化剤であるため不適当である．塩酸を用いた場合，Cl^- は MnO_4^- により式(a)のように酸化される．

$$2\,MnO_4^- + 16\,H^+ + 10\,Cl^- \longrightarrow 2\,Mn^{2+} + 5\,Cl_2 + 8\,H_2O \qquad (a)$$

塩酸は，たとえその濃度がうすい場合でも加熱すると式(a)の反応が起こるので使用できない．もちろん，Cl^- の存在はこの滴定の妨害となる[*]．したがって，酸として MnO_4^- による酸化反応に関与しない硫酸を用いる．

被滴定液の温度：低い温度では反応が進まず，一部の MnO_4^- は Mn(IV) までしか還元されず誤差の原因となる．そこで，反応速度を速めるために加熱する．あまり高温にしすぎると，$Na_2C_2O_4$，$KMnO_4$ が分解するので，被滴定液の温度は 55〜60°C（328〜333 K）に保つ．

$KMnO_4$ 溶液の滴下速度：$KMnO_4$ 溶液を一度に加えると，反応速度が遅いので，MnO_4^- が目的物質と反応する前に一部の Mn^{2+} を酸化して MnO_2 を生じるので（式(b)），ゆっくり滴下する．

$$3\,Mn^{2+} + 2\,MnO_4^- + 2\,H_2O \longrightarrow 5\,MnO_2\downarrow + 4\,H^+ \qquad (b)$$

【例題 6.5】 ヨウ素滴定で用いられるヨウ素 (I_2) の標準溶液は 3〜4 wt % の KI を含む溶液に I_2 を溶かして調製する．その理由を述べよ．また，I_2 は精製すれば標定する必要がない．その精製法を述べよ．

【解答】 I_2 の水に対する溶解度は 20°C で 1.33×10^{-3} mol dm^{-3} と小さいが，KI 溶液中では式(a)のように三ヨウ化物イオンを生成し，よく溶けるようになる．

[*1] 市販一級程度の塩酸は不純物としての鉄(III) を含んでいる．より純度の高い塩酸を得るには，水で約2倍にうすめた塩酸に，鉄(III) の留出を抑えるためのリン酸塩を少量加えて蒸留する．

[*2] 留分の大部分をとったものは組成がやや一定しないので標定を行う必要がある．

[*3] JIS 8005 (1999) では，上澄液 54 cm^3 を CO_2 を含まない水で 1 dm^3 にして 1 mol dm^{-3} の NaOH 水溶液を調製し，この溶液をうすめて 0.1 mol dm^{-3} 溶液を調製している．

[*] Zimmermann-Reinhart 溶液（$MnSO_4$，H_2SO_4 および H_3PO_4 の混合溶液），すなわち Mn^{2+} を加えることで MnO_4^-/Mn^{2+} 系の酸化電位を低くし，Cl^- を Cl_2 に酸化しないようにして，Cl^- の影響を除くことができる．

$I_2 + I^- \longrightarrow I_3^-$ (a)

また，I_2はこの形になるとその揮発性が小さくなる．

I_2はCaOとKIを加え，昇華法により精製する．市販のI_2には水分，Cl_2，Br_2が混入していることがあるので，CaOは水分を除くため，またKIはCl_2，Br_2を分解するために加える（式(b)）．

$Br_2 + 2KI \longrightarrow I_2 + 2KBr$ (b)

なお，式(c)に示すようにI_2の加水分解によりHIOが生じ，これが日光により分解する(式(d))．

$I_2 + H_2O \longrightarrow HIO + I^- + H^+$ (c)

$2HIO + H_2O \longrightarrow 2I^- + 2H^+ + O_2\uparrow$ (d)

したがって，これらの反応を防ぐため，I_2溶液は褐色のガラス瓶に密栓して暗所に保存する．

【例題 6.6】 キレート滴定ではエチレンジアミン四酢酸（EDTA）溶液，沈殿滴定では硝酸銀溶液が標準溶液としてよく用いられる．これらの溶液は標定する必要があるであろうか．

【解答】 EDTA溶液：EDTA・2Na・$2H_2O$は潮解，吸湿性がなく取り扱いが容易で，水からの再結晶により容易に精製できる．そこで，この試薬を80℃（353K）で乾燥すると，純粋なEDTA・2Na・$2H_2O$が得られ，標準物質とすることができる(純度は99％程度)．

より正確な濃度を必要とする場合は，乾燥したEDTA試薬をイオン交換水に溶かし，亜鉛(II)または銅(II)の標準溶液で標定する．EDTAの標準溶液をガラス瓶に貯えると容器表面から金属イオンがわずかに溶出してくるので，この溶液はポリエチレン瓶に保存する．

硝酸銀溶液：純度の高い$AgNO_3$が市販されているが，純度の低いものは再結晶により精製する．高純度の$AgNO_3$から調製した溶液であれば標定の必要がないが，そうでないもの，あるいは調製後時間が経過したものはNaCl標準溶液で標定する．$AgNO_3$標準溶液は光により還元されやすいので，褐色のガラス瓶に貯え，光を避けて保存する．なお，$AgNO_3$の精製は，$AgNO_3$を希硝酸に溶かして再結晶させ，これを100℃(373K)で乾燥する．この状態では吸蔵水が多少残っているので，さらに220～250℃(493～523K)(m.p. 208℃(481K))で15分間加熱する．

6.3 酸塩基滴定

酸塩基反応を利用する滴定を酸塩基滴定または中和滴定という．酸または塩基の標準溶液を用いて，試料溶液中の塩基または酸を滴定する方法であり，滴定の進行による溶液のpHの変化を利用するものである．当量点におけるpHのジャンプを指示薬の変色などにより終点として検知する．

a. 滴定曲線

酸塩基の滴定によるpHの変化の計算は，酸と塩基の混合物のpH計算に対応する．酸を塩基で滴定する場合を考えると，滴定率aは

$$a = \frac{C_B}{C_A} \tag{6.1}$$

で与えられる．ここで，C_Aは滴定される溶液（被滴定液）中の酸の初期濃度であり，被滴定液の体積の変化があまり大きくないときには，滴定中はほぼ一定と仮定できる．C_Bは加えた塩基（滴定液）の滴定液に加えられた後の全濃度である．すなわち，酸と反応しないと仮定したときの濃度である．滴定率に対するpHの変化を示したのが滴定曲線である．酸の濃度を$C_A = 10^{-2}$ mol dm^{-3}としたのときに得られる滴定曲線の例を図6.2に示す．これらの滴定曲線は適切な近似を用いることにより，いくつかの代表的な曲線で表すことがで

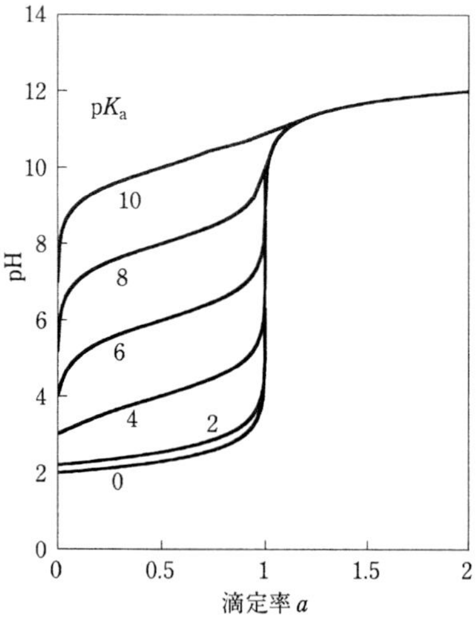

図 6.2 種々の pK_a の酸の滴定曲線

きる．

酸の滴定においては，特殊な場合を除いて強塩基で滴定する．逆に，塩基の滴定においては強酸を用いる．酸の滴定を例として，まず酸にいろいろな量の塩基を加えたときの溶液のpHの計算例を例題6.7に示し，次に，滴定曲線の一般式を求める．

【例題 6.7】 0.01 mol dm^{-3} HCl 100 cm^3 に，次の容量の 0.01 mol dm^{-3} NaOH を加えたときの溶液の pH を計算せよ．

(1) 0 cm^3，(2) 50 cm^3，(3) 90 cm^3，(4) 99 cm^3，(5) 99.9 cm^3，(6) 100 cm^3，(7) 100.1 cm^3，(8) 101 cm^3，(9) 110 cm^3，(10) 150 cm^3

【解答】

(1) 0.01 mol dm^{-3} の強酸の溶液であるから $[H^+] = 10^{-2}$ mol dm^{-3}，すなわち $pH = -\log[H^+] = 2.0$.

(2) 50 cm^3 相当分の HCl が消費されているが，50 cm^3 相当分の HCl が残っている．したがって，水素イオンは $0.01\times(50/1000) = 5\times10^{-4}$ mol 含まれる．溶液の量は 150 cm^3 となっているので，水素イオン濃度は

$$[H^+] = 5\times10^{-4}\times\frac{1000}{150} = 3.3\times10^{-3}\ \mathrm{mol\ dm^{-3}}$$

すなわち，$pH = -\log 3.3\times10^{-3} = 2.48$.

(3) (2)と同様にして，HCl 10 cm^3 相当分，$0.01\times(10/1000)$ mol 残っているので，$[H^+] = 10^{-4}\times(1000/190) = 5.3\times10^{-4}$ mol dm^{-3}．したがって pH = 3.28.

(4) $$[H^+] = 0.01\times\frac{1}{1000}\times\frac{1000}{199} = 5.0\times10^{-5}\ \mathrm{mol\ dm^{-3}}.$$

pH = 4.30.

(5) $$[H^+] = 0.01\times\frac{0.1}{1000}\times\frac{1000}{199.9} = 5.0\times10^{-6}\ \mathrm{mol\ dm^{-3}}.$$

pH = 5.30.

(6) ちょうど中和されているので pH = 7.

(7) 0.01 mol dm^{-3} NaOH が 0.1 cm^3 過剰になるので，全体積 200.1 cm^3 中の OH^- 濃度は，

$$[OH^-] = 0.01\times\frac{0.1}{200.1} = 5.0\times10^{-6}\ \mathrm{mol\ dm^{-3}}.$$

したがって，pOH = 5.30，すなわち pH = 8.70.

(8) 0.01 mol dm^{-3} NaOH が 1 cm^3 過剰になるので，

$$[OH^-] = 0.01\times\frac{1}{201} = 5.0\times10^{-5}\ \mathrm{mol\ dm^{-3}}.$$

したがって，$pOH^- = 4.30$，すなわち pH = 9.70.

(9) $$[OH^-] = 0.01\times\frac{10}{210} = 4.8\times10^{-4}\ \mathrm{mol\ dm^{-3}}.$$

pH = 10.68.

(10) pH = 11.30.

このような計算により，いろいろな塩基濃度における溶液の pH が求まる．このようにして得られた pH を滴定率に対してプロットすると，図 6.2 に示した種々の pK_a をもつ酸の滴定曲線が得られる．ただし，例題 6.7 においては滴定液の添加による溶液の体積の増加も考慮しているが，体積補正をしなくとも大きさは異ならない．

【例題 6.8】 強酸の滴定曲線の一般式（pH と滴定率（$a = C_B/C_A$）の関係式）を求めよ．ただし，酸の濃度を C_A とし，滴定液の添加による体積の変化は無視できるものとする．

【解答】 当量点前すなわち，滴定率が1より小さい領域（$a = C_B/C_A < 1$）では加えた塩基の分だけ酸が消費されるので，水素イオン濃度は次の式で表される．

$$[H^+] = C_A - C_B = \frac{C_A - C_B}{C_A}C_A = (1-a)C_A \qquad \text{(a)}$$

ここで，C_A は酸の初濃度であり体積変化がないとの仮定より，滴定中は一定である．したがって，$[H^+]$ は C_B すなわち滴定率 a の関数である．両辺の逆数の対数をとると

$$pH = -\log(1-a) - \log C_A \qquad \text{(b)}$$

が得られる．この式より pH は a の対数曲線であり，図 6.2 の強酸（$pK_a = 0$）で示した滴定曲線（$a<1$）となる．$a = 0$ における pH は $-\log C_A$ である．

一方，当量点後（$a>1$）では，過剰の塩基の分が OH^- の濃度 $[OH^-]$ となるので，

$$[OH^-] = C_B - C_A = (a-1)C_A \quad (a>1) \qquad \text{(c)}$$

であり，両辺の対数をとって pH に直すと，

$$pH = 14 - pOH = 14 + \log(a-1) + \log C_A \qquad \text{(d)}$$

となり，図 6.2 の当量点以降（$a>1$）の滴定曲線である．

これらの式は pH 7 付近では成り立たず，$a<1$ と $a>1$ を結んだ線となり，当量点の pH は 7 である．

【例題 6.9】 濃度 C_A の弱酸（酸解離定数 K_a）を強塩基で滴定したときの滴定曲線の当量点前（$a<1$）の一般式（pH と滴定率の関係式）を求めよ．ただし，滴定による体積の変化はないものとする．

【解答】 弱酸（HA）と強塩基（B）の混合物であるから，物質収支は

$$C_A=[HA]+[A^-] \qquad (a)$$

$$C_B=[B]+[BH^+]=[BH^+] \qquad (b)$$

で表せる．また，電気的中性の関係は，

$$[H^+]+[BH^+]=[A^-]+[OH^-] \qquad (c)$$

であるが，滴定の初期もしくは当量点付近以後を除いては水素イオン $[H^+]$ および水酸化物イオンの濃度 $[OH^-]$ は他の値に比べ無視できる．したがって

$$[BH^+]=[A^-] \qquad (d)$$

すなわち，式(b)，(d)より $[A^-]=C_B$ で近似できる．さらに，式(a)より

$$[HA]=C_A-[A^-]=C_A-C_B$$

と表せる．この関係を酸解離定数の式に代入すると，式(e)が得られる．

$$K_a=\frac{[H^+][A^-]}{[HA]}=\frac{[H^+]C_B}{C_A-C_B} \qquad (e)$$

$a=C_B/C_A$ を代入して $[H^+]$ を移動すると，

$$[H^+]=\frac{(1-a)K_a}{a} \qquad (f)$$

となる．両辺の対数の逆数をとると，滴定曲線の一般式は，次のようになる．

$$pH=\log a-\log(1-a)+pK_a \qquad (g)$$

ただし，滴定開始前（$a=0$）および当量点（$a=1$）付近ではこの近似は成り立たないので，それぞれの条件での値を計算する．

b. 緩 衝 液

酸あるいは塩基が加わっても pH が大きく変化しない溶液を酸塩基緩衝液という．通常，弱酸とその強塩基の塩，もしくは弱塩基とその強酸の塩を混合することにより緩衝液を調製する．強酸，強塩基で中性付近の pH の溶液を調製しても，微量の酸，塩基の添加で pH は大きく変化する．たとえば，塩酸の 10^{-5} mol dm^{-3} の溶液の pH は 5.0 である．この溶液に 1×10^{-3} mol dm^{-3} の NaOH が加わると，NaOH が過剰になるので，$[OH^-]=10^{-3}-10^{-5}=0.99\times10^{-3}$ mol dm^{-3} となり，pH は 11.0 になってしまう．したがって，少々の酸や塩基が加わっても pH がほとんど変化しない溶液として，緩衝液が必要となる．

代表的な緩衝液である酢酸-酢酸ナトリウム緩衝液を例に，酸塩基添加による pH の変動を調べてみる．0.01 mol dm^{-3} 酢酸に 0.01 mol dm^{-3} 酢酸ナトリウムを加えた溶液では，$[CH_3COOH]=0.01$ mol dm^{-3}，$[CH_3COO^-]=0.01$ mol dm^{-3} なので，水素イオン濃度は次式で与えられる．

$$[H^+]=\frac{[CH_3COOH]}{[CH_3COO^-]}K_a=\frac{0.01}{0.01}K_a=K_a \qquad (6.2)$$

したがって，酢酸と酢酸ナトリウムを当量混合した溶液では $[H^+]$ は酢酸の K_a と等しくなり，$pH=pK_a=4.76$ である．この溶液は，0.02 mol dm^{-3} 酢酸に 0.01 mol dm^{-3} の NaOH を加えて，酢酸の半分を NaOH で中和した溶液（半当量点，$a=0.5$）と同じことである．このように，緩衝液については，弱酸と強塩基との塩（もしくは弱塩基と強酸の塩）の混合物の溶液の pH を計算することになる．

この溶液に，10^{-3} mol dm^{-3} になるように NaOH を加えると，酢酸の一部は中和されて

$$[CH_3COOH]=0.01-0.001=0.009 \text{ mol dm}^{-3}$$

また酢酸イオンは

$$[CH_3COO^-]=0.01+0.001=0.011 \text{ mol dm}^{-3}$$

となる．したがって

$$[H^+]=\frac{[CH_3COOH]}{[CH_3COO^-]}K_a=\frac{0.009}{0.011}10^{-4.76}$$

$$=0.82\times10^{-4.76}=10^{-4.85} \qquad (6.3)$$

すなわち pH は 4.85 となり，pH の変化は 0.09 単位である．このように，緩衝液を用いることにより，溶液の pH の変化を非常に小さく抑えることができる．

溶液の pH が pK_a の値のときに緩衝能がもっとも高い．すなわち，緩衝液を作るには目的の pH に近い pK_a をもつ弱酸を選ぶ．実際には，

$pK_a \pm 1.5$ ぐらいの pH 範囲を用いる．これらの関係は弱塩基に強酸を加えた緩衝液でもまったく同様である．たとえば pK_b が 4.75 のアンモニア（すなわちアンモニウムイオンの pK_a は 9.25）の場合は，NH_3 と NH_4^+（NH_4Cl など）の当量混合物の pH は 9.25 であり，この pH においてもっとも高い緩衝能が得られる．

c．酸塩基指示薬

溶液の pH の変化に鋭敏に応答し変色するのが酸塩基指示薬であり，目視滴定の終点指示の目的以外にも，pH 指示薬としても利用される．酸塩基指示薬はそれ自身酸もしくは塩基であり，酸形の化学種と塩基形の化学種で色調が著しく変わるものである．酸性指示薬 HIn の解離平衡

$$\mathrm{HIn} \rightleftharpoons \mathrm{H^+} + \mathrm{In^-} \tag{6.4}$$

の酸解離定数は次式で表される．

$$K_{\mathrm{In}} = \frac{[\mathrm{H^+}][\mathrm{In^-}]}{[\mathrm{HIn}]} \tag{6.5}$$

変形すると，式（6.6）が得られる．

$$\mathrm{pH} = \mathrm{p}K_{\mathrm{In}} + \log\frac{[\mathrm{In^-}]}{[\mathrm{HIn}]} \tag{6.6}$$

式(6.6)からわかるように，溶液の色は酸形 HIn と塩基形 In^- の混合色を示し，pH の値が pK_{In} の値と等しいとき両者の等量混合物の色を示す．酸形と塩基形の生成比は図 2.2（第 2 章）と同様な変化を示す．このような 2 色混合において，色調の変化を肉眼で識別できるのは，ほぼその濃度比が 10/1〜1/10 の範囲である．したがって，変色が識別できる pH 範囲は $pH = pK_{In} \pm 1$ となる．このように，酸形と塩基形との色調や色の濃さの違いにより幾分異なるが，指示薬の変色域の pH 範囲は表 6.3 に示すように $pH = pK_{In} \pm 1$ のほぼ 2 単位となる．

中和滴定の指示薬として用いる場合には，図 6.3 に示すように，当量点における滴定曲線の飛躍する pH に変色域のあるものを用いなければならない．強酸-強塩基の滴定では飛躍の pH 領域が広いため変色域が 4〜10 のどのような指示薬でも用いることができる．一方，弱酸の滴定の場合は，pH の飛躍領域は塩基性側にあり，フェノールフタレインのような塩基性側に変色域を持つ指示薬を用いる必要がある．

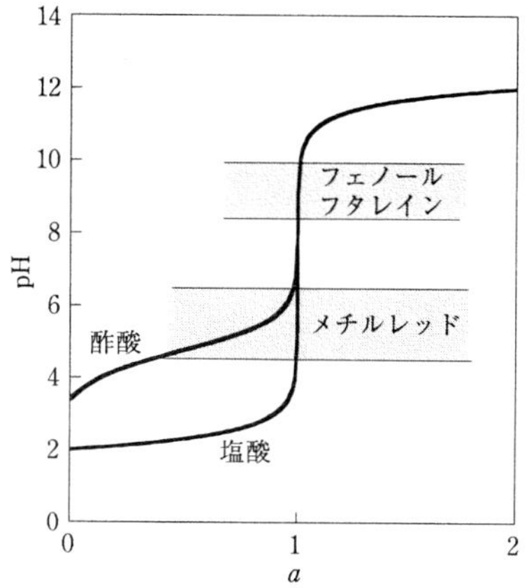

図 6.3 塩酸と酢酸の滴定曲線と指示薬の変色域

【例題 6.10】 酸塩基指示薬の構造と変色について説明せよ．

【解答】 もっとも代表的な指示薬であるフェノールフタレインの酸形および塩基形の構造を図 6.4 に示す．

表 6.3 酸塩基指示薬

略 称	慣 用 名	変 色 域		
クレゾールレッド(CR)	*o*-クレゾールスルホンフタレイン	赤	0.2〜1.8	黄
ブロモフェノールブルー(BPB)	テトラブロモフェノールスルホンフタレイン	黄	3.0〜4.6	赤紫
メチルオレンジ(MO)	*p*-ベンゼンスルホン酸アゾジメチルアリニン	赤	3.1〜4.4	黄
ブロモクレゾールグリーン(BCG)	テトラブロモ-*m*-クレゾールスルホンフタレイン	黄	3.8〜5.4	青
メチルレッド(MR)	*o*-カルボキシベンゼンアゾジメチルアニリン	赤	4.2〜6.2	黄
ブロモチモールブルー(BTB)	ジブロモチモールスルホンフタレイン	黄	6.0〜7.6	青
フェノールレッド(PR)	フェノールスルホンフタレイン	黄	6.8〜8.0	赤
フェノールフタレイン(PP)	フェノールフタレイン	無色	8.3〜10.0	赤
アリザリンイエロー R(AY)	*p*-ニトロベンゼンアゾサリチル酸	黄	10.1〜12	赤紫

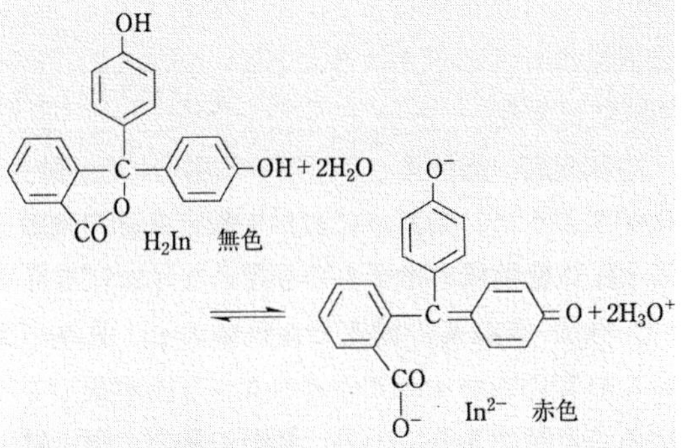

図 6.4 フェノールフタレインの酸解離による変色

構造式からわかるように，塩基形になることにより共役の二重結合を有する構造になる．これにより電子遷移のエネルギーが減少し，可視部に吸収をもつようになり，無色から赤色に変色する．もう一つの代表的な指示薬であるアゾ系指示薬のメチルオレンジにおいても，酸形は共役の二重結合を有する構造になり，吸収スペクトルが大きく変化する(図 6.5)．表 6.3 に示すように，カルボキシル基をスルホン基に代えたり，フェノール基のベンゼン環に置換基を導入したりすることにより，酸解離定数や変色が異なるいろいろな指示薬を得ることができる．さらに，二種以上の指示薬を混ぜた混合指示薬を用いることにより，変色を鋭敏にしたり見やすくしたりできる．

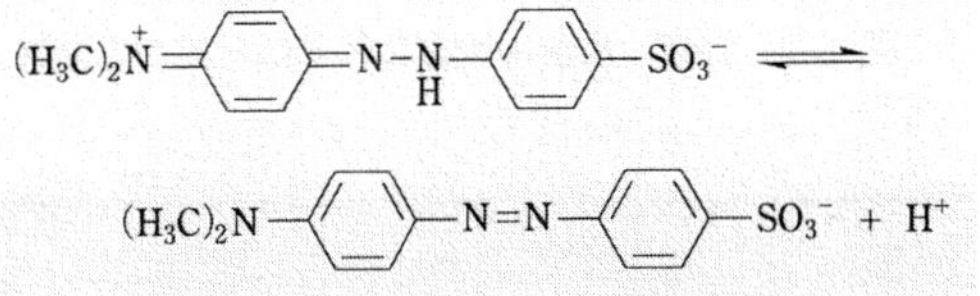

図 6.5 メチルオレンジの酸解離

d. 酸塩基滴定における濃度の求め方

1 分子の酸が出しうる水素イオン H^+ の数を酸の価数といい，1 分子の塩基が出しうる水酸化物イオン OH^- の数，または受け取ることのできる H^+ の数を塩基の価数という．酸と塩基が過不足なく反応するためには酸 H^+ の物質量と塩基 OH^- の物質量が等しくなければならない．酸の出しうる H^+ の物質量は，酸の物質量×酸の価数で表すことができ，塩基についても同じ関係が成り立つ．したがって，酸と塩基とが過不足なく反応するためには，次の関係が成立する．

$$ncv = n'c'v' \qquad (6.7)$$

ここで，n：酸の価数，n'：塩基の価数，c：酸のモル濃度（$\mathrm{mol\,dm^{-3}}$），c'：塩基のモル濃度（$\mathrm{mol\,dm^{-3}}$），v：酸の溶液の体積（$\mathrm{cm^3}$），v'：塩基の溶液の体積（$\mathrm{cm^3}$）である．

この式を用いて酸または塩基の濃度を算出することができる．

一方，酸塩基反応において，1 mol の水素イオンを与えることのできる酸，またはこれと反応するに要する塩基の質量（g）を 1 グラム当量という．

$$\text{酸(塩基)の 1 グラム当量} = \frac{\text{酸(塩基)の 1 mol の質量(g)}}{\text{酸(塩基)の価数}}$$

溶液 1 $\mathrm{dm^3}$ 中に酸または塩基が何グラム当量含まれているかを表したものを規定度といい，単位は規定，記号は N で表す．したがって，式(6.7)の nc，$n'c'$ はそれぞれ N，N' で表せるので，次の関係式となる．

$$Nv = N'v' \qquad (6.8)$$

この関係は酸塩基反応ばかりでなく，酸化還元反応や沈殿生成反応などを利用した滴定法の計算にも広く用いられてきた．便利な表示法であるが，SI 単位には採用されていない．

【例題 6.11】 次の文章を読み以下の問いに答えよ．

0.524 g の炭酸ナトリウム（Na_2CO_3，式量：106）を蒸留水に溶かして 100 $\mathrm{cm^3}$ とした．この溶液からホールピペットで正確に 10.0 $\mathrm{cm^3}$ をコニカルビーカーに採取する．これに蒸留水 20～30 $\mathrm{cm^3}$ を加え，指示薬としてメチルオレンジを加える．濃度未知の塩酸をビュレットより滴下し，溶液が黄色からかすかに橙赤色に変色したところで滴定をやめ，溶液を一度煮沸する．すると溶液は再び黄色に戻るので，冷却後再び橙赤色になるまで塩酸を滴下していき，煮沸しても黄色に戻らなくなった点を滴定の終点とする．滴定に要した塩酸の体積を読み取る．

(1) 上で調製した炭酸ナトリウム溶液の濃度を求めよ．

(2) 滴定に要した塩酸の体積が試薬ブランク値を差し引いて 8.50 $\mathrm{cm^3}$ であったとする．この塩酸の濃度はいくらか．

(3) 溶液を煮沸するのはなぜか．

【解答】

(1) $100\,cm^3$の溶液中に炭酸ナトリウム10.6g含まれている溶液は$1\,mol\,dm^{-3}$であるから，

$$\frac{0.524}{10.6}=0.0494\,mol\,dm^{-3}$$

となる．

(2) 0.0494 mol dmの炭酸ナトリウム（2価の塩基）溶液の体積は$10.0\,cm^3$で，これとちょうど中和した塩酸（1価の酸）の濃度を$x\,mol\,dm^{-3}$とする．滴下量が$8.50\,cm^3$なので，

$$x\times\frac{8.50}{1000}\times1=0.0494\times\frac{10.0}{1000}\times2$$

より　$x=0.116\,mol\,dm^{-3}$.

(3) 滴定中，次の反応によりCO_2が生成する．

$$Na_2CO_3+2\,HCl\longrightarrow 2\,NaCl+CO_2+H_2O$$

生じたCO_2が，溶液中で次のように水素イオンを生じるため，

$$CO_2+H_2O\longrightarrow H^++HCO_3^-$$

本来の終点より早めに終点に達するので，溶液を煮沸してCO_2を追い出し反応を完結させるためである．

e．混合塩基の逐次滴定

酸解離定数の異なる2種の酸（塩基）を，変色域の異なる2種の指示薬を適切に組み合わせて，一連の滴定により（逐次滴定）2成分を定量する方法はWarder法として知られている．代表的な例はNaOHとNa_2CO_3の混合物の滴定である．NaOHとNa_2CO_3の混合水溶液にフェノールフタレイン（変色域8.3～10.0）を指示薬として加え，HC1で滴定すると（第一次滴定），はじめ赤色に呈色しているが，NaOHの全量とNa_2CO_3の半量が中和された点で無色となる．この点では$NaHCO_3$が残っているので，そのpHは約8.3である．

$$NaOH+HCl\rightarrow NaCl+H_2O$$

$$Na_2CO_3+HCl\rightarrow NaHCO_3+NaCl$$

次にこの溶液にメチルオレンジ（変色域3.1～4.4）を指示薬として加え，HClで滴定を続けることができる（第二次滴定）．例題6.11と同様に終点を決定する．

$$NaHCO_3+HCl\rightarrow NaCl+H_2O+CO_2$$

第一次および第二次滴定におけるHClの滴下量よりNaOHおよびNa_2CO_3の量をそれぞれ求めることができる．

【例題6.12】 NaOHとNa_2CO_3の混合水溶液$20.0\,cm^3$を，Warder法により$0.112\,mol\,dm^{-3}$の塩酸で滴定した．滴定開始から第一次滴定点までに加えた塩酸が$18.23\,cm^3$，第一次滴定点から第二次滴定点までに加えた塩酸が$1.92\,cm^3$であった．混合水溶液中のNaOHおよびNa_2CO_3のモル濃度をそれぞれ求めよ．

【解答】 NaOHおよびNa_2CO_3のモル濃度をそれぞれ$x\,mol\,dm^{-3}$および$y\,mol\,dm^{-3}$とすると，第一次滴定点までに，NaOHとNa_2CO_3の半量が中和されたことになるので（すなわち，Na_2CO_3を1価の塩基として計算することに注意），

$$x\times\frac{20}{1000}+y\times\frac{20}{1000}=0.112\times\frac{18.23}{1000}\quad\text{(a)}$$

第一滴定点から第二滴定点まではNa_2CO_3の半量に相当する$NaHCO_3$が中和されたので

$$y\times\frac{20}{1000}=0.112\times\frac{1.92}{1000}\quad\text{(b)}$$

式(a)，(b)より

$x=9.13\times10^{-2}\,mol\,dm^{-3}$,

$y=1.08\times10^{-2}\,mol\,dm^{-3}$.

6.4 キレート滴定

キレート化合物の生成反応を利用した，容量分析法をキレート滴定とよび，この方法は金属イオンの定量や陰イオンの間接定量に，広く応用されている．

金属イオンとキレート試薬との錯形成反応をキレート滴定に応用するためには，

① キレート生成の反応速度が非常に速い．

② キレート生成反応が定量的に進行する．すなわち，条件生成定数（第4章参照）が十分大きく，10^8以上である．

③ 反応により生成したキレート化合物が水溶性であり，無色である．

④ 当量点でのpM（$=-\log[M^{n+}]$）の飛躍が検知できる終点検出法がある．

などの条件が満たされることが望ましい．

【例題 6.13】 金属イオンMとキレート試薬Yとが1：1のキレート化合物MYを生成するとき，当量点におけるMYの解離を0.1％以下にして滴定するためには，MYの生成定数はどのような値であることが要求されるか．金属イオン，キレート試薬とも副反応はないものとし，当量点における金属の全濃度が $5\times10^{-3}\,\mathrm{mol\,dm^{-3}}$ であるとして考えよ．

【解答】 電荷を省略するとMYの生成反応と生成定数は次のように表される．

$$\mathrm{M + Y \rightleftharpoons MY} \qquad K_{\mathrm{MY}}=\frac{[\mathrm{MY}]}{[\mathrm{M}][\mathrm{Y}]} \qquad \text{(a)}$$

当量点においては，[M]＝[Y] であるので，MYの解離を0.1％以下にするためには，[M]，[Y]，[MY] に以下のような条件が成立すればよい．

$$[\mathrm{M}]=[\mathrm{Y}]\leqq 5\times10^{-3}\times10^{-3}\,\mathrm{mol\,dm^{-3}} \qquad \text{(b)}$$

$$[\mathrm{MY}]\geqq 5\times10^{-3}\times0.999 \fallingdotseq 5\times10^{-3}\,\mathrm{mol\,dm^{-3}} \qquad \text{(c)}$$

であればよい．式(b)，(c)の値を式(a)に代入すると，

$$K_{\mathrm{MY}}\geqq\frac{5\times10^{-3}}{(5\times10^{-3}\times10^{-3})^2}=2\times10^{8}$$

となる（第3章参照）．

a. 条件生成定数

キレート滴定において，ほとんどの場合pH緩衝液を使用するし，時には金属の加水分解を防いだり，共存する金属イオンをマスクしたりするために補助錯化剤やマスキング剤を使用する．この時，金属イオンとこれらの試薬とが反応することもあるし，金属イオンの加水分解も考えなければならない．また，キレート試薬もプロトン付加反応を必ず考慮しなければならないし，まれには共存金属イオンとの反応も考慮する必要がある．したがって，金属イオンやキレート試薬の副反応の影響を考慮した条件生成定数（$K_{\mathrm{M'Y'}}$）を用いてキレート滴定を考えると実際的である．

金属イオンMに対する副反応を，補助錯化剤Bとの反応で代表し，キレート試薬Yの副反応はプロトン付加反応について説明する．説明をわかりやすくするために，MにはBが2個まで結合し，Yへのプロトン付加は4個までとする（EDTAを想定）．

Mの副反応

$$\mathrm{M + B \rightleftharpoons MB} \qquad K_1=\frac{[\mathrm{MB}]}{[\mathrm{M}][\mathrm{B}]}$$

$$\mathrm{MB + B \rightleftharpoons MB_2} \qquad K_2=\frac{[\mathrm{MB_2}]}{[\mathrm{MB}][\mathrm{B}]}$$

$$\begin{aligned}[\mathrm{M'}]&=[\mathrm{M}]+[\mathrm{MB}]+[\mathrm{MB_2}]\\ &=[\mathrm{M}]+K_1[\mathrm{M}][\mathrm{B}]+K_1K_2[\mathrm{M}][\mathrm{B}]^2\\ &=[\mathrm{M}](1+K_1[\mathrm{B}]+K_1K_2[\mathrm{B}]^2)\\ &=[\mathrm{M}]\alpha_{\mathrm{M(B)}} \qquad (6.9)\end{aligned}$$

$$\alpha_{\mathrm{M(B)}}=1+K_1[\mathrm{B}]+K_1K_2[\mathrm{B}]^2 \qquad (6.10)$$

ここで，$\alpha_{\mathrm{M(B)}}$ はMのBに対する副反応係数である．

Yの副反応

$$\mathrm{H + Y \rightleftharpoons HY} \qquad K_1=\frac{[\mathrm{HY}]}{[\mathrm{H}][\mathrm{Y}]}$$

$$\mathrm{HY + H \rightleftharpoons H_2Y} \qquad K_2=\frac{[\mathrm{H_2Y}]}{[\mathrm{H}][\mathrm{HY}]}$$

$$\mathrm{H_2Y + H \rightleftharpoons H_3Y} \qquad K_3=\frac{[\mathrm{H_3Y}]}{[\mathrm{H}][\mathrm{H_2Y}]}$$

$$\mathrm{H_3Y + H \rightleftharpoons H_4Y} \qquad K_4=\frac{[\mathrm{H_4Y}]}{[\mathrm{H}][\mathrm{H_3Y}]}$$

$$\begin{aligned}[\mathrm{Y'}]&=[\mathrm{Y}]+[\mathrm{HY}]+[\mathrm{H_2Y}]+[\mathrm{H_3Y}]+[\mathrm{H_4Y}]\\ &=[\mathrm{Y}]+K_1[\mathrm{H}][\mathrm{Y}]+K_1K_2[\mathrm{H}]^2[\mathrm{Y}]\\ &\quad+K_1K_2K_3[\mathrm{H}]^3[\mathrm{Y}]+K_1K_2K_3K_4[\mathrm{H}]^4[\mathrm{Y}]\\ &=[\mathrm{Y}](1+K_1[\mathrm{H}]+K_1K_2[\mathrm{H}]^2\\ &\quad+K_1K_2K_3[\mathrm{H}]^3+K_1K_2K_3K_4[\mathrm{H}]^4)\\ &=[\mathrm{Y}]\alpha_{\mathrm{Y(H)}} \qquad (6.11)\end{aligned}$$

$$\begin{aligned}\alpha_{\mathrm{Y(H)}}&=1+K_1[\mathrm{H}]+K_1K_2[\mathrm{H}]^2\\ &\quad+K_1K_2K_3[\mathrm{H}]^3+K_1K_2K_3K_4[\mathrm{H}]^4 \qquad (6.12)\end{aligned}$$

ここで，$\alpha_{\mathrm{Y(H)}}$ はYのHに対する副反応係数である．

条件生成定数

$$\mathrm{M' + Y' \rightleftharpoons MY}$$

$$K_{\mathrm{M'Y'}}=\frac{[\mathrm{MY}]}{[\mathrm{M'}][\mathrm{Y'}]}=\frac{[\mathrm{MY}]}{[\mathrm{M}]\alpha_{\mathrm{M(B)}}[\mathrm{Y}]\alpha_{\mathrm{Y(H)}}}$$

$$=\frac{K_{\mathrm{MY}}}{\alpha_{\mathrm{M(B)}}\alpha_{\mathrm{Y(H)}}} \qquad (6.13)$$

ここで，$K_{\mathrm{M'Y'}}$ は条件生成定数である．式(6.12)からわかるように副反応係数は1以上の値であり，副反応とともに大きくなるので，条件生成定

数は副反応とともに小さくなり，

$$K_{M'Y'} \leqq K_{MY}$$

となる．実際の滴定がうまくいくかどうかは，この条件生成定数によって判断する．

b．キレート滴定におよぼす pH の影響

キレート滴定法は，有用な定量法であり種々の金属イオンの定量に広く利用されているが，用いられるキレート試薬は，そのほとんどがエチレンジアミン四酢酸（EDTA）である．これらのキレート滴定では，滴定される金属，指示薬，滴定法などの組合せで，滴定の pH が異なり，例外なく pH 緩衝液が用いられている．

【例題 6.14】 キレート滴定においては，滴定 pH は非常に重要な因子である．その重要性について説明せよ．

【解答】 キレート試薬 EDTA（Y と略記する）は，3 章で述べたように解離しうるプロトンは 4 個で，pH に応じて Y^{4-}，HY^{3-}，H_2Y^{2-}，H_3Y^-，H_4Y などの形で存在している．pH が低くなるにつれて，プロトン付加が増していき，Y^{4-} の濃度が減少していく．すなわち，Y^{4-} の H^+ との副反応係数が大きくなる（第 3 章参照）．非常に低い pH 領域では，H_5Y^+ や H_6Y^{2+} も存在するが，滴定に利用される pH 範囲ではこれらの化学種の存在は無視できる．

一方，金属イオンに関しては，pH が高くなるにつれて加水分解や補助錯化剤による金属イオンの副反応係数が大きくなる場合がある．これらの副反応係数の増加は，

$$K_{M'Y'} = \frac{K_{MY}}{\alpha_M \alpha_Y}$$

からわかるように，MY の条件生成定数 $K_{M'Y'}$ を小さくすることになる．例題 6.13 で示したようにキレート滴定ができるためには，生成定数（条件生成定数）は一定の値以上でなければならない．そのためには，それぞれの副反応係数をある値以下にするような pH 領域が要求される．

また，滴定の終点を知るために多くの場合，金属指示薬（H_jI）が用いられるが，この指示薬はキレート試薬であるとともに，多プロトン酸でもあるので pH によりプロトンが付加したり，解離したりして色の変化を伴うことが多い．したがって，終点における指示薬の変色を鋭敏に検知するためには，利用できる pH 範囲が限られることになる．このように MY の条件生成定数と指示薬の変色が，pH により強く影響されることもあるので，最適条件で滴定を行うためには，必ず pH 緩衝液を使用するのである．

c．キレート滴定の終点決定法

キレート滴定の終点決定法としては，電位差滴定，電流滴定，光度滴定などの分析用機器を用いる物理化学的方法が用いられることもあるが，金属指示薬を用いる目視法がもっとも簡便で広く利用されている．

【例題 6.15】 優れた金属指示薬としての代表的条件を四つあげよ．

【解答】

① 金属指示薬およびその金属キレートが水溶性である．

② 目的金属と指示薬とのキレートと EDTA との配位子置換反応が速やかに進行する（このとき，金属と指示薬とのキレートは 1：1 であることが望ましい）．

③ 目的金属と指示薬とのキレートと遊離の指示薬との色の違いが顕著であり十分識別できる．また，指示薬と目的金属とのキレートのモル吸光係数が大きいことが望ましい．

④ 指示薬の変色域（例題 6.17 参照）が適切な pM 範囲にあること．

【例題 6.16】 金属指示薬による終点決定の機構を説明せよ．

【解答】 金属指示薬 H_jI は，金属イオン M とキレート化合物 MI を生成し，キレート生成しない指示薬自身の色と異なる特有の色調を呈する．このことを利用して，当量点付近における被滴定溶液中の金属イオンの濃度変化を知ることができる．

まず，金属イオンを含む溶液の中に指示薬を加えると次のようにキレート化合物を生成する（電荷は省略）．

$$M + H_jI \rightleftharpoons MI + jH$$

指示薬自身が解離し得るプロトンをいくつかもっ

ており，pH の上昇につれて $H_jI, \cdots, H_2I, HI, I$ などに変化するが，これらの化学種の形態変化により溶液の色調が変化することもあるので，キレート化合物 MI との色の変化が顕著な pH 領域を選ばねばならない．

当量点付近では，遊離の M がなくなるために加えられたキレート試薬 Y′ は，次の反応により，MI から金属を奪い I′ (pH に依存して付加するプロトン数が異なる) を遊離する．

$$\mathrm{MI} + \mathrm{Y'} \longrightarrow \mathrm{MY} + \mathrm{I'}$$

その結果，溶液は MI の色から I′ の色に変わり，滴定の終点を知ることができる．この反応は，速やかに定量的に進行することが滴定の一つの条件となる．そのためには MI と MY の条件生成定数に次のような関係が成立することが必要である．

$$K_{\mathrm{M'Y'}} \gg K_{\mathrm{M'I'}}$$

【例題 6.17】 キレート滴定における金属指示薬の変色域について説明せよ．

【解答】 金属指示薬は金属イオンと 1：1 キレートを生成するものとし，指示薬ともキレート試薬とも結合していない金属の全濃度を [M′] とし，金属と結合していない指示薬の全濃度を [I′] とすると，

$$\mathrm{M'} + \mathrm{I'} \rightleftharpoons \mathrm{MI} \qquad K_{\mathrm{M'I'}} = \frac{[\mathrm{MI}]}{[\mathrm{M'}][\mathrm{I'}]} \qquad \text{(a)}$$

$$[\mathrm{M'}] = \frac{[\mathrm{MI}]}{K_{\mathrm{M'I'}}[\mathrm{I'}]} \qquad \text{(b)}$$

$$[\mathrm{M}]\alpha_{\mathrm{M}} = \frac{\alpha_{\mathrm{M}}\alpha_{\mathrm{I(H)}}[\mathrm{MI}]}{K_{\mathrm{MI}}[\mathrm{I'}]} \qquad \text{(c)}$$

$$[\mathrm{M}] = \frac{\alpha_{\mathrm{I(H)}}[\mathrm{MI}]}{K_{\mathrm{MI}}[\mathrm{I'}]} \qquad \text{(d)}$$

が得られる．指示薬の変色は MI から I′ への変化に対応するので，[MI]/[I′] は，指示薬の変色を表す項となる．この値が 10 から 0.1 の範囲 ($10 > ([\mathrm{MI}]/[\mathrm{I'}]) > 0.1$) で，肉眼で色調の変化が識別できると仮定すると，金属指示薬の変色域（金属イオンの濃度範囲で表される）は，

$$\mathrm{pM} = -\log[\mathrm{M}] = \log K_{\mathrm{MI'}} \pm 1 \qquad \text{(e)}$$

となる．滴定曲線の当量点付近の pM の飛躍の範囲とこの変色域 (pM) とが重なるように指示薬と pH を選べば，指示薬の変色点が正しく滴定の終点を示すことになる．

d. 滴定曲線

キレート滴定における滴定曲線は，滴定の進行にともなう金属イオンの濃度（または遊離のキレート試薬の濃度）変化を示したものである．通常，滴定率 $a(=C_{\mathrm{Y}}/C_{\mathrm{M}})$ に対して $\mathrm{pM}(=-\log[\mathrm{M}])$ をプロットする．

【例題 6.18】 キレート滴定の滴定曲線とキレート生成定数や副反応係数との関係を解説せよ．

【解答】 滴定される金属イオン M の全濃度を C_{M}，キレート試薬 Y の全濃度を C_{Y} とし，M と Y は 1：1 のキレート化合物を生成するとして，その条件生成定数を $K_{\mathrm{M'Y'}}$ とすると，滴定開始後，C_{M} と C_{Y} には次のような関係が成立する．

$$C_{\mathrm{M}} = [\mathrm{M'}] + [\mathrm{MY}] \qquad \text{(a)}$$

$$C_{\mathrm{Y}} = [\mathrm{Y'}] + [\mathrm{MY}] \qquad \text{(b)}$$

$$K_{\mathrm{M'Y'}} = \frac{[\mathrm{MY}]}{[\mathrm{M'}][\mathrm{Y'}]} \qquad \text{(c)}$$

滴定率 ($a = C_{\mathrm{Y}}/C_{\mathrm{M}}$) は，式(a)～(c)から，次のようにして得られる．

式(a)から $[\mathrm{MY}] = C_{\mathrm{M}} - [\mathrm{M'}]$ を式(b)に代入すると，

$$C_{\mathrm{Y}} = C_{\mathrm{M}} - [\mathrm{M'}] + [\mathrm{Y'}] \qquad \text{(d)}$$

となる．さらに式(a)および(c)から

$$[\mathrm{Y'}] = \frac{C_{\mathrm{M}} - [\mathrm{M'}]}{K_{\mathrm{M'Y'}}[\mathrm{M'}]} \qquad \text{(e)}$$

となるので，C_{Y} は次のように表される．

$$C_{\mathrm{Y}} = C_{\mathrm{M}} - [\mathrm{M'}] + \frac{C_{\mathrm{M}} - [\mathrm{M'}]}{K_{\mathrm{M'Y'}}[\mathrm{M'}]} \qquad \text{(f)}$$

この式(f)の両辺を C_{M} で割ることにより，次のような滴定率に関する式が得られる．

$$a = 1 - \frac{[\mathrm{M'}]}{C_{\mathrm{M}}} + \frac{1}{K_{\mathrm{M'Y'}}[\mathrm{M'}]} - \frac{1}{K_{\mathrm{M'Y'}}C_{\mathrm{M}}} \qquad \text{(g)}$$

右辺の第 4 項は滴定可能な条件下では，条件生成定数，$K_{\mathrm{M'Y'}}$ が十分大きいので，$1 \gg 1/K_{\mathrm{M'Y'}}C_{\mathrm{M}}$ となり，無視できる．式(g)は M と Y の副反応係数を使うと，

$$a = 1 - \frac{[\mathrm{M}]\alpha_{\mathrm{M}}}{C_{\mathrm{M}}} + \frac{\alpha_{\mathrm{Y}}}{K_{\mathrm{MY}}[\mathrm{M}]} \qquad \text{(h)}$$

となる．式(h)に基づき，pM ($=-\log[\mathrm{M}]$) を a に対してプロットすれば，滴定曲線が得られる．種々の ($\alpha_{\mathrm{M}}/C_{\mathrm{M}}$)，($\alpha_{\mathrm{Y}}/K_{\mathrm{MY}}$) に対して描いた滴定曲線を図 6.6 に示す．式(h)の第 2 項は，おもに当量点前，第 3 項は当量点後に影響することを，

計算するときに確認せよ．図から（α_M/C_M）も（α_Y/K_{MY}）も小さいほど当量点付近の pM の飛躍が大きくなり，滴定に有利であることが示されている．C_M に関しては，10^{-2}〜10^{-3} mol dm^{-3} くらいの範囲に限定されるので，α_M，α_Y は小さいほど，K_{MY} は大きいほど，すなわち条件生成定数が大きいほど滴定しやすいことを示している．

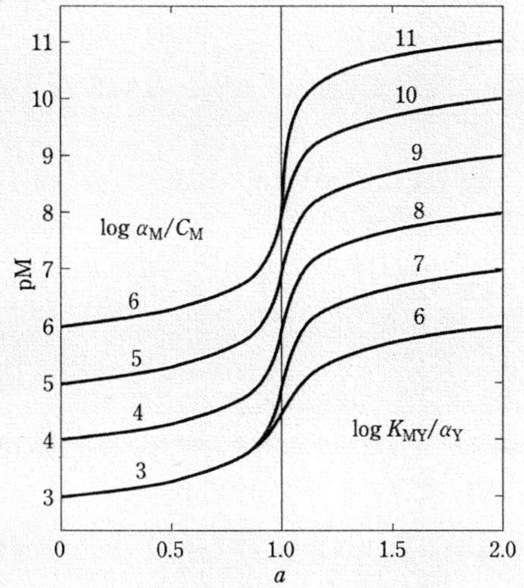

図 6.6 種々の条件下の滴定曲線

e. キレート滴定法の種類

キレート滴定はその原理や操作法で，次の 4 種類に分類される．

(1) 直接滴定法

定量しようとする金属イオンを含む試料溶液に，EDTA などのキレート試薬標準液をビュレットから直接滴下して滴定する方法．通常，pH 緩衝液を用いて試料溶液の pH を最適に保って滴定し，金属指示薬により滴定の終点を知る．

EDTA による Zn^{2+} の滴定：Zn^{2+} を含む試料溶液の pH をアンモニア-塩化アンモニウム緩衝液により 10 にして，エリオクロムブラック T（BT）を指示薬として滴定する．終点の変色は赤から青であり，赤味が完全になくなった点を終点とする．

キシレノールオレンジ（XO）を指示薬とする方法もあるが，この場合は滴定の pH は 5〜6（酢酸-酢酸ナトリウム緩衝液）とし，終点の変色は赤紫から黄色で，赤味が完全になくなった点を終点とする．

(2) 逆滴定法

直接滴定が不可能である場合に用いられる．

① 目的の金属イオンに対して適当な（鋭敏に変色する）指示薬がない場合．

② 滴定しようとする pH で目的の金属が水酸化物として沈殿してしまう場合．

③ 滴定に用いるキレート試薬と目的の金属イオンとのキレート生成反応が遅い場合．

このような場合は，まず，目的の金属イオンに対して一定過剰のキレート試薬標準液を加えて，キレート生成反応を完結させる（必要に応じて加熱などもする）．次に溶液の pH を調整し金属標準液（反応も速く，適当な指示薬もあって，その pH で水酸化物の沈殿の心配もない，目的の金属とは別の金属）をビュレットから，試料溶液に滴下する．

目的の金属 M と逆滴定に用いる金属標準液 N のキレート試薬との条件生成定数には，

$$MY + N' \longrightarrow NY + M'$$

の反応が生じないために，次のような関係が成立することが必要である．

$$K_{M'Y'} \gg K_{N'Y'}$$

XO を指示薬とした Zn^{2+} 標準液による Al^{3+} の逆滴定は，Al^{3+} の定量法としてよく利用されている．この滴定系は上に示した③の場合に該当する．Al^{3+} を含む試料溶液に一定過剰の EDTA を加え，pH を 3 付近に調整し，加熱沸騰してキレート生成を完結させ，常温まで冷却後 pH を 5〜6 に調整し，過剰の EDTA を Zn^{2+} 標準液で XO を指示薬として逆滴定する．

この場合には，二つの金属の条件生成定数に $K_{M'Y'} \gg K_{N'Y'}$ のような関係が成立する必要がない．常温では，Al^{3+} と EDTA のキレート生成反応が非常に遅いので，いったん生成した MY（AlY^-）は常温では速やかに解離しないからである．実際に，この滴定条件下では Al^{3+} と Zn^{2+} の EDTA との条件生成定数は，$K_{Al'Y'} < K_{Zn'Y'}$ である．

(3) 置換滴定法

(2) の①と②のような場合には，目的の金属 M

とは別の金属Nとキレート試薬とのキレートN-EDTAを試料溶液に加えて，目的の金属との金属置換反応により遊離した金属イオンN（$M + N\text{-}EDTA \rightleftharpoons M\text{-}EDTA + N$）をEDTAなどのキレート試薬標準液で滴定する．この場合，加えるN-EDTAは，必ずしもMに対して過剰である必要はない．一部でも$M + N\text{-}EDTA \rightleftharpoons M\text{-}EDTA + N$の平衡が生じれば，この平衡で遊離したNに対して鋭敏に変色する指示薬（H_jI）を用いることにより，当量点において，$NI + EDTA \longrightarrow N\text{-}EDTA + I'$の反応（NIとI′の色の変化により終点を知る）が生じるような滴定条件を設定できるからである．

（4）　**間接滴定法**

目的の金属イオンのキレート生成定数が，直接滴定できるほどに大きくない場合でも，目的金属イオンが滴定可能な他の金属イオンを含む，組成が一定の沈殿を生成すれば，その金属を滴定することにより間接的に目的の金属を定量することができる．

たとえばK^+やNa^+は，それぞれ$K_2NaCo(NO_2)_6$および$NaZn(UO_2)_3(CH_3COO)_9$の難溶性沈殿を生成するので，沈殿中のCoやZnを滴定することによりK^+，Na^+を間接的に滴定することができる．この間接滴定法は，陰イオンや有機化合物の定量にも応用される．

6.5　酸化還元滴定

酸化還元滴定は酸塩基滴定やキレート滴定とともに広く用いられている分析法の一つである．使用する試薬に応じて，過マンガン酸塩法，セリウム（IV）塩法，ニクロム酸塩法，ヨウ素酸塩法などに区別される．

a．酸化還元滴定曲線

酸化還元滴定法は当量点前後における大きな電位の変化によって滴定の終点を決定する．たとえば，次のように鉄（II）をセリウム（IV）で滴定する場合について考える．

【例題 6.19】　硫酸酸性（1 mol dm^{-3}）で0.100 mol dm^{-3}の鉄（II）溶液50 cm^{3}を0.100 mol dm^{-3}のセリウム（IV）溶液で滴定した．次のような体積で滴定液を滴下した時の溶液の電位を計算し，滴定曲線を描け．

（1）10 cm^3，（2）25 cm^3，（3）50 cm^3，（4）100 cm^3．

ただし，温度は25°Cであり，$E^\circ_{(Fe^{3+}/Fe^{2+})} = 0.68$ V（1 mol dm^{-3} H_2SO_4中），$E^\circ_{(Ce^{4+}/Ce^{3+})} = 1.44$ V（1 mol dm^{-3} H_2SO_4）とする．

【解答】　二液を混合すると次の反応が起こり平衡に達する．

$$Fe^{2+} + Ce^{4+} \rightleftharpoons Fe^{3+} + Ce^{3+}$$

例題4.6と同様にして

$$\log K = \log\frac{[Fe^{3+}][Ce^{3+}]}{[Fe^{2+}][Ce^{4+}]} = \frac{1.44 - 0.68}{0.059}$$
$$= 12.9$$

すなわち，この反応は定量的に右に進む．

鉄，およびセリウムのそれぞれの酸化還元電位系について，ネルンストの式より

$$E = 0.68 + 0.059\log\frac{[Fe^{3+}]}{[Fe^{2+}]} \qquad \text{(a)}$$

$$E = 1.14 + 0.059\log\frac{[Ce^{4+}]}{[Ce^{3+}]} \qquad \text{(b)}$$

溶液の電位は式（a），（b）のいずれを用いても計算できるが，当量点前では式（a）を，当量点後では式（b）を用いるのが便利である．

（1）10 cm^{3}のセリウム（IV）を加えた場合，酸化還元反応は定量的に進むので，Fe^{3+} 1 mmolが生成しFe^{2+} 4 mmolが残る（滴定前の鉄（II）は，$0.1 \times 50 = 5.0$ mmolである）．したがって，

$$E = 0.68 + 0.059\log\frac{1}{4} = 0.64\ \text{V}$$

（2）25 cm^{3}セリウム（IV）を加えた場合（半当量点）．$E = 0.68 + 0.059\log(2.5/2.5) = 0.68$ V

（3）50 cm^{3}のセリウム（IV）を加えた場合（当量点）．当量点では$[Fe^{2+}] = [Ce^{4+}]$，$[Fe^{3+}] = [Ce^{3+}]$であるので，式（a），（b）を加え合わせると，

$$2E = 2.12 + 0.059\log\frac{[Fe^{2+}][Ce^{4+}]}{[Fe^{3+}][Ce^{3+}]}$$

対数項はゼロとなるので，$E = 1.06$ V．

（4）100 cm^{3}のセリウムを加えた場合（2当量点）．式（b）を用いる．$[Ce^{4+}] = [Ce^{3+}]$であるので，$E = 1.44$ V．

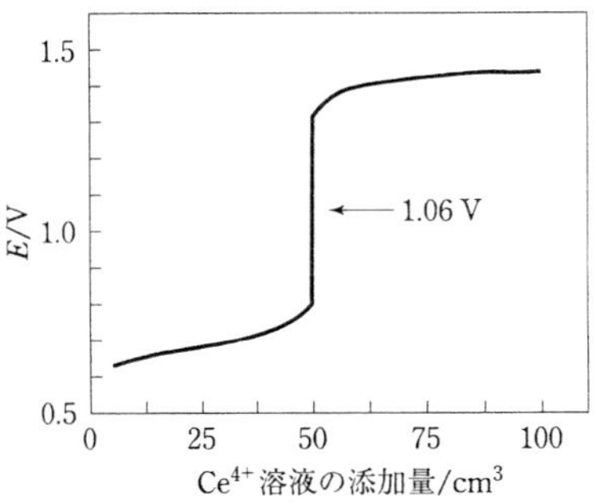

図 6.7 Ce^{4+} 溶液による Fe^{2+} 溶液の滴定曲線

例題 6.19 のようにして種々の滴定剤の滴下量に対して計算した電位をプロットすると図 6.7 のようになる．

例題 6.19 の取り扱いは酸化還元平衡がほとんど右に片寄っている場合で，反応生生物の逆反応を無視した．しかし，次のように連続した式の取り扱いもできる．酸化還元滴定の滴定率を a とすると

$$a=\frac{C_{\mathrm{Ce}}}{C_{\mathrm{Fe}}}=\frac{[\mathrm{Ce}^{3+}]+[\mathrm{Ce}^{4+}]}{[\mathrm{Fe}^{2+}]+[\mathrm{Fe}^{3+}]} \tag{6.14}$$

滴定中は $[\mathrm{Fe}^{3+}]=[\mathrm{Ce}^{3+}]$ であるので

$$K=\frac{[\mathrm{Fe}^{3+}][\mathrm{Ce}^{3+}]}{[\mathrm{Fe}^{2+}][\mathrm{Ce}^{4+}]}=\frac{[\mathrm{Fe}^{3+}]^2}{[\mathrm{Fe}^{2+}][\mathrm{Ce}^{4+}]}$$

$$=12.9 \tag{6.15}$$

したがって，式(6.14)，(6.15)より

$$a=\frac{[\mathrm{Fe}^{3+}]}{[\mathrm{Fe}^{2+}]+[\mathrm{Fe}^{3+}]}+\frac{[\mathrm{Fe}^{3+}]^2}{K[\mathrm{Fe}^{2+}]([\mathrm{Fe}^{2+}]+[\mathrm{Fe}^{3+}])} \tag{6.16}$$

$$=\frac{X}{1+X}+\frac{X^2}{K(1+X)} \tag{6.17}$$

ここで，C_{Ce}，C_{Fe} はそれぞれセリウムイオンおよび鉄イオンの全濃度を示す．また $X=[\mathrm{Fe}^{3+}]/[\mathrm{Fe}^{2+}]$ であり，K は平衡定数である．式 (6.17) の右辺の第 2 項は主として当量点後の電位の変化に関する項であるので，当量点前では

$$X=\frac{a}{1-a} \qquad E=E^\circ_{(\mathrm{Fe^{3+}/Fe^{2+}})}+0.059\log X$$

半当量点では $(a=0.5)$，$E=E^\circ_{(\mathrm{Fe^{3+}/Fe^{2+}})}$ である．当量点付近から後は $X\gg1$ であるので，式 (6.17) は

$$a=1-\frac{1}{X}+\frac{X}{K} \tag{6.18}$$

となる*．当量点では $(a=1)$，$X=K^{1/2}$ となる．当量点後では

$$E=E^\circ_{(\mathrm{Ce^{4+}/Ce^{3+}})}+0.059\log(a-1)$$

$a=2$ では

$$E=E^\circ_{(\mathrm{Ce^{4+}/Ce^{3+}})}$$

である．

任意の X における電位および滴定率 a を求め E を a に対してプロットすると滴定曲線が得られる．

* 式 (6.17) を $a=1-1/(1+X)+X^2/K(1+X)$ と変形する．$X\gg1$ であるので，式 (6.18) が導かれる．

b．酸化還元滴定の終点決定法

酸化還元滴定法は次のような終点決定法がある．

① 滴定剤が着色しておりそれ自身が指示薬となる（過マンガン酸カリウム滴定法）

② 酸化還元反応に直接関与しないが，酸化剤や還元剤と反応して着色する物質（ヨウ素-デンプン反応，鉄(III)-チオシアン酸イオンの反応）

③ 酸化還元反応を受けて変色する試薬，このような試薬を酸化還元指示薬という．おもな酸化還元指示薬の標準酸化還元電位を表 6.4 に示す．

【例題 6.20】 酸化還元指示薬の変色域と電位の関係を示せ．

表 6.4 酸化還元指示薬

指示薬	E°_{Ind}/V	変色（還元体→酸化体）	条件
メチレンブルー	0.53	無色→青色	1 mol dm^{-3} H_2SO_4
ジフェニルアミン	0.76	無色→紫青色	1 mol dm^{-3} H_2SO_4
バリアミンブルー B	0.71	青色→無色	pH 1.7～2.8
ジフェニルアミン-4-スルホン酸	0.85	無色→紫色	希酸
フェロイン	1.12	無色→淡青色	1 mol dm^{-3} H_2SO_4

【解答】 指示薬の酸化体をI_{ox}，還元体をI_{red}で表せば酸化還元電位は

$$E=E^\circ_{Ind}+\frac{0.059}{n}\log\frac{[I_{Ox}]}{[I_{Red}]}$$

指示薬の色は$[I_{Ox}]/[I_{Red}]$により変わるので，変色域を$0.1\leqq([I_{Ox}]/[I_{Red}])\leqq10$とすれば，変色電位の範囲は

$$E^\circ_{Ind}-\frac{0.059}{n}\leqq E\leqq E^\circ_{Ind}+\frac{0.059}{n}$$

となる．$[I_{Ox}]=[I_{Red}]$のとき$E=E^\circ_{Ind}$であるので，正しい終点を決定するには滴定の当量点近くにE°_{Ind}をもつ指示薬を用いなければならない．表6.4に示したフェロインは，1,10-フェナントロリンと1/3倍モル量の硫酸鉄(II)とを混合した溶液である．変色電位が高いので鉄(II)をセリウム(IV)で滴定するときに用いる．二クロム酸カリウムで鉄(II)を滴定する場合は，ジフェニルアミン-4-スルホン酸を用いる．バリアミンブルーB（$E^\circ_{Ind}=0.712$ V）は鉄(III)をEDTA滴定するときの指示薬でもある．当量点前では鉄(III)によって酸化されて青色であり，終点では還元されて無色となる．

c. 標準溶液と酸化還元滴定における濃度の求め方

6.2節で述べたように化学的に安定で組成が一定な三酸化二ヒ素，二クロム酸カリウム，シュウ酸ナトリウム，ヨウ素酸カリウムが一次標準物質として使われる．これらを秤量して水に溶かすと一定濃度の標準溶液が調製される．

1 molの酸化剤が受け取る電子の物質量，または還元剤が放出する電子の物質量をそれぞれ酸化剤，還元剤の価数という．酸化剤と還元剤が過不足なく反応するためには，授受した電子の物質量が等しくなければならない．したがって，酸化還元滴定の当量点では，次の関係が成立する．

酸化剤の価数×酸化剤の物質量

＝還元剤の価数×還元剤の物質量

$$mcv=m'c'v' \tag{6.19}$$

ここで，m：酸化剤の価数，m'：還元剤の価数，c：酸化剤のモル濃度（mol dm^{-3}），c'：還元剤のモル濃度（mol dm^{-3}），v：酸化剤の溶液の体積（cm^3），v'：還元剤の溶液の体積（cm^3）である．

この式(6.19)を用いて酸化剤または還元剤の濃度を算出することができる．

酸化還元反応においても6.3節d項の酸塩基滴定における濃度の求め方で述べたように酸化剤，還元剤の溶液の濃度を当量濃度（規定度，N）で表すこともあるが，SI単位系では用いられない．

【例題6.21】 次の酸化剤，還元剤の価数はいくらか．
(1) シュウ酸，(2) 過マンガン酸カリウム（硫酸酸性），(3) 過マンガン酸カリウム（アルカリ性）
(4) チオ硫酸ナトリウム，(5) 三酸化二ヒ素．

【解答】

(1) $\underset{1\,\mathrm{mol}}{H_2C_2O_4} \longrightarrow 2CO_2 + 2H^+ + \underset{2\,\mathrm{mol}}{2e^-}$

$H_2C_2O_4$は2価の還元剤

(2) $\underset{1\,\mathrm{mol}}{MnO_4^-} + 2H_2O + \underset{5\,\mathrm{mol}}{5e^-} \longrightarrow Mn^{2+} + 4H_2O$

MnO_2^-は5価の酸化剤

(3) $\underset{1\,\mathrm{mol}}{MnO_4^-} + 2H_2O + \underset{3\,\mathrm{mol}}{3e^-} \longrightarrow MnO_2 + 4OH^-$

アルカリ性ではMnO_4^-は3価の酸化剤

(4) $\underset{2\,\mathrm{mol}}{2S_2O_3^{2-}} \longrightarrow S_4O_6^{2-} + \underset{2\,\mathrm{mol}}{2e^-}$

$S_2O_3^{2-}$は1価の還元剤

(5) 三酸化二ヒ素は水に難溶性であるので弱アルカリ性で用いる．

$\underset{1\,\mathrm{mol}}{H_3AsO_3} + H_2O \longrightarrow H_3AsO_4 + 2H^+ + \underset{2\,\mathrm{mol}}{2e^-}$

H_3AsO_3は2価の還元剤，H_3AsO_4は4価となる．

d. 酸化還元滴定の実際

酸化還元滴定の代表的ないくつかの分析の例をあげる．

(1) 過マンガン酸カリウム滴定

過マンガン酸カリウムは強い酸化剤であり，それ自身着色しており指示薬が不要であるので，古くから利用されてきた（例題6.22，6.23，演習問題6.7参照）．

【例題6.22】 シュウ酸ナトリウム（式量＝134.01）0.3350 gを精秤し，蒸留水に溶かして250 cm^{3}にする．この溶液20.0 cm^{3}を三角フラスコにとり，硫酸（1+4）5 cm^{3}を加えて約70℃（343 K）に温め，過マンガン酸カリウム溶液で滴定したとこ

ろ，19.53 cm³ を要した．過マンガン酸カリウムの濃度（mol dm⁻³）を求めよ．

【解答】

$$5\,Na_2C_2O_4 + 2\,KMnO_4 + 8\,H_2SO_4 \rightleftharpoons 10\,CO_2 + 2\,MnSO_4 + K_2SO_4 + 5\,Na_2SO_4 + 8\,H_2O$$

シュウ酸ナトリウムの濃度（$mol\,dm^{-3}$）は

$$\frac{0.3350}{134.01}\times\frac{1000}{250}=0.0100\,mol\,dm^{-3}$$

$mcv=m'c'v'$ より

$$2\times0.0100\times20.0=5\times c'\times19.53$$

$$c'=\frac{2\times0.0100\times20}{5\times19.53}=0.0041$$

$$=4.10\times10^{-3}\,mol\,dm^{-3}$$

規定度を用いた計算：シュウ酸ナトリウムの規定度（N）は

$$\frac{0.3350}{134.01}\times2\times\frac{1000}{250}=0.0200\,N$$

$NV=N'V'$ より，

$$0.0200\times20.0=N'\times19.53$$

$$N'=0.02048\,N$$

硫酸酸性では過マンガン酸カリウムは 5 当量なので

$$\frac{0.02048}{5}=4.10\times10^{-3}\,mol\,dm^{-3}$$

【例題 6.23】 試水の汚染を知る尺度として用いられている化学的酸素要求量（COD）は，次の操作（過マンガン酸カリウム滴定）により求められる．下記の問に答えよ．

試水 V cm³ をフラスコにとり硫酸酸性にし，$KMnO_4$ {5 mmol dm⁻³，(N/40)} 10 cm³ を加え，沸騰水浴中で 30 分間加熱後さらに $Na_2C_2O_4$ {12.5 mmol dm⁻³，(N/40)} 10 cm³ 加えた．この溶液を $KMnO_4$ で滴定したところ a cm³ を要した．ただし，空試験値は b cm³，$KMnO_4$ のファクターを f とする．

(1) 硫酸酸性で 0.2 mol dm⁻³ (1 N) $KMnO_4$ 溶液 1 cm³ は酸素何 mg に相当するか．

(2) 上の実験で，試水中の被酸化物の濃度（COD）を過マンガン酸カリウムの消費量（O_2 mg dm⁻³）として表す式を示せ．

【解答】

(1) 硫酸酸性では

$$2KMnO_4 \rightleftharpoons K_2O + 2MnO_2 + 5O$$

であるから，0.2 mol dm⁻³ (1 N) $KMnO_4$ 1 cm³ は

$$\frac{5}{2}\times\frac{1}{5}\times16\times\frac{1}{1000}=8.0\,mg\ (O)$$

(2) COD と $KMnO_4$ および $Na_2C_2O_4$ の濃度と体積との間の関係は図 6.8 のように表せる．

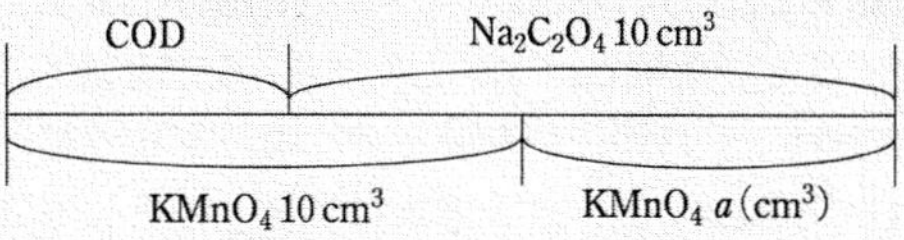

図 6.8

したがって，COD（O_2 mg dm⁻³）は

$$COD=(a-b)\times f\times\frac{1000}{V}\times0.2$$

ここで，0.2 は 5 mmol dm⁻³ 過マンガン酸カリウム溶液 1 cm³ の酸素相当量（mg）である．

---

(2) ヨウ素滴定

ヨウ素の酸化還元電位が中位（0.54 V）であるので，ヨウ素滴定にはヨウ素の酸化作用とヨウ化物イオンの還元作用の両方に基づいた滴定法である．前者を特にヨウ素滴定法（iodimetry），後者を間接ヨウ素滴定法（iodometry，チオ硫酸滴定法）とよぶことがある．

狭義のヨウ素滴定法：

$$SO_3^{2-} + I_2 + H_2O \rightleftharpoons SO_4^{2-} + 2\,I^- + 2\,H^+$$

チオ硫酸滴定法：

$$2\,Cu^{2+} + 5\,I^- \rightleftharpoons Cu_2I_2 + I_3^-,$$

$$I_3^- + 2\,S_2O_3^{2-} \rightleftharpoons S_4O_6^{2-} + 3\,I^-$$

【例題 6.24】 三酸化二ヒ素（As_2O_3，式量＝197.84）150 mg を精秤し三角フラスコにとった．$NaHCO_3$ で pH8 とし，この溶液をでんぷんを指示薬としてヨウ素溶液で滴定したところ，30.33 cm³ を要した．ヨウ素溶液のモル濃度を求めよ．

【解答】 As_2O_3 1 モル＝4 価，I_2 1 モル＝2 価 ($I_3^- + 2e^- \rightleftharpoons 3I^-$)，ヨウ素溶液のモル濃度を c' とすると，

$$\frac{150\times10^{-3}}{197.84}\times4=c'\times2\times\frac{30.33}{1000}$$

$$c'=\frac{150\times4}{197.84\times30.33\times2}$$

$$=0.0500\,mol\,dm^{-3}$$

(3)　チオ硫酸ナトリウム滴定法

標準溶液としてチオ硫酸ナトリウムを用いる滴定法をいうが，反応によって生じたヨウ素をチオ硫酸ナトリウムで滴定する場合も含まれる．

【例題 6.25】　ヨウ素酸カリウム（式量＝214.0）150 mg を水に溶解し，ヨウ化カリウム約 2 g 加え，塩酸酸性とした．この溶液をでんぷんを指示薬としてチオ硫酸ナトリウム溶液で滴定したところ 20.0 cm^3 を要した．

(1) この反応に含まれる酸化還元の反応式を示せ．

(2) チオ硫酸ナトリウム溶液の濃度 ($mol\ dm^{-3}$) を求めよ．

【解答】

(1) $IO_3^- + 6H^+ + 6e^- \rightleftharpoons I^- + 3H_2O$ および

$I_3^- + 2e^- \rightleftharpoons 3I^-$ より

$IO_3^- + 8I^- + 6H^+ \rightleftharpoons 3I_3^- + 3H_2O$

$I_3^- + 2S_2O_3^{2-} \rightleftharpoons S_4O_6^{2-} + 3I^-$

(2) KIO_3　1モル＝6価，$Na_2S_2O_3$　1モル＝1価，チオ硫酸ナトリウム溶液のモル濃度を c' とすると

$$\frac{150 \times 10^{-3} \times 6}{214.0} = c' \times 1 \times \frac{20}{1000}$$

$$c' = \frac{150 \times 6}{214.0 \times 2} = 0.2103\ mol\ dm^{-3}$$

次の例題のように水中の溶存酸素は，チオ硫酸ナトリウム滴定で広く測定されている（ウインクラー法）．

【例題 6.26】（ウインクラー法）容積 100 cm^3 の酸素瓶に試水を満たした後，硫酸マンガン(II)溶液とアルカリ性ヨウ化カリウム-アジ化ナトリウム溶液をそれぞれ 0.50 cm^3 を加えて酸素を固定する．静置後，硫酸(1+2)1 cm^3 を加えて沈殿を溶解し，この時生成するヨウ素をチオ硫酸ナトリウム（0.025 $mol\ dm^{-3}$）で滴定したところ 3.96 cm^3 を要した．

(1) 溶存酸素の固定，沈殿の再溶解，およびヨウ素の定量についてそれぞれの化学反応式を書け．

(2) 試水中の溶存酸素量を求めよ．

【解答】

(1) 酸素の固定：

$Mn^{2+} + 2OH^- \rightleftharpoons Mn(OH)_2$

$Mn(OH)_2 + 1/2O_2 \rightleftharpoons$

$MnO(OH)_2$（アルカリ性）

沈殿の溶解：

$MnO(OH)_2 + 2I^- + 4H^+ \rightleftharpoons$

$Mn^{2+} + I_2 + 3H_2O$（酸性）

定　　量：

$I_2 + 2S_2O_3^{2-} \rightleftharpoons 2I^- + S_4O_6^{2-}$

(2) 溶存酸素

$$O_2\ mg\ dm^{-3} = 0.025 \times 3.96 \times 8 \times \frac{1000}{100-1} = 8$$

分母の 100－1 は，酸素瓶の体積より酸素を固定するために加えた硫酸マンガン(II)とヨウ化カリウム-アジ化ナトリウムの体積を引いたものである．

---

(4)　二クロム酸カリウム滴定

純粋な二クロム酸カリウムは一次標準物質として用いられる．酸化還元電位は 1 $mol\ dm^{-3}$ H^+ で 1.33 V であり過マンガン酸カリウムよりは弱い酸化剤である．しかし，室温で滴定が可能であり塩酸存在下で Fe(II)の滴定が可能である．

【例題 6.27】　水銀-亜鉛アマルガムをつめたカラム（ジョーンズの還元器）に鉄(III)を含む試料溶液 50 cm^3 を流すと鉄(III)は鉄(II)に還元される．この溶液にジフェニルアミン指示薬を数滴加えて，0.01 $mol\ dm^{-3}$ の二クロム酸カリウム溶液で滴定したところ 10.00 cm^3 を要した．試料中の鉄のモル濃度を求めよ．

【解答】　$Cr_2O_7^{2-} + 14H^+ + 6e^- \rightleftharpoons 2Cr^{3+} + 7H_2O$

二クロム酸カリウム 1 モル＝6 価，鉄の溶液のモル濃度を c' とすると

$$\frac{0.01}{1000} \times 6 \times 10.00 = c' \times 1 \times \frac{50}{1000}$$

$$c' = \frac{0.01 \times 6 \times 10.00}{50} = 0.012\ mol\ dm^{-3}$$

6.6　沈 殿 滴 定

沈殿滴定は沈殿反応を用いた滴定で，銀イオン，水銀(II)イオンあるいはハロゲン化物イオン，チオシアン酸イオンなどの定量に限られる．数多くの沈殿反応が知られているにもかかわらず，酸塩基反応，酸化還元反応あるいは錯形成反応を利

用する滴定に比べて滴定できる成分が少ない．これは，適当な指示薬がないこと，沈殿生成の反応速度が遅すぎて滴定に不向きなことがある．また，共沈，吸着，固溶体の形成などの影響で沈殿の組成がはっきりしなくなることも難点の一つである．沈殿滴定に利用されているいくつかの反応を次に示す．

$$Ag^+ + Cl^- \longrightarrow AgCl\downarrow$$
$$Ag^+ + SCN^- \longrightarrow AgSCN\downarrow$$
$$Ba^{2+} + SO_4^{2-} \longrightarrow BaSO_4\downarrow$$
$$Th^{4+} + 4F^- \longrightarrow ThF_4\downarrow$$
$$3Zn^{2+} + 2K_4[Fe(CN)_6] \longrightarrow K_2Zn_3[Fe(CN)_6]_2\downarrow + 6K^+$$

a. 滴定曲線

沈殿滴定においても生成する沈殿の溶解度積を用いて，酸塩基滴定や酸化還元滴定などと同様な滴定曲線を描くことができる．沈殿の溶解度積が小さいほど当量点で反応はより完全に進行し，反応するイオンの濃度変化も大きくなる．

いま，R^- を含む溶液（濃度 C_R）V_R cm^3 を M^+ の標準溶液（濃度 C_M）で滴定し，

$$M^+ + R^- \longrightarrow MR\downarrow \tag{6.20}$$

の沈殿反応が進行した場合を考える．

沈殿 MR の溶解度積を $K_{sp,MR}$ とし，副反応が起こらないとすると，滴定開始後は

$$[M^+][R^-] = K_{sp,MR} \tag{6.21}$$

が成立する．また，M^+ 溶液の添加量を V_M cm^3 とし，沈殿した MR の濃度を仮に［MR］とおくと，物質収支は次のようになる．

$$[M^+]+[MR] = \frac{C_M V_M}{V_R + V_M} \tag{6.22}$$

$$[R^-]+[MR] = \frac{C_R V_R}{V_R + V_M} \tag{6.23}$$

これより，［MR］を消去して式(6.24)，(6.25)および(6.26)を求めることにより滴定の各段階における R^- および M^+ の濃度が計算できる．

① 当量点以前

$$[R^-] = \frac{C_R V_R - C_M V_M}{V_R + V_M} + \frac{K_{sp,MR}}{[R^-]} \tag{6.24}$$

② 当量点

$$[R^-] = [M^+] = K_{sp,MR}{}^{1/2} \tag{6.25}$$

③ 当量点以後

$$[M^+] = \frac{C_M V_M - C_R V_R}{V_R + V_M} + \frac{K_{sp,MR}}{[R^-]} \tag{6.26}$$

ただし，式(6.24)および(6.26)における右辺の第2項は沈殿 MR の溶解に基づく濃度についての補正項であり，$K_{sp,MR}$ が非常に大きいとき，溶液が非常に薄いとき，あるいは当量点にごく近い点を考えるとき以外は省いてもさしつかえない．

以上のような計算結果をもとに，縦軸に pR（$=-\log[R^-]$）あるいは pM（$=-\log[M^+]$），横軸に V_M cm^3 をとりプロットすると酸塩基滴定の場合と同様な滴定曲線が得られ，M^+ で R^- を滴定する際の M^+ および R^- の濃度変化を知ることができる．

【例題 6.28】 1.0×10^{-1} mol dm^{-3} の NaCl 溶液 50 cm^3 を 1.0×10^{-1} mol dm^{-3} の $AgNO_3$ 溶液で滴定するとき，$AgNO_3$ 溶液を (1) 20 cm^3，(2) 49.9 cm^3，(3) 50 cm^3，(4) 50.1 cm^3，(5) 70 cm^3 加えた段階での pCl の値を計算せよ．ただし，$K_{sp,AgCl} = 1.8\times10^{-10}$ とする．

【解答】

(1) $AgNO_3$ 溶液 20 cm^3 加えたとき：当量点以前で生成した AgCl の溶解からの Cl^- 濃度は無視できるから，

$$[Cl^-] = \frac{50\times0.10 - 20\times0.10}{50+20}$$
$$= 4.3\times10^{-2}\ \text{mol dm}^{-3}$$

これより pCl＝1.4.

(2) $AgNO_3$ 溶液 49.9 cm^3 加えたとき：$K_{sp,AgCl}$ は小さく第2項は無視できるので，

$$[Cl^-] = \frac{50\times0.10 - 49.9\times0.10}{50+49.9} + \frac{K_{sp,AgCl}}{[Cl^-]}$$
$$= 1.0\times10^{-4}\ \text{mol dm}^{-3}$$

pCl＝4.0.

(3) $AgNO_3$ 溶液 50 cm^3 加えたとき：このときが当量点である．$[Ag^+] = [Cl^-] = K_{sp,AgCl}{}^{1/2}$ より

$$[Cl^-] = 1.3\times10^{-5}\ \text{mol dm}^{-3}$$

これより pCl＝4.9.

(4) $AgNO_3$ 溶液 50.1 cm^3 加えたとき：(2)と同様に第2項は無視できるので，

$$[Ag^+]=\frac{50.1\times0.10-50\times0.10}{50+50}+\frac{K_{sp,AgCl}}{[Ag^+]}$$
$$=1.0\times10^{-4}\,\mathrm{mol\,dm^{-3}}$$

これより pAg=4.0 となる．pCl+pAg=9.7 だから pCl=5.7．

(5) $AgNO_3$ 溶液 70 cm^3 加えたとき：$K_{sp,AgCl}$ は小さく AgCl の溶解からの Cl^- 濃度は無視できるから過剰の Ag^+ 濃度は，

$$[Ag^+]=\frac{70.1\times0.10-50\times0.10}{50+70}$$
$$=1.7\times10^{-2}\,\mathrm{mol\,dm^{-3}}$$

pAg=1.8，したがって，pCl=7.9．

例題 6.28 のような計算を行い，Cl^- を $AgNO_3$ 溶液で滴定したときの滴定曲線を図 6.9 に示す．この図には Cl^- とともに Br^- および I^- を $AgNO_3$ 溶液で滴定した場合の滴定曲線も示してある（$K_{sp,AgBr}=5.0\times10^{-13}$，$K_{sp,AgI}=8.3\times10^{-17}$）．図 6.9 から明らかなように当量点においてはハロゲン化物イオンの濃度は急激に減少しているから原理的には滴定が可能である．当量点付近での滴定曲線の立ち上がり，すなわち pX の変化（ΔpX）は，三つのハロゲン化物イオンの中で I^- の場合がもっとも大きく，理論上よい精度が得られる．これは AgI の溶解度積が最も小さいことより理解できる．また酸塩基滴定の場合と同様に，$AgNO_3$ 溶液の濃度も ΔpX の大きさに影響を与える．

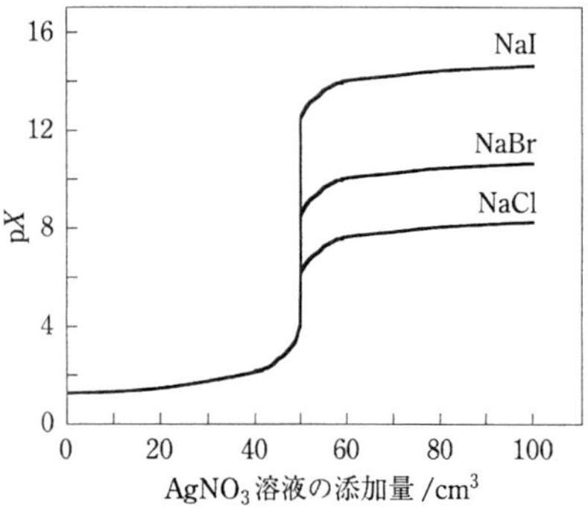

図 6.9　0.10 mol dm^{-3} NaX 溶液を 0.10 mol dm^{-3} $AgNO_3$ 溶液で滴定したときの滴定曲線

b. 沈殿滴定の指示薬

沈殿滴定における終点指示法として指示薬を用いる方法，電位差，拡散電流および伝導度の測定による方法などがある．ここでは沈殿滴定で用いられているおもな指示薬について述べる．

この滴定で使われている指示薬は，二つのタイプに分類される．一つは過剰の滴定液と反応し，有色沈殿，あるいは可溶性の有色錯体を生じるようなもので，前者は Mohr 法として，また後者は Volhard 法として知られる．したがって，このタイプの指示薬は被滴定イオンが完全に反応するまでは，沈殿剤とは反応してはならない．他の一つは沈殿そのものに作用するものである．この種の指示薬では沈殿表面の電荷が当量点において急変し，反対に荷電している色素を吸着して変色が起こることを利用している．これは吸着指示薬法あるいは Fajans 法とよばれる．

(1) Mohr 法

沈殿反応の完結を知るため，別の沈殿反応を利用する方法で，Cl^- を Ag^+ で滴定する際，CrO_4^{2-} を指示薬として用いる方法で，終点は Ag_2CrO_4 の赤褐色沈殿が生じはじめる点である．

【例題 6.29】 Cl^- 溶液を Ag^+ 溶液で滴定するとき，指示薬として用いる K_2CrO_4 溶液の濃度は理論上いくらにすればよいか．ただし，$K_{sp,AgCl}=1.8\times10^{-10}$，$K_{sp,Ag2CrO4}=2.4\times10^{-12}$ とする．

【解答】 それぞれの沈殿が生成するときの Ag^+ 濃度は，

$$[Ag^+]=\frac{K_{sp,AgCl}}{[Cl^-]}$$

$$[Ag^+]=\left(\frac{K_{sp,Ag_2CrO_4}}{[CrO_4^{2-}]}\right)^{1/2}$$

溶液中の Ag^+ 濃度は同じであるから，

$$\frac{K_{sp,AgCl}}{[Cl^-]}=\left(\frac{K_{sp,Ag_2CrO_4}}{[CrO_4^{2-}]}\right)^{1/2}$$

となり，Cl^- と CrO_4^{2-} の濃度比が求まる．

$$\left(\frac{[Cl^-]}{[CrO_4^{2-}]}\right)^{1/2}=\left(\frac{K_{sp,AgCl}}{K_{sp,Ag_2CrO_4}}\right)^{1/2}=1.2\times10^{-4}$$

当量点においては $[Cl^-]=1.3\times10^{-5}\,\mathrm{mol\,dm^{-3}}$ であり，この濃度において Ag_2CrO_4 の沈殿生成が始まるとすれば，

$$[CrO_4^{2-}]=\left(\frac{[Cl^-]}{1.2\times10^{-4}}\right)^2=1.2\times10^{-2}\,\mathrm{mol\,dm^{-3}}$$

したがって理論上，K_2CrO_4 濃度は 0.01 mol dm^{-3} であればよいことになる．しかし，このような濃

度の K_2CrO_4 溶液は実際には用いない．なぜなら，CrO_4^{2-} のもつ黄色が強すぎて，着色沈殿の生成の判別が困難になるためである．普通は 5×10^{-3} mol dm^{-3} 程度の K_2CrO_4 溶液を用いる．

Mohr 法により Cl^- の定量を行う場合，試料溶液の pH は 6〜10 の範囲にあることが必要である．これよりも，アルカリ性では Ag_2O が沈殿し，また酸性溶液中においては，

$$2\,CrO_4^{2-} + 2\,H^+ \rightleftharpoons 2\,HCrO_4^- \rightleftharpoons Cr_2O_7^{2-} + H_2O$$

の平衡が右に片寄り赤橙色の $Cr_2O_7^{2-}$ が生じて，Ag_2CrO_4 の色の判別が困難になるからである．Br^-，CN^-（微アルカリ性）の定量にも Mohr 法は応用することができる．しかし，I^-，Br^- の場合には生成する AgI，AgSCN の沈殿が Ag_2CrO_4 を強く吸着して終点を不明瞭にするため，これらのイオンの定量に用いることはできない．

Ag^+ を Cl^- の標準溶液で直接滴定する場合，K_2CrO_4 を指示薬として用いることは不適当である．Ag^+ 溶液に K_2CrO_4 溶液を加えると，Ag^+ と CrO_4^{2-} が反応し Ag_2CrO_4 の沈殿が生成し，Cl^- 溶液を滴下しても

$$Ag_2CrO_4 + 2Cl^- \longrightarrow 2AgCl + CrO_4^{2-}$$

の反応がほとんど進まないからである．K_2CrO_4 を指示薬として用いるときには，一定過剰の Cl^- 標準溶液を加えたのち，未反応の Cl^- を Ag^+ 溶液で滴定するとよい．

【例題 6.30】 0.10 mol dm^{-3} の NaCl 溶液を 0.10 mol dm^{-3} の $AgNO_3$ 溶液で滴定するとき，当量点での CrO_4^{2-} 濃度が 5.0×10^{-3} mol dm^{-3} となるように加えた．この場合の滴定誤差を求めよ．ただし，溶解度積は例題 6.29 の値を用いよ．

【解答】 終点で Ag_2CrO_4 が沈殿しはじめるときの Ag^+ 濃度は，

$$[Ag^+] = \left(\frac{K_{sp,Ag_2CrO_4}}{[CrO_4^{2-}]}\right)^{1/2} = 2.2\times10^{-5}\,\mathrm{mol\,dm^{-3}}$$

この Ag^+ 濃度は，過剰に加えた $AgNO_3$ 溶液からだけではなく，沈殿した AgCl の溶解により生じた Ag^+ も含まれている．AgCl の溶解に基づく Ag^+ 濃度は，AgCl の溶解により生じた Cl^- 濃度に等しい．

$$[Cl^-] = \frac{K_{sp,AgCl}}{2.2}\times10^{-5} = 8.2\times10^{-6}\,\mathrm{mol\,dm^{-3}}$$

したがって，終点で過剰に加えられた Ag^+ 濃度は

$$(2.2-0.82)\times10^{-5} = 1.4\times10^{-5}\,\mathrm{mol\,dm^{-3}}$$

となるから，滴定誤差は，

$$\frac{1.4\times10^{-5}\times50/25}{0.10}\times100 = 0.028\,\%$$

となる．

実際の誤差は滴定剤の濃度，CrO_4^{2-} 濃度，終点における体積，温度，イオン強度などによって異なり，上記の計算値よりも大きい．したがって，同じ分析条件で標準の NaCl 溶液を用いて $AgNO_3$ 溶液を標定するか，あるいは指示薬についてブランクテスト（空試験）を行うことにより滴定値を補正する必要がある．

(2) Volhard 法

Ag^+ 溶液を SCN^- 溶液で滴定する場合に，あらかじめ指示薬として Fe^{3+} 溶液を加えておく．そうすると，AgSCN が定量的に沈殿したのち，過剰の SCN^- が Fe^{3+} が反応して赤橙色の錯イオン $FeSCN^{2+}$ が生成する．このときが滴定の終点となる．

$$Ag^+ + SCN^- \longrightarrow AgSCN\downarrow$$

$$Fe^{3+} + SCN^- \longrightarrow \underset{\text{赤橙色}}{FeSCN^{2+}}$$

【例題 6.31】 $FeSCN^{2+}$ の濃度が 6×10^{-6} mol dm^{-3} に達したとき，赤橙色が認められるとするならば，Ag^+ 溶液を SCN^- 溶液で滴定する場合に指示薬の Fe^{3+} 濃度をいくらにすればよいか．ただし，$K_{sp,AgSCN} = 1.1\times10^{-12}$，$FeSCN^{2+}$ の生成定数 $K_{FeSCN^{2+}} = 2.0\times10^2$ とする．

【解答】 当量点では

$$[Ag^+] = [SCN^-] + [FeSCN^{2+}]$$

となるから，

$$[SCN^-] = 1.8\times10^{-7}\,\mathrm{mol\,dm^{-3}}$$

求める Fe^{3+} 濃度は，

$$[Fe^{3+}] = \frac{6\times10^{-6}}{2.0\times10^2\times1.8\times10^{-7}} = 1.7\times10^{-1}\,\mathrm{mol\,dm^{-3}}$$

Volhard 法では，通常 0.2〜0.6 mol dm^{-3} の硝酸酸性で滴定が行われ，SCN^- 標準溶液による

Ag^+ の直接滴定，あるいは Ag^+ と反応して沈殿生成するハロゲン化物イオンなどの間接滴定に利用される．後者の間接滴定では酸性溶液中で Cl^- の分析ができるという利点がある．すなわち，酸性の試料溶液に $AgNO_3$ 標準溶液を一定過剰量加え，指示薬として Fe^{3+} を用いて未反応の Ag^+ を SCN^- 標準溶液により逆滴定する．

$$\underset{\text{(一定過剰量)}}{Cl^- + Ag^+} \longrightarrow AgCl\downarrow$$

$$\underset{\text{(未反応)}}{Ag^+} + SCN^- \longrightarrow AgSCN$$

【例題 6.32】 Volhard 法により Cl^- を定量するとき，生成した AgCl は SCN^- と反応するので，誤差を生じる．これをさけるためにどのような工夫がなされているであろうか．

【解答】 AgCl と AgSCN の二つの沈殿が共存して平衡になったとき，Cl^- と SCN^- の濃度比は，

$$\frac{[Cl^-]}{[SCN^-]} = \frac{K_{sp,AgCl}}{K_{sp,AgSCN}} = \frac{1.8\times10^{-10}}{1.1\times10^{-12}}$$
$$= 1.6\times10^2$$

となり，大きな値である．したがって，過剰の Ag^+ が SCN^- と反応したあと，さらに加えられた SCN^- は共存する AgCl と反応するので，Cl^- の分析値は小さくなる．

$$AgCl + SCN^- \longrightarrow AgSCN + Cl^- \qquad \text{(a)}$$

また，式 (a) の反応が進行するので終点の鋭敏さも失われる．

このような欠点を除くため，逆滴定の前に水と混ざらないにニトロベンゼンを少量加えて振り混ぜて AgCl の沈殿表面を覆い，SCN^- と接触させないようにしたり，生成した AgCl を沪別してその沪液，あるいは沪液を一定体積にしたものの一部をとり逆滴定したりする工夫がなされている．

Volhard 法は，Br^-, I^- なども Cl^- と同様な操作で定量できる．なお，AgBr と AgI の溶解度積は AgSCN のそれよりも小さいので，例題 6.32 のような反応は起こらない．I^- の定量を行うときは，すべての I^- が Ag^+ と反応して AgI の沈殿が生成したのち，Fe^{3+} 溶液を加える必要がある．これは，I^- が残っていると，次の反応が起こり，ヨウ素を遊離するからである．

$$2\,Fe^{3+} + 2\,I^- \longrightarrow 2\,Fe^{2+} + I_2$$

Ag^+ および Cl^- のその他の滴定法のほとんどは，中性付近で行われる．このような pH では，多くの陽イオンが沈殿を生成して定量を妨害する．Volhard 法では酸性溶液中で行えるため，Ag^+ および Cl^- の定量に広く用いられている．もちろん指示薬である Fe^{3+} の加水分解を防ぐためにも酸性溶液中で滴定することが望ましい．

(3) Fajans 法（吸着指示薬法）

沈殿はその成分イオンを吸着する性質をもっている．たとえば，ハロゲン化銀 AgX の沈殿は溶液中に X^- が過剰にある場合には X^- を，また Ag^+ が多いときには Ag^+ をその表面に引きつける傾向がある（一次吸着層）．その結果，マイナスに帯電した沈殿粒子は溶液中に存在する陽イオン（たとえば K^+）を，プラスに帯電したものは，陰イオン（たとえば NO_3^-）を引きつける（二次吸着層）（図 6.10）．

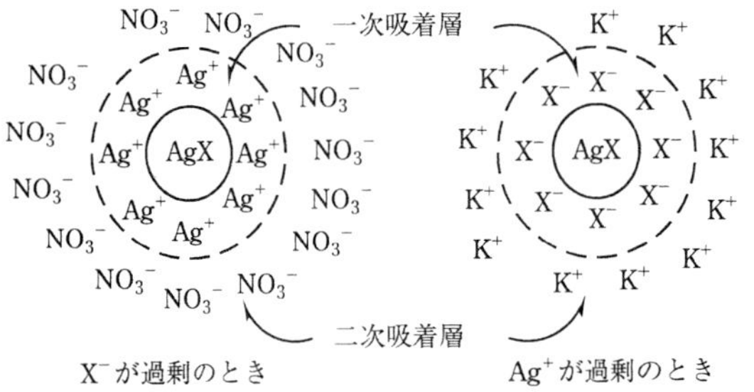

図 6.10 AgX 粒子表面の電荷

Cl^- 溶液を $AgNO_3$ 溶液で滴定する場合，NO_3^- よりも吸着されやすい有機色素陰イオンを溶存させると，当量点を境にして AgCl 沈殿の表面（一次吸着層）の電荷は，マイナスからプラスに変化するため，色素陰イオンは NO_3^- の代わりに AgCl 沈殿の表面に吸着され，特有の色を呈するようになる．この滴定で有機色素としフルオレセ

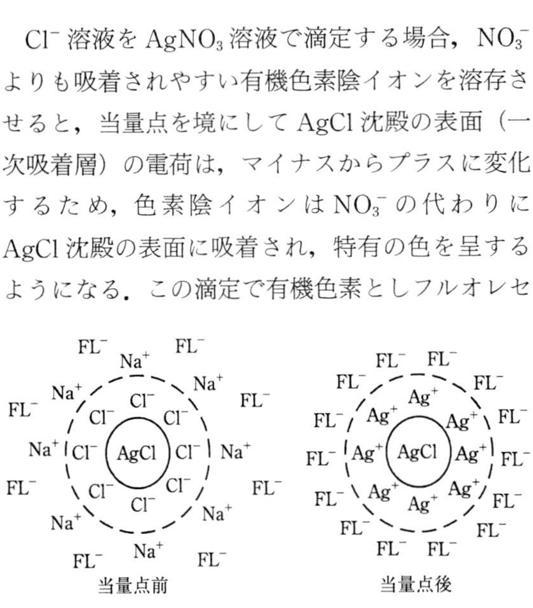

図 6.11 当量点前後のフルオレセイン

表 6.5 吸着指示薬

指 示 薬	滴定剤…被滴定イオン	変 色	指示薬の調製，使用条件
フルオレセイン	Ag^+…Cl^-, Br^-, I^-, SCN^-, $[Fe(CN)_6]^{4-}$	黄緑→紅	0.2 w/v％エタノール溶液または Na 塩の 0.2 w/v％水溶液，中性～微アルカリ性
ジクロロフルオレセイン	Ag^+…Cl^-, Br^-, I^-	黄緑→赤	Na 塩の 0.1 w/v％水溶液，pH 4 まで可能
エオシン	Ag^+…Br^-, I^-, SCN^-	赤橙→赤紫	Na 塩の 0.1 w/v％水溶液，pH 1 まで可能
フェノサフラニン	Ag^+…Cl^-, Br^-	青→赤	0.2 w/v％水溶液
	Br^-…Ag^+	赤→青	
ローダミン 6G	Br^-…Ag^+	赤紫→赤橙	0.1 w/v％水溶液
コンゴーレッド	Ag^+…Cl^-, Br^-	赤→紫	0.1 w/v％水溶液，中性～微アルカリ性
メチルレッド	Ag^+…Br^-, I^-, SCN^-	黄→赤橙	エタノールの飽和溶液
	$[Fe(CN)_6]^{4-}$…Zn^{2+}	赤→無	

イン（HFL）を添加すると，Cl^- が過剰の場合，溶液は蛍光のある黄緑色となっているが，当量点をわずかにすぎると，フルオレセインの陰イオン（FL^-）が吸着されて沈殿はピンク色となる（図 6.11）．

フルオレセインは溶液内の Ag^+ との反応で色の変化を起こすのものではなく吸着することによって変色が起こり，その吸着は可逆的である*.

以上のように沈殿表面に吸着されて変色するような指示薬を吸着指示薬といい，この指示薬を用いる滴定法が Fajans 法である．表 6.5 に吸着指示薬の例を示す．指示薬の酸としての強さが異なっているので，試料溶液の pH には注意が必要である．たとえば，フルオレセイン（HFL）は図 6.12 のように解離し，その解離定数は約 10^{-7} である．試料溶液が酸性の場合，FL^- 濃度が低く

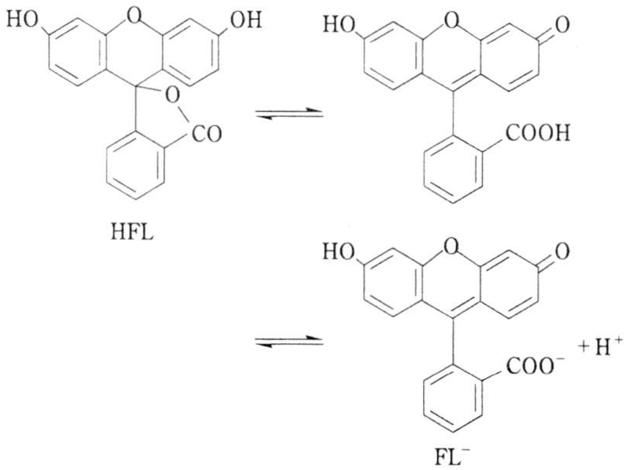

図 6.12 フルオレセインの解離

* ピンク色になったところへ Cl^- を加えると，一次吸着層は Cl^- になり，吸着していたフルオレセインは溶液中へ戻り黄緑色を呈するようになる．

なって色の変化が認められなくなるので，この指示薬を用いる滴定では pH を 7～10 に調整する．また，エオシンはフルオレセインよりも強い酸であるから，pH 2～3 でも用いることができ，Br^-, I^- および SCN^- などの滴定に使用される．しかし，エオシンは AgCl の沈殿に強く吸着されすぎて当量点以前で変色がおこるので Cl^- の滴定には用いられない．

演 習 問 題

【6.1】 1.0×10^{-2} mol dm^{-3} 酢酸（pK_a＝4.75）を水酸化ナトリウム溶液で滴定したときの，次の滴定率における pH を計算せよ．ただし，滴定中の体積変化は無視できるものとする．

(a) 0, (b) 0.1, (c) 0.5, (d) 0.9, (e) 1, (f) 2.

【6.2】 1.0×10^{-2} mol dm^{-3} 酢酸 500 cm^3 がある．この溶液に水酸化ナトリウムを溶かして pH 4 の緩衝液を調製するには，何 g の水酸化ナトリウムを加えればよいか．ただし，NaOH の式量は 40 とする．

【6.3】 酢酸-酢酸ナトリウム pH 緩衝液を用いて，pH＝4.0 として EDTA により Cu^{2+} の滴定を行うとき，当量点で EDTA と結合していない銅の濃度を求めよ．当量点において，緩衝液の全濃度は 1 mol dm^{-3} とし，銅の全濃度は 10^{-3} mol dm^{-3} とする．また，Cu^{2+} と酢酸イオンとの逐次生成定数は，それぞれ $\log K_1$＝2.16, $\log K_2$＝1.04 であり，EDTA との生成定数は，

$\log K_{CuY}=18.80$ とする．

【6.4】 アルミニウムの定量法として，キシレノールオレンジ（XO）を指示薬とした亜鉛標準液による逆滴定が知られている．この滴定法は，アルミニウムを含む試料溶液に過剰のEDTA標準液を加え，pHを3として，加熱沸騰によりキレート生成を完結させた後，冷却してpHを6に調整して亜鉛標準液で過剰のEDTAを滴定するものである．この逆滴定に関して以下の問に答えよ．

(a) 逆滴定に用いる金属Nと滴定される金属Mのキレート試薬との条件生成定数には，$K_{M'Y'} \gg K_{N'Y'}$ のような関係が要求される．ところが，AlとZnのEDTAとのキレートの条件生成定数は，この滴定条件下では，$K_{Al'Y'} < K_{Zn'Y'}$ であり，この条件（$K_{M'Y'} \gg K_{N'Y'}$）を満たしていない．それでも逆滴定が可能なのはどうしてか，その理由を記せ．

(b) AlとEDTAとを反応させるときのpHを2として，滴定を行うとすればどのようなことが起きるか．また，pH 6としたらどうか．

(c) Alを含む試料溶液を正確に10.00 cm^3 とり，0.01 mol dm^{-3} のEDTA標準液を25.00 cm^3 加え，pH＝3で加熱沸騰させた後，pH＝6に調整して，0.01 mol dm^{-3} のZn標準液で滴定したところ，12.06 cm^3 で終点に達した．試料溶液に含まれるアルミニウムの濃度を求めよ．

【6.5】 カルシウムとマグネシウムを含む試料溶液がある．この溶液10.00 cm^3 をとり，pHを10にしてエリオクロムブラックT(BT）を指示薬として，0.01 mol dm^{-3} のEDTA標準液で滴定し，滴定値 23.05 cm^3 を得た．次に別にこの試料溶液20.00 cm^3 のpHを13にして，マグネシウムを水酸化物として沈殿させた後，1-(2-ヒドロキシ-4-スルホ-1-ナフチルアゾ)-2-ヒドロキシ-3-ナフトエ酸（NN）を用いて，同じEDTA標準液で滴定し，29.60 cm^3 を要した．この試料溶液に含まれるカルシウムとマグネシウムの濃度を求めよ．

【6.6】 pHを10.0に保って2価の金属イオン（M^{2+}）をEDTAで滴定する場合の滴定曲線において，滴定率 $a=0.99$ と1.01のときのpM（$=-\log[M^{2+}]$）値が，それぞれ6.8と12.5であった．また，金属指示薬Aは二塩基酸（H_2I）であり，その逐次酸解離定数は，それぞれ $pK_{a1}=6.70$，$pK_{a2}=13.00$ である．この指示薬と金属との錯体（MI）の生成定数は，$\log K_{MI}=9.3$ である．この滴定系の終点の反応（$MI + Y' \rightleftharpoons MY + I'$）は定量的に右に進み，MIと$I'$の変色は十分識別できることが知られている．

(a) この条件で指示薬Aを用いてEDTAにより M^{2+} の滴定を行う場合の指示薬の変色域を計算せよ．

(b) この条件で滴定を行うとき，正しい終点を知ることができるか，できないかを示し，その理由を説明せよ．

【6.7】 酸化還元滴定について以下の問に答えよ．

(a) 過酸化水素水（密度1.01）10.0 cm^3 に硫酸（1 mol dm^{-3}）を加え酸性とし，0.02 mol dm^{-3} の過マンガン酸カリウム溶液で滴定したところ，17.8 cm^3 を要した．過酸化水素の含有量（%）を求めよ．

(b) ジョーンズの還元器に鉄(III）を含む試料25 cm^3 を注ぎ込み，還元された鉄(II）の溶液を三角フラスコに受けた．この溶液を酸性で0.022 mol dm^{-3} の過マンガン酸カリウム溶液で滴定したところ，15.83 cm^3 を要した．試料中の鉄(III）のモル濃度を求めよ．

(c) ヨウ素標準溶液25.0 cm^3 を取り，0.100 mol dm^{-3} のチオ硫酸ナトリウム溶液で滴定したところ，20.00 cm^3 を要した．ヨウ素溶液のモル濃度を求めよ．

【6.8】 Fe^{2+} を M^{n+} で滴定すると

$$Fe^{2+} + M^{n+} \longrightarrow Fe^{3+} + M^{(n-1)+}$$

の反応が進行する．この反応に関する以下の問に答えよ．ただし，この反応に含まれるすべての化学種には，いかなる副反応も考慮する必要がないものとする．

(a) Fe^{3+}/Fe^{2+} 系の酸化還元電位（E_{Fe}）をネルンストの式を用いて表せ．ただし，その標準酸化還元電位は0.77 Vとする．

(b) $M^{n+}/M^{(n-1)+}$ 系の酸化還元電位 (E_M) をネルンストの式を用いて表せ．ただし，その標準酸化還元電位は E°_MV とする．

(c) この酸化還元反応の平衡電位 E が $E=E_{Fe}=E_M$ で与えられることを考慮して，この反応の平衡定数を常用対数値で表す式を導け．

(d) 当量点では $[Fe^{3+}]=[M^{(n-1)+}]$，$[Fe^{2+}]=[M^{n+}]$ となることを示せ．

(e) 当量点で反応が 99.9％ 右方向に進むための $[Fe^{3+}]/[Fe^{2+}]$ と $[M^{n+}]/[M^{(n-1)+}]$ との値を示し，これらの値よりこの反応が 99.9％ 右方向に進むための平衡定数の常用対数値を示せ．

(f) 上の (c) と (e) で得た結果から，当量点でこの反応が 99.9％ 右方向に進むための $M^{n+}/M^{(n-1)+}$ 系の標準酸化還元電位 E°_M の数値を求めよ．

【6.9】 pH 2 でバナジウム(V) 溶液を鉄(II) 溶液で滴定することは困難であるが，EDTA を加えるとその滴定が可能となる．なぜか．

【6.10】 0.10 mol dm^{-3} の NaX 溶液 25 cm^3 を 0.10 mol dm^{-3} の $AgNO_3$ 溶液で滴定するとき，$AgNO_3$ 溶液の滴下量が 24.95 cm^3 から 25.05 cm^3 に移る間，pX 変化 (ΔpX) が 2 以上であれば終点の判定が可能であると仮定する．この場合，AgX の溶解度積がとりうる最大値はいくらになるか．

【6.11】 Mohr 法により 0.10 mol dm^{-3} の $AgNO_3$ 溶液を用いて 0.10 mol dm^{-3} の NaCl 溶液 50 cm^3 を pH 4 で滴定する場合，次の数値を用いて滴定誤差を求めよ．

$K_{sp,AgCl}=1.8\times10^{-10}$，$K_{sp,Ag_2CrO_4}=2.4\times10^{-12}$

$$\frac{[H^+][CrO_4^{2-}]}{[HCrO_4^-]}=K_1=3.0\times10^{-7} \quad (1)$$

$$\frac{[Cr_2O_7^{2-}]}{[HCrO_4^-]^2}=K_2=40 \quad (2)$$

なお，指示薬として用いる CrO_4^{2-} の全濃度は 1.0×10^{-3} mol dm^{-3} とする．

第7章　重　量　分　析

重量分析（gravimetric analysis）は，目的成分を純粋な化合物や単体として分離し，その質量* を測定（秤量）して目的成分の含有量を求める定量法である．この方法は長い時間を要するが，もっとも正確で精度の高い方法の一つであり，標準法として使われる．重量分析には，目的成分を適当な沈殿として分離し，その質量を測定する沈殿法，固体または液体試料から気体を発生させて，試料の質量の減量から気体となる成分の量を求める揮発法（または蒸留法）や適当な吸収剤に気体を吸収させてその質量の増加から定量する吸収法などがある．本章ではおもに沈殿法について学ぶ．

7.1　沈　　殿　　法

沈殿法は目的成分を難溶性化合物として沈殿分離し，この沈殿を乾燥あるいは強熱（灼熱）後，そのままの形か，あるいは適当な秤量形に変えて質量測定を行う方法である．たとえば，銀やバリウムの重量分析では沈殿形と秤量形が同じ化合物である．

$$Ag^+ + Cl^- \longrightarrow \underset{\text{沈殿形}}{AgCl\downarrow} \xrightarrow{110\,°C} \underset{\text{秤量形}}{AgCl}$$

$$Ba^{2+} + SO_4^{2-} \longrightarrow \underset{\text{沈殿形}}{BaSO_4} \xrightarrow{900\sim950\,°C} \underset{\text{秤量形}}{BaSO_4}$$

しかし，カルシウムの場合には沈殿形と秤量形が異なる．まず，シュウ酸カルシウムとして沈殿分離し，強熱して一定組成の酸化カルシウムにかえて重量分析する．

$$Ca^{2+} + C_2O_4^{2-} \longrightarrow \underset{\text{沈殿形}}{CaC_2O_4\downarrow} \xrightarrow{>850\,°C} \underset{\text{秤量形}}{CaO}$$

沈殿を秤量形として用いるためには，沈殿の組成が一定であるとともに純度もきわめて高いものでなければならない．組成が一定でないと目的成分の含有量を求めることはできないし，不純であれば分析誤差が大きくなる．したがって，目的成分とできるだけ特異的に反応する沈殿剤を選び，沈殿の熟成，洗浄，再沈殿の繰り返しなどの操作で沈殿の純度をあげることが必要である．また，秤量形では，操作中に変色あるいは揮散したりする恐れがなく，安定であって秤量する際，空気中の水分や二酸化炭素などを吸収しないことが望ましい．表7.1に代表的な沈殿形，秤量形および加熱温度を示す．

* 質量と重量は日常ほとんど区別なく使用されているが本来の意味は異なるものである．すなわち，重量は重力の加速度 g の値によって変化するのに対して，質量は g の値には無関係なものである．

表 7.1　沈殿形と秤量形

元素	沈殿形	加熱温度 /°C	秤量形
Al	$Al(OH)_3$	1000～1200	Al_2O_3
As	$MgNH_4AsO_4 \cdot 6H_2O$	420～880	$Mg_2As_2O_7$
Ca	CaC_2O_4	460～500	$CaCO_3$
		>850	CaO
Fe	$Fe(OH)_3$	1000	Fe_2O_3
Mg	$MgNH_4PO_4 \cdot 6H_2O$	>600	$Mg_2P_2O_7$
P	$MgNH_4PO_4 \cdot 6H_2O$	>600	$Mg_2P_2O_7$
Pt	$(NH_4)_2PtCl_6$	750～800	Pt

【例題 7.1】 沈殿法で良好な結果を得るためには，定量的に沈殿を生成させることが鍵となる．このためにどのような方法が用いられているか．

【解答】

(1) 沈殿の溶解度が比較的大きい場合には，アルコールやアセトンを添加する．これにより媒質の性質が変化し，沈殿の溶解度が減少する．

$$Mg^{2+} + CO_3^{2-} \xrightarrow{\text{アルコール}} MgCO_3\downarrow$$

$$Pb^{2+} + SO_4^{2-} \xrightarrow{\text{アルコール}} PbSO_4\downarrow$$

(2) 可逆反応を不可逆にすることによって沈殿生成を完全にする．たとえば，

$$Al(H_2O)_6^{3+} + H_2O \rightleftharpoons Al(OH)(H_2O)_5^{2+} + H_3O^+$$

$$Al(OH)(H_2O)_5^{2+} + H_2O \rightleftharpoons Al(OH)_2(H_2O)_4^{+} + H_3O^+ \longrightarrow \text{オール化}^* \longrightarrow [Al(OH)_3]_\infty$$

(3) 酸化あるいは還元することによって難溶性沈殿を生成させる．

$$Mn^{2+} \xrightarrow{Br_2} MnO_2\downarrow \quad (\text{酸化})$$

$$H_2SeO_3 \xrightarrow{SO_2} Se\downarrow \quad (\text{還元})$$

(4) 有機沈殿剤を用いると多くの場合，沈殿生成は定量的であり，しかもかさ高い沈殿が生じるので取り扱いやすい（7.5 節参照）．

7.2 沈 殿 の 生 成

目的成分 M^+ を含む溶液に沈殿剤 R^- を加えていくと，各成分イオンの濃度の積が難溶性塩 MR の溶解度積 K_{sp} を超過したときに，沈殿 MR が生成するようになる（第 5 章参照）．沈殿生成は沈殿剤の添加量（共通イオン効果）や共存塩の影響（異種イオン効果あるいは活量効果）はもとより，pH，錯形成，温度，溶媒など各種の因子により影響を受けるので注意する．

【例題 7.2】 一定温度で目的成分 M^+ を含む溶液に沈殿剤 R^- を徐々に加えていくとき，難溶性塩 $MR_{(s)}$ が沈殿する過程について考察せよ．

$$M^+ + R^- \rightleftharpoons MR \rightleftharpoons MR_{(s)}$$

【解答】 一般に難溶性塩の溶解度と温度の関係は，図 7.1 のように表すことができる．AA′ は溶解度曲線を表し，過飽和状態の曲線は BB′ で示される．いま，温度 T で M^+ を含む溶液に沈殿剤 R^- を加えていくと，MR の濃度が増加して曲線 AA′ との交点 S に達し，飽和溶液となる．しかし，この点では沈殿 $MR_{(s)}$ は生成しない．さらに沈殿剤 R^- を加えていくと BB′ 線上との交点 Q で MR は過飽和となり，この点で微細な沈殿核が生成するようになる．このときの核のでき方や大きさについては明らかではないが，静電的相互作用により構成イオンが近づいてイオン対を生成し，これらのイオン対が数個集まって核が生成するものと考えられる．これが次第に成長してコロイド状態を経て $MR_{(s)}$ が沈降するようになる．このとき，はじめに生成する沈殿核の数が少ないと，これを中心に沈殿が成長していくので沈殿粒子は大きくなり，沪過や洗浄の操作が容易で良好な沈殿が得られることになる．

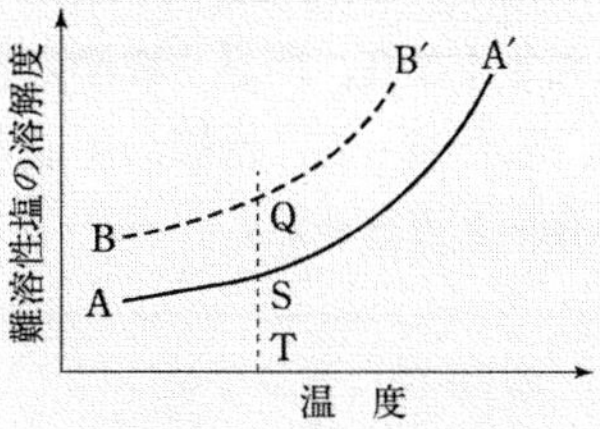

図 7.1 溶解度曲線

コロイド粒子（直径 10^{-7}〜10^{-4} cm）は，正あるいは負に帯電しているため，相互に反発して凝集して沈降することはない．たとえば，塩化ナトリウムの水溶液に少量の硝酸銀溶液を加えたとき，AgCl の沈殿核が大きくなりコロイド粒子の大きさに成長する．そのとき，コロイド粒子の表面には多数の Cl^- が吸着して第 1 層が形成され，その外側にさらに Na^+ をひき付けて第 2 層を形成する．溶液中には Cl^-，NO_3^-，Na^+ のイオンが存在しているが，第 1 層には NO_3^- よりも Cl^- のほうがより強く吸着される．これは「結晶格子にあるイオンと共通のイオンが強く吸着される」というパネット-ファヤンス-ハーン（Paneth-Fajans-Hahn）の規則より理解することができる．すなわち，コロイド粒子を凝集させるには，その電荷を除去すればよいから，さらに硝酸銀溶液を加えると当量点で電荷がなくなり，凝集するようになる．コロイド領域から沈殿物として溶液から沈

* 水溶液の pH を上げると，配位している水分子が酸解離を起こし，水酸化物イオンとなる．この水酸化物イオンは，二つ以上のイオンを架橋することができ，多数のヒドロキソ錯体を生成する．この過程をオール化とよぶ．

降，すなわち凝析するのは，その直径が 10^{-4} cm 以上になったときといわれている．

コロイド粒子の凝析は，沈殿の構成イオン以外のイオンによっても行われる．上記の塩化銀のコロイドは負に帯電しているから，KNO_3，KCl，$Al(NO_3)_3$ のような塩を多量に添加すると凝析する．この中で凝析効果が大きいものは，陽イオンの電荷が大きい Al^{3+} である．水酸化鉄(III)のように正に帯電している場合の凝析効果は陰イオンの電荷に影響され，凝析する際に必要な濃度はその電荷が大きいほど小さい．

これまで述べたように，沈殿は微細な沈殿核を中心に成長していき，やがては沈降するようになる．この核が少なければ粒子は大きくなり，沪過しやすい沈殿が得られるようになる．そのような沈殿をつくるためには沈殿生成の速度が遅いほど沈殿粒子は大きくなり，沪過や洗浄の容易な沈殿が得られる．したがって，沈殿の生成速度を調節することが分析上重要である．

【例題 7.3】 沈殿生成の速さはについては，次のようなワイマルン（P. P. von Weimarn，1913）の式が知られている．

$$V=\frac{K(Q-S)}{S}$$

ここで，V は沈殿の生成速度，Q は沈殿が生成し始めるときの過飽和溶液の濃度，S は沈殿が生成し始めたときの大きい沈殿の溶解度，K は比例定数である．この式をもとに良好な沈殿を生成させるための条件を説明せよ．

【解答】 $Q-S$ は沈殿が生成し始めるときの過飽和度を表し，この値が大きいほど沈殿の生成速度は大きくなる．沈殿核の初期の生成速度が大きければ，生成する沈殿核の数がそれだけ多くなり，沈殿粒子は微細になる．大きな粒子の沈殿を得るためには，V すなわち $(Q-S)/S$ の値を小さくすればよい．そのためには Q を減少させるか，S を増加させればよい．通常は溶液をよくかき混ぜながら希薄な沈殿剤を少量ずつ加えて Q を減少させ，溶液の温度や pH を加減して溶解度 S を増加させて沈殿を生成させる．

7.3 共沈と沈殿の純度

目的成分を沈殿させるとき，本来ならば沈殿しないはずの他の成分が，目的成分とともに沈殿することがある．この現象を共同沈殿または共沈（coprecipitation）という．共沈した他の成分は，沪過，洗浄などの操作では容易に除去されないので，沈殿の純度を低下させる．しかし，共沈を利用し，痕跡成分を捕捉し濃縮分離することは古くから行われている．したがって，共沈現象を理解することは物質の精製あるいは濃縮分離を考える上でも重要である．

【例題 7.4】 共沈は複雑な現象であるが，その機構について，(1) 異種重合，(2) 副反応，(3) 格子内吸着，(4) イオン交換，(5) 混晶，(6) 誘発沈殿，(7) 吸蔵，(8) 後期沈殿などの考えがある．これらの考えについて説明せよ．

【解答】

(1) 異種重合（Feigel，1924）：沈殿（MR）は重合体であるという考えから，MRMRMR…という重合体が生成するとき，他の成分（N）が入りこみ，MRMRNRMR…という異種重合体が生成するものである（例：Zr と Ti の AsO_4^{3-} による沈殿，Ba^{2+} と Ra^{2+} の SO_4^{2-} による沈殿，Cu^{2+} と Zn^{2+} の H_2S による沈殿）．

(2) 副反応（Karaogranow，1935）：沈殿が生成するとき，主反応のほかに副反応が起こって沈殿に他の成分が混ざるというものである．たとえば，$BaSO_4$ の沈殿が生成するとき，主反応のほかに次の反応が生じて Cl^- が混入する．

$$2BaCl^+ + SO_4^{2-} \longrightarrow (BaCl)_2SO_4$$

(3) 格子内吸着（Balarew，1934）：大きな結晶を静かに砕くと同じ形をした小さな結晶が得られることから，大結晶は小結晶よりなり，その劈開面は結晶の内部表面と考えることができる．微細な粒子の集合はすべて内部表面をもち，それらは大粒子の表面に出口をもつ一つの毛管孔とみなすことができる．母液中の分子やイオンにはこの毛管の孔径と同じものがあり，これらが孔内に不純物として入る．このような不純物は洗浄しても除去できない．新しくつくった

$BaSO_4$ の沈殿を $BaCl_2$ 溶液に浸してから洗浄を繰り返しても，沈殿中には Cl^- が含まれる．沈殿へのイオンの吸着の強さは次のような順序となっている．

$BaSO_4$：$Cs^+ > Rb^+ > K^+ > Na^+ > Li^+ > H^+ > Cd^{2+} > Zn^{2+} > Mg^{2+} > Be^{2+}, Ca^{2+} > Al^{3+}$

$MgNH_4PO_4$：$Cs^+ > Rb^+ > K^+ > Na^+$

$Al(OH)_3$：$SO_4^{2-} > Cl^- > NO_3^- > I^- > SCN^-$

$CdCO_3$：$SO_4^{2-} > Cl^- > NO_3^- > I^-$

(4) イオン交換（Pauling，1927）：イオン半径の似かよったイオンは交換しやすい．とくに，異種イオンが反対符号の格子イオンと難溶性塩を生成しやすいほど著しい．

$$BaSO_4(固) + Pb^{2+} \longrightarrow PbSO_4(固) + Ba^{2+}$$

(5) 混晶（Grimm，1924）：同形の結晶をつくるものは共沈しやすく，結晶格子間隔の差が 10～15％以下であれば混晶を生成する（例：$BaSO_4$ への $SrSO_4$ の共沈，AgBr への AgCl の共沈）．

(6) 誘発沈殿（Ruff, Hirsh，1926）：通常は遅い反応であるが，別の反応が進むことにより誘発されることがある（例：CuS の沈殿生成に誘発され，その条件下では沈殿しないはずの ZnS が共沈）．

(7) 吸蔵：沈殿の表面に不純物として他のイオンが吸着され，その上に新しく沈殿層が形成されるためにこのイオンが包み込まれる．沈殿の生成速度が速いときに起こりやすく，再現性に乏しい．

(8) 後期沈殿（Kolthoff，1931）：ある沈殿が生成してから，時間とともに他のものが沈殿してくる現象をいう．酸性において ZnS は生成しないが，CuS や HgS の沈殿が生成するとそれらの沈殿の表面に S^{2-} が吸着し，沈殿表面上の S^{2-} 濃度が高くなる．その結果，溶解度積に達するので ZnS が沈殿するようになる．

【例題 7.5】 純水な沈殿，すなわち，不純物を含まない沈殿を得るには，共沈が起こらないようにする必要がある．このためにはどのような方法が用いられているか．

【解答】

(1) 希薄な溶液の使用：試料，沈殿剤が濃厚であると不純物の吸着量が多くなる．また，沈殿剤を添加すると局部的に濃厚な部分ができ，同様な現象がみられる．したがって，できるだけ希薄な溶液を少量ずつ添加してかき混ぜながら沈殿をつくる．

(2) 二段階沈殿法：沈殿の不純化は沈殿生成過程の終期に起こりやすいので，最初に不足量の沈殿剤を加えて生じた沈殿を沪過する．沪液に再び沈殿剤を加えて沈殿をつくる．二度目につくった沈殿の量は少なく，不純化が起こっていても，沈殿全体としては不純物の量は少ない．

(3) マスキング剤の使用：たとえば，ニッケル(II)をジメチルグルオキシムで沈殿させるとき，鉄(III)も同じように沈殿する．この場合，シュウ酸塩を加えて鉄(III)をマスキングすると純水なニッケル(II)のジメチルグルオキシマト錯体を得ることができる．

重量分析では沈殿生成後，直ちに沪過しないで母液とともにしばらく放置しておく．この放置のことを浸漬（しんせき）といい，液が温かければ温浸という．また，これらの操作を熟成という．熟成には次のような効果がある．

① 結晶性の沈殿では，小さな粒子のほうが大きな粒子よりも溶解度が大きいので，小さな粒子が溶解して大きな粒子について飽和状態になる．その結果，過飽和に相当する量が大きな粒子上に析出してこれをさらに大きく成長させることになる．

② 生成直後の沈殿表面は不規則な状態となっている．熟成すると不規則な部分が再溶解，再析出することにより規則正しい結晶面がつくられる．

③ 沈殿内部に取り込まれた不純物のあるものは，熟成中の再結晶化の際に溶け出し純度が高くなる．溶け出した不純物が再び大きな粒子に吸着されることはほとんどない．

このような熟成の効果は，$BaSO_4$，CaC_2O_4 などの結晶性沈殿の場合にはとくに著しい．コロイド状沈殿の場合は加熱によって凝結が促進される．AgCl のような凝乳状沈殿では，それほど効果がなく，$Fe(OH)_3$，$Al(OH)_3$ のようなゼラチン状沈殿では効果がない．

生成した沈殿は共沈や後期沈殿によって不純物を含んでいる．もし沈殿が溶解しやすいものであれば，再溶解して沈殿剤を加え，再び沈殿させることにより不純物の量をかなり低くすることができる（再沈殿）．この方法は，熟成の効果のないゼラチン状沈殿や結晶性の沈殿でも後期沈殿しやすい CaC_2O_4 などには効果がある．$Fe(OH)_3$ の沈殿では沪過および洗浄を行った後，希塩酸に溶解し，これにアンモニア水を加えて再び沈殿を生成させる．$BaSO_4$ のような結晶性沈殿では熟成で純度を上げることができる．

7.4 均一沈殿法（PFHS 法）

試料溶液をよくかき混ぜながら希薄な沈殿剤を少しずつ加えていくことによって目的成分の良好な沈殿を得ることができる．しかし，こうした操作でも溶液内では局部的に沈殿剤濃度が高くなり，多くの沈殿核の生成や他成分の沈殿生成をさけることはできない．ところが，適当な反応により沈殿剤を溶液中で生成させることができれば，沈殿剤濃度は局部的に高くなることなく溶液全体に均一に沈殿剤を加えたのと同じ結果になり，良好な沈殿が得られるはずである．このような考えのもとに開発されたのが，均一沈殿法（precipitation from homogeneous solution，PFHS 法）とよばれるものである．

この考え方は1800年代からあり，$Al(OH)_3$ の沈殿をつくるのに水素イオンを均一に減少させることが検討されている．いわゆる PFHS 法として提唱されたのは Willard と Tang（1937）の報告からで，沈殿剤を溶液中で化学反応によって少しずつ生成させるので，生成した沈殿は大きく，ち密で沪過しやすいという特長をもつ．均一沈殿法は，陽イオン放出法（cation release）と陰イオン放出法（anion release）に大別することができ，さらに細かく分類されている（表 7.2）．

表 7.2 均一沈殿法の種類

陽イオン放出法	(1) 酸化還元法 酸化数変化法 (2) 錯体分離法 (a) 酸化分解法 (b) 加熱分解法 (c) pH 降下法
陰イオン放出法	(1) pH 上昇法 (a) 尿素加水分解法 ① 尿素単独法 ② 尿素-試薬法 (b) アセトアミドなどの 加水分解法 (2) エステル，アセチル加水分解法 (3) 酸化還元法 (4) 試薬合成法 (5) 酵素法 (6) 蒸発法

【例題 7.6】 尿素加水分解法（表 7.2）について説明せよ．

【解答】 尿素の水溶液は室温ではほとんど加水分解しないが，90〜100 °C（363〜373 K）に加熱すると加水分解してアンモニアを生じ，溶液の pH が上昇する．

$$(NH_2)_2CO + H_2O \longrightarrow 2\,NH_3 + CO_2$$

pH の上昇は加熱温度によって異なり（図 7.2），加熱途中の溶液を冷却して加水分解反応を停止することができる．このことより二段階沈殿法を容易に行うことができ，共沈の少ない沈殿を得ることができる．

また，シュウ酸，オキシン（8-キノリノール），ジメチルグリオキシム，二クロム酸塩などを尿素とともに加えて加熱し，pH を上昇させていけば，マグネシウムの共沈の少ないシュウ酸カルシウ

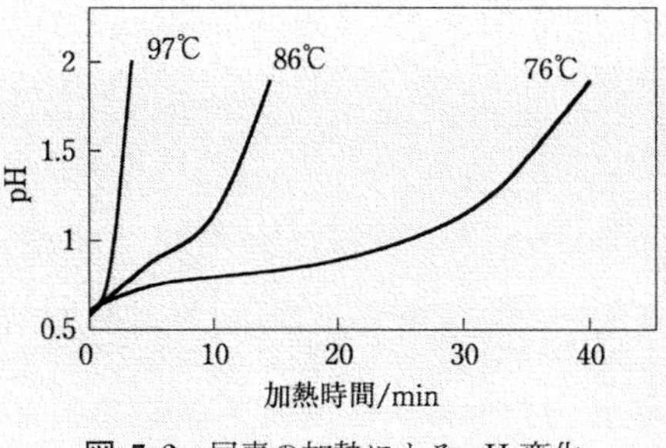

図 7.2 尿素の加熱による pH 変化

表 7.3 尿素法における共存陰イオンの効果

沈殿するイオン	共存陰イオン	
	有 効	無 効
Al	SO_4^{2-}, SeO_4^{2-}, コハク酸イオン	Cl^-, NO_3^-, IO_3^-, ClO_4^-, SO_3^{2-}
Fe(III), Th	$HCOO^-$	TeO_4^{2-}, CrO_4^{2-}
Ti, Ga, Sn(IV)	SO_4^{2-}	CH_3COO^-
Zr	$HCOO^-$, コハク酸イオン	

ム，結晶性のよいアルミニウムのオキシン錯体，ニッケルのジメチルグリオキシム錯体の沈殿を，また，ストロンチウムとカルシウムの共沈の少ないクロム酸バリウムの沈殿を得ることができる．

尿素法によって Al，Ga，Th，Fe(Ⅲ)，Zr，Ti，Sn などを良好な沈殿として得ることができる．しかし，共存する陰イオンによっては良好な沈殿ができる場合と，従来とあまり変わらない場合とがある．表 7.3 に共存陰イオンの効果を示す．

【例題 7.7】 均一沈殿法において，次の(1)～(8)の沈殿剤を生成させるには，どのような反応を用いればよいか．(1) $C_2O_4^{2-}$，(2) SO_4^{2-}，(3) S^{2-}，(4) CO_3^{2-}，(5) PO_4^{3-}，(6) 8-キノリノール，(7) 1-ニトロソ-2-ナフトール，(8) ジメチルグリオキシム

【解答】

(1) シュウ酸ジメチルを高温で加水分解する．

$$(CH_3)_2C_2O_4 + 2H_2O \longrightarrow C_2O_4^{2-} + 2CH_3OH + 2H^+$$

(2) アミド硫酸（スルファミン酸）や硫酸ジメチルの加水分解反応

$$NH_2SO_3H + H_2O \longrightarrow SO_4^{2-} + NH_4^+ + H^+$$

$$(CH_3)_2SO_4(\text{あるいは}(CH_3O)_2SO_2) + 2H_2O \longrightarrow SO_4^{2-} + 2CH_3OH + 2H^+$$

(3) 多くの含硫黄化合物が硫化水素を発生する．たとえば，チオアセトアミド，チオホルムアミドの加水分解反応を用いることができる．

$$CH_3CSNH_2 + H_2O \longrightarrow H_2S + CH_3CONH_2$$

$$HCSNH_2 + H_2O \longrightarrow H_2S + HCONH_2$$

この他にトリチオ炭酸，チオ尿素，チオ硫酸塩，チオグリコール酸などの反応がある．

(4) トリクロロ酢酸塩の加水分解反応

$$2CCl_3COO^- + H_2O \longrightarrow CO_2 + CHCl_3 + CO_3^{2-}$$

(5) リン酸トリメチルやリン酸トリエチルなどのリン酸エステルを高温で加水分解するかメタリン酸および塩化ホスホリルの加水分解反応が利用される．

$$(CH_3)_3PO_4(\text{あるいは}(CH_3O)_3PO) + 3H_2O \longrightarrow PO_4^{3-} + 3CH_3OH + 3H^+$$

$$HPO_3 + H_2O \longrightarrow PO_4^{3-} + 3H^+$$

$$POCl_3 + 3H_2O \longrightarrow PO_4^{3-} + 6H^+ + 3Cl^-$$

(6) 8-キノリノールのアセチル化合物の加水分解反応

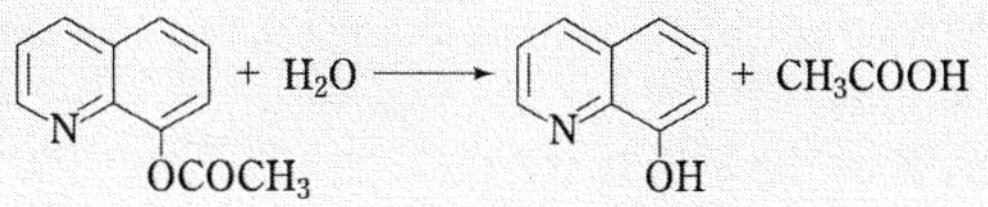

(7) 2-ナフトールと亜硝酸との反応

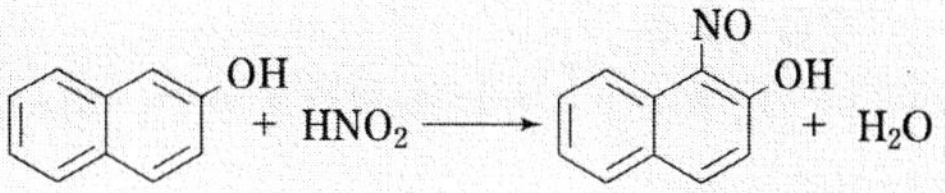

(8) ジアセチルとヒドロキシルアミンとの反応

$$\begin{array}{l} H_3C-C=O \\ \quad\ \ | \\ H_3C-C=O \end{array} + 2NH_2OH \longrightarrow \begin{array}{l} H_3C-C=N-OH \\ \quad\ \ | \\ H_3C-C=N-OH \end{array} + 2H_2O$$

7.5 有機沈殿剤

多くの無機イオンは有機沈殿剤と反応して沈殿を生成する．有機沈殿剤は，生成する化合物の型によって，(1) イオン性の有機酸または有機塩基，(2) キレート環を形成する中性有機分子に分けられる．

(1) イオン性の有機酸または有機塩基：有機酸または有機塩基が無機陽イオンあるいは陰イオンと反応して難溶性の塩を生じる場合である．シュウ酸がカルシウムイオン，テトラフェニルホウ酸ナトリウムがカリウムイオンの沈殿剤として用いられる．また，ベンジジンは硫酸イオンの，テトラフェニルアルソニウムクロリドはタリウム(Ⅲ)イオンの沈殿剤として使用される．

(2) キレート環を形成する中性有機分子：分子自体はイオン性でなく中性のものであるが，プロトン解離した陰イオンとして金属イオンに配位して難溶性のキレート化合物を生成する場合である．この分子は電子供与性の官能基をもち，5員環または6員環のキレートを形成する（3.1 節参照）．中性の金属キレート化合物の多くは水に不溶で有機溶媒に溶けるので，重量分析のほか，溶媒抽出分離や比色分析に用いられる．

以上のような有機沈殿剤の長所を次にあげる．

① キレート化合物は水に不溶のものが多く，金属イオンと定量的に沈殿する．

② 大きい分子量のため，金属イオンは微量でも沈殿の重量（質量）は大きくなり，精度のよい

結果が得られる．

③　選択性が高く，特定の金属イオンとしか沈殿を形成しないものが多い．

④　生成した沈殿は粗く，かさ高いので，取り扱いが容易である．

しかし，以下のような短所があるので，用いるときに注意を要する．

①　有機沈殿剤自体が水に溶け難いため，過剰に加えると沈殿剤が沈殿して，目的の沈殿物が汚染される危険性がある（このような場合には，熱湯またはアルコールなどで洗浄して過剰の試薬を除去する）．

②　乾燥によって一定組成の秤量形を得にくいものが多く，また恒量になる前に揮散することもある．

③　疎水性であるため溶液の表面に浮かんだり，器壁をはい上ったり（creeping）する．

7.6　沈殿の溶解性と溶媒

7.1節で述べたように沈殿の溶解性に影響を与える因子の一つに有機溶媒がある．沈殿反応ばかりでなく，酸塩基反応，錯形成反応などにおいても溶媒の効果が観察されているが，現在でも十分解明されているとはいえない．

電解質が溶媒に溶解すると，その構成イオンは極性をもつ溶媒分子との相互作用により溶媒和イオンを形成して溶液中で安定に存在していると考えられている．溶媒の極性を示す尺度の一つとして誘電率があり，その大きさは溶媒分子の双極子モーメントとその分子配列により決まる．したがって，大きな双極子モーメントをもつ分子からなる溶媒あるいは水素結合しやすい溶媒の誘電率は大きい（表7.4）．たとえば，電解質が水に入れられると構成イオン間に働く静電的相互作用が真空中に比べ約1/78にまで低下し，その結合が弱められて電解質が水に溶解していく．すなわち，電解質は大きな誘電率をもつ溶媒には溶けやすく，小さな誘電率をもつ溶媒には溶けにいということになる．ところで，水よりも大きな誘電率をもつ*N*-メチルホルムアミドあるいはホルムアミドのような溶媒は，電解質を水よりもよく溶かすことができるであろうか．実際にはこのようなことは起こらず，多くの電解質の*N*-メチルホルムアミドに対する溶解度は水の場合に比べてわずかに減少する傾向にある．これらのことより電解質の溶解度の大きさは，誘電率だけでは説明できないことを示している．

表 7.4　溶媒の比誘電率，ドナー数およびアクセプタ数

溶　媒	比誘電率 (25°C)	ドナー数 *DN*	アクセプタ数 *AN*
N-メチルホルムアミド	182.4	49	32.1
ホルムアミド	111.0	24	39.8
水	78.54	18.0	54.8
炭酸プロピレン	64.4	15.1	18.3
ジメチルスルホキシド	46.6	29.8	19.3
N,N-ジメチルアセトアミド	37.78	27.8	13.6
N,N-ジメチルホルムアミド	36.71	26.6	16.0
アセトニトリル	35.95	14.1	18.9
ニトロメタン	35.94	2.7	20.5
ニトロベンゼン	34.82	4.4	14.8
メタノール	32.6	19.0	41.3
ヘキサメチルリン酸トリアミド	29.6	38.8	10.6
エタノール	24.3	20.0	37.1
アセトン	20.7	17.0	12.5
ピリジン	12.01	33.1	14.2
ジエチルエーテル	4.265	19.2	3.9
ベンゼン	2.28	0.1	8.2
1,4-ジオキサン	2.21	14.8	10.8

【例題7.8】　ルイス酸A^+とルイス塩基B^-からなる電解質ABの溶解現象を考えるとき，溶媒の誘電率に基づく効果のほかに，A^+のルイス酸性の強さ，B^-のルイス塩基性の強さ，溶媒のルイス酸性の強さおよびルイス塩基性の強さによる効果を考える必要がある．これらについて解説せよ．

【解答】　電解質ABを溶媒Sに溶解した場合を考える．電解質ABは次の二段階の反応を経てA^+とB^-に解離する．

$$AB \rightleftharpoons A^+B^- \rightleftharpoons A^+ + B^- \qquad (a)$$

この反応の第一段階では，溶媒のルイス塩基性部位（水の場合には非共有電子対を有する酸素原子）から電解質のルイス酸性部位A^+へ電子対が供給されるか，

$$AB + S \rightleftharpoons S \rightarrow A \rightarrow B \rightleftharpoons SA^+B^- \qquad (b)$$

あるいは溶媒のルイス酸性部位（水の場合には水素原子）へ電解質のルイス塩基性部位 B^- から電子対が供給されることにより（水の場合には水素結合が生じる），

$$AB + S \rightleftharpoons A \rightarrow B \rightarrow S \rightleftharpoons A^+BS^- \quad (c)$$

電解質 AB 中で電荷の分離が起こり，溶媒和されたイオン対が生成する*．このイオン反応に対する平衡定数 K_i は，

$$K_i = \frac{[A^+B^-]}{[AB]} \quad (d)$$

となる．すなわち，この反応の段階での溶媒と電解質との相互作用（溶媒効果）はルイス酸・塩基相互作用（ドナー・アクセプタ相互作用）で説明でき，溶媒は反応媒体ではなく反応物として反応に関与していることになる．このように生成したイオン対が解離するのが反応の第二段階である．この解離反応の平衡定数 K_d は，

$$K_d = \frac{[A^+][B^-]}{[A^+B^-]} \quad (e)$$

となる．K_d の大きさは溶媒の誘電率，溶媒和された両イオン間の距離，両イオンの電荷によって決まる．溶媒和された両イオン間の距離が溶媒により大きく異ならない場合には，特定の電解質に対する $\log K_d$ 値は誘電率に比例する．すなわち，この反応段階での溶媒と電解質との相互作用（溶媒効果）は静電的相互作用で説明でき，溶媒は反応物ではなく，反応媒体として反応に関与しているにすぎない．

電解質 AB がイオン解離して A^+ と B^- を生成する反応の平衡定数 K は，実験的には

$$K = \frac{[A^+][B^-]}{[AB]+[A^+B^-]} \quad (f)$$

で定義される値が得られる場合が多い．式(c)および(e)を用いて式(f)を書き換えると

$$K = K_i \times \frac{K_d}{1+K_i} \quad (g)$$

となる．式(g)から明らかなように電解質のイオン解離，すなわち溶解現象を説明するためには，溶媒の誘電率による効果以外に陽イオンのルイス酸性の強さと溶媒のルイス塩基性の強さによる効果や陰イオンのルイス塩基性の強さと溶媒のルイス酸性の強さによる効果を同時に考えなければならないことがわかる．

* ほとんどの溶媒はルイス酸性とルイス塩基性の両方を有していることが多いので，イオン対生成反応には両方の効果が同時に現れる．

【例題 7.9】 ドナー数（DN）とアクセプター数（AN）の定義を述べよ．また，DN と AN（表 7.4）を用いて電解質が水よりも誘電率の大きい N-メチルホルムアミド中では，いくらか溶解度が減少することを説明せよ．

【解答】 ドナー数（DN）：10^{-3} mol dm^{-3} の $SbCl_5$ を 1,2-ジクロロエタン中に溶解し，ある液体分子 D が，1,2-ジクロロエタン中で $SbCl_5$ と反応する際のエンタルピー変化（$\Delta H°$）に -1 をかけ，その量を kcal mol^{-1} 単位で表した数値をドナー数（DN）と定義する．1,2-ジクロロエタンはまったく不活性な溶媒として仮定し，このドナー数は0とする．

$$D + SbCl_5 \longrightarrow D \cdot SbCl_5 \quad \Delta H° < 0 \text{（発熱反応）}$$

アクセプター数（AN）：n-ヘキサン中に溶かしたトリエチルホスフィンオキシド（$(C_2H_5)_3PO$）中の ^{31}P の核磁気共鳴吸収（NMR）の化学シフト値を 0 とし，1,2-ジクロロエタンに溶解した $(C_2H_5)_3PO \cdot SbCl_5$ 中における ^{31}P の NMR の化学シフト値を 100 としたとき，ある溶媒 A 中に溶かした（$(C_2H_5)_3PO$）中における ^{31}P の NMR の化学シフト値 δ が溶媒 A のアクセプター数（AN）として与えられ，AN は無次元数で表示される．

$$AN = \frac{\delta((C_2H_5)_3PO \cdot A)}{\delta((C_2H_5)_3PO \cdot SbCl_5)_{1,2\text{-ジクロロエタン}}} \times 100$$

水の DN および AN はともに比較的大きな値（表 7.4）であるから，水分子は電解質を構成する陽イオンにも陰イオンにも結合しやすいといえる．N-メチルホルムアミドの DN は水の DN よりも大きいが，AN は水の約 1/4 であり，陰イオンに対してよい溶媒ではないことがわかる．したがって，N-メチルホルムアミド中での電解質の溶解度は水の場合に比べていくらか減少する．

7.7 重量分析の操作

これまで重量分析に適した沈殿を得るための考え方について述べた．実際の重量分析においては，生成した沈殿の熟成，沪過，洗浄，乾燥，強熱，秤量の操作を行い，恒量となった値より目的成分の量を計算することになる．この節では実際

の分析操作での注意点について簡単に述べる．

a．沈殿の沪過および洗浄

沪過しようとする沈殿に適切な孔径の沪紙あるいはガラスフィルターを選ぶ必要がある．水分含量が大きい Fe，Al の水酸化物などの沈殿は，沪過速度が遅いので，大きな孔径をもつ沪紙を用いる．$BaSO_4$ のような微細な沈殿では，沈殿が沪紙を通過してしまうおそれがあるので，孔径の小さな沪紙を用いる．沪過する場合には漏斗（funnel）を用いる．なお，定量用沪紙では HF によりケイ酸塩分が除去され，HCl，H_2SO_4 で処理されている．さらに HNO_3 で処理されている硬質沪紙もあり，直径 11 cm の沪紙 1 枚の灰分は 0.16 mg 以下となっている．

ニッケル(II)のジメチルグリオキシマト錯体のように比較的低温で乾燥し，秤量する場合もある．このような沈殿を沪過する場合には，あらかじめ 110°C（383 K）で恒量化したガラスフィルターを用いて吸引沪過する．ガラスフィルターの沪過層は，粒のそろったガラス細粒を半溶融して板状にしたもので，ガラス細粒の径に応じて沪過層の細孔の大きさが決まっている．その細孔の大きさは 4 種類あり，G 1〜G 4 の記号で示されている[*1]．粗大な沈殿には G 3 を，微細な沈殿には G 4 を用いる．沈殿がガラスフィルターの細孔に入った場合には，物理的に除くことは困難であるから，酸，アルカリあるいはその他の溶媒に溶ける沈殿であればガラスフィルターを用いることができる．また，沪過層は強アルカリにより徐々に侵されるので注意する．ガラスフィルターと同様に吸引沪過の際に用いる沪過器として素焼の底面を沪過層とした磁性沪過るつぼなどもある．

沈殿の洗浄液としては，その母液と同じ溶媒を用いる．また，解膠（かいこう）（ペプチゼーション）を防止したり，沈殿の溶解度を減少させたりする目的で，HCl，NH_4Cl などのように強熱すれば揮散してしまう電解質を含む溶液で洗浄する場合もあり，沈殿あるいはその中に含まれると予想される不純物の溶解性に基づき，冷水，温水，アルコールなどを用いることもある[*2]．

沈殿の洗浄操作は一般に数回繰り返す必要があるが，洗浄回数や洗液量は沈殿の溶解度を考えて決める．1 回の洗浄で 1/10 の不純物が残ると仮定すると，4 回の洗浄で残る不純物は，$(1/10)^4 = 0.0001$ となる．最初，沈殿に付着している不純物の量を W_0，不純物の分配比を D，沈殿の体積を S cm³，1 回の洗液量を V cm³ とすると，n 回の洗浄で沈殿に残る不純物の量 W_n は，

$$W_n = W_0 \left(\frac{V}{DS + V} \right)^n$$

となる．これより，V を小さくし洗浄回数を多くすると効果的であることがわかる．洗液が全部なくならないうちに次の洗液を加えると，洗浄効率が悪くなるので注意を要する．

沈殿を洗浄するときは，沈殿をビーカー内で洗液とよくかき混ぜ，デカンテーション（decantation）後，沪過して不純物を洗い出す時間を十分とる．ただし，CuS などの酸化されやすい沈殿は，長時間湿ったままで空気中に放置しないようにする．また，沈殿の割れ目には注意する．それは洗液が割れ目からとおりぬけ，沈殿の他の部分が洗われていないことがあるからである．

b．沈殿の強熱処理と恒量化

沪紙上に得られた沈殿はるつぼに入れ，バーナーあるいは電気炉を用いて強熱処理し，秤量形として重量（質量）測定することになる．るつぼとして最も便利なものは白金製のものであるが，使用条件によっては容易に侵されるので，白金るつぼなど白金器具の取り扱いには注意を要する．安価で使いやすいのは磁性るつぼであるが，白金るつぼよりも恒量性が劣る．その他に石英，ニッケル，アルミナ製などのるつぼがある．清浄にし

[*1] ガラスフィルターの孔径は，G 1 が 100〜120 μm，G 2 が 40〜50 μm，G 3 が 20〜30 μm，G 4 が 5〜10 μm である．

[*2] 冷水は，結晶性沈殿の場合に使われ，溶解度を小さくする効果がある．温水はおもにコロイド状の沈殿に用いる．温水では不純物の溶解度が大きく，また水の粘性が小さくなるので，沪過しやすくなる．アルコールは，沈殿が水に溶けやすい場合に溶解度を下げるために用いる．また，沈殿についた H_2SO_4 を除去，あるいは強熱しないで低温で乾燥する場合にも用いる．沈殿を他の有機溶媒で洗う前に脱水の目的で用いることもある．

たるつぼを加熱，秤量を繰り返し，恒量になった後に使用する．

沪紙上の沈殿は，水分を多量に含んでいる．このような場合，沪紙と沈殿を一緒にるつぼに入れ，急激に強熱すると沪紙の繊維がグラファイト化するので，これを燃焼させるには時間を要する．沈殿と沪紙はなるべく別々に焼くほうがよい．たとえば，$BaSO_4$ の場合は，

$$BaSO_4 + 2C \longrightarrow BaS + 2CO_2\uparrow$$

のような反応が進み，沪紙から生成する炭素によって還元が起こることがある．このときは，一度強熱灰化後，るつぼを冷却して濃 H_2SO_4 を一滴加え，再び強熱する．

$$BaS \xrightarrow{H_2SO_4} BaSO_4 + H_2S\uparrow$$

沈殿と沪紙をいっしょに焼いてもさしつかえない場合には，最初小さな炎を用いて水分を除去し，やや強い炎で加熱して沪紙を灰化した後，強熱する．

強熱したるつぼは約200°C以下に冷却した後，るつぼ挟みを用いてデシケーターに入れ，その中で放冷する．冷却時間は，白金るつぼで約30分，磁性るつぼあるいはガラスフィルターでは約1時間が必要である．重量（質量）の測定は一定温度のもとで行う．デシケーターは天秤室と同じ温度のところにおき，天秤内の温度とるつぼの温度を同じにする．

るつぼを放冷するデシケーターには，秤量形にした成分の性質に応じた乾燥剤を入れる．乾燥剤の特性はその化学的性質ばかりでなく，形状や多孔性などの物理的性質にも左右される．通常，特性は吸湿力，吸湿速度，吸湿容量で表される．吸湿力は，一般に乾燥された空気1 dm^3 に残留する水蒸気量で示されている．吸湿速度は吸湿力および乾燥剤の表面積の大きいものが速い．また，乾燥剤が吸湿しても吸湿能力が低下しにくいものは大きな吸湿容量をもつ乾燥剤である．乾燥剤には各種のものが市販されているが，一般にはシリカゲルが乾燥剤としてよく用いられる．

c. 計　算

沈殿を繰り返し秤量し，恒量に達すると，その値から試料中の目的成分の重量（質量）を計算する．通常，目的成分Aのパーセント（w/w%）は次式のように表される．

$$A(w/w\%) = \frac{Aの重量(質量)}{試料の重量(質量)} \times 100$$

沈殿の重量（質量）から目的成分の重量（質量）を計算するのに重量分析係数（gravimetric factor, g.f.）がよく用いられる．この係数は，沈殿1g（または1グラム当量）中に含まれる目的成分のグラム数として定義され，沈殿Pの重量（質量）にg.f.をかけると試料中の目的成分のグラム数が得られる．すなわち，

$$Aの重量(質量) = Pの重量(質量) \times g.f.$$

したがって，

$$A(w/w\%) = \frac{Pの重量(質量) \times g.f.}{試料の重量(質量)} \times 100$$

【例題7.10】 硫酸ニッケル(II)アンモニウム六水和物 $(NH_4)_2Ni(SO_4)_2\cdot 6H_2O$ 中のNiを，ジメチルグリオキシム（DMG）を用いて重量分析するときの操作を述べよ．また，精秤したニッケル塩が0.2236 gで $Ni(C_4H_7O_2N)_2$ として秤量したとき，0.1573 gであった．このニッケル塩のNiの含有率（%）はいくらか．

【解答】 精秤したニッケル塩をビーカーに移し，水約200 cm^3 と少量の2 mol dm^{-3} HClを加えて溶解する（pH 2～3）．これに尿素20 gを加え，さらに約50°Cに加温した1(w/v)%（DMGを1-プロパノールに溶かしたもので，1(w/v)%溶液はNi 2.5 mgあたり約1 cm^3 必要である）を予想量より少し過剰に加える．次に，時計皿をかぶせて水浴上で約1時間加温する（このとき溶液は尿素の加水分解で弱アルカリ性になっている）．さらに2～3滴のDMG溶液を滴下し，反応の終了を確認する．室温で冷却した後，あらかじめ恒量にしたガラスフィルター（G3またはG4）を用いて沈殿を沪別し，温水で十分洗浄する．その後，110～120°C（383～393 K）で乾燥し，デシケーター中で約1時間冷却し，秤量する．恒量に達するまで加熱，冷却，秤量を繰り返す．

$$\text{Ni の重量分析係数(g.f.)} = \frac{Ni}{Ni(C_4H_7O_2N)_2} = 0.2031$$

であるから，ニッケル塩中の Ni の含有率(w/w%)は，

$$Ni(w/w\%) = \frac{0.1573 \times 0.2031}{0.2236} \times 100 = 14.29$$

となる．

演 習 問 題

【7.1】 Ba-EDTA 錯体が溶解しているアルカリ性の溶液にペルオキソ二硫酸アンモニウムを加えると良好な硫酸バリウムの沈殿を生成させることができる．これについて解説せよ．

【7.2】 ニトロメタンやニトロベンゼンは，メタノールと誘電率が同程度でありながら，メタノールに比べて電解質を溶かしにくい溶媒である．これについて説明せよ．

【7.3】 P_2O_5，$Mg(ClO_4)_2$，$CaCl_2$，H_2SO_4 およびシリカゲルの水の吸収について説明せよ．

【7.4】 Al の 8-キノリノール錯体は，pH 4.4～9.8で定量的に沈殿し，その溶解度積は 5×10^{-31} と求められている．カリウムアルミニウムミョウバン（ミョウバン）$K_2Al_2(SO_4)_4\cdot24H_2O$ 中の Al を 8-キノリノール錯体として秤量するときの操作（酢酸塩緩衝溶液を用いる）を述べよ．また，0.5685 g のミョウバンを $Al(C_9H_6ON)_3$ として秤量したとき，0.5177 g であった．このミョウバン中の Al の含有率（w/w%）を求めよ．

【7.5】 電解質を水に溶解させるとき，加熱したり，冷却したりする．加熱および冷却の効果について説明せよ．

第8章 溶媒抽出法

溶媒抽出法（液-液抽出法）* は，互いに混じり合わない2種の溶媒間への溶質の分配に基づく物質の分離法であり，イオン交換法（第9章）とともに分離分析で古くから広く利用されている．近年では，連続した溶液の流れの中で反応させ，その生成物を分光光度法などで定量するフローインジェクション分析法（FIA）と組み合わせることによって，流れの中で連続抽出する方法も研究されている．また，界面活性剤を利用する乳化液体膜や多孔性の高分子膜（テフロン膜など）に抽出試薬を含む液膜相を含浸させた含浸液膜によるイオンの抽出分離も研究されており，工業廃水からの重金属イオンの除去など，実用化が進んでいる．さらに，超臨界流体を利用する抽出法が，使用済核燃料の再処理によるウランやプルトニウムの抽出分離などに利用されるようになった．本章では，溶媒抽出法の原理について学ぶ．

8.1 相律と分配律

溶媒抽出を支配する基本的法則として「ある溶質が互いにほとんど混じり合わない二つの溶媒間に分配する場合，それぞれの相における溶質の分子量が同じであれば，一定温度では両相の溶質濃度の比は，平衡状態では一定である」というネルンスト（W. Nernst）の分配律が知られている．

【例題 8.1】 ネルンストの分配律が成立することを，ギブスの相律により証明せよ．

【解答】 ギブスの相律によれば，化学平衡において系の自由度を F とし，その系を構成する成分の数を C，相の数を P とすると，次のような関係が成立する．

$$P+F=C+2 \qquad \text{(a)}$$

そこで，この関係を互いに混じり合わない2相間への一つの溶質分配に適用すると，$P=2$, $C=3$ であるから，自由度 F は3となる．抽出平衡を議論する場合は，定温，定圧の条件が加わるので，$F=1$ となる．このことは，どちらか一つの相中の溶質の濃度が決まれば，残りの相中の溶質の濃度も決まることを示している．すなわち，抽出平衡時には両相の溶質濃度の比は，一定になる（分配律が成立する）ことを示唆している．

* 疎水性有機官能基をシリカゲルやポリマーゲルに化学修飾した固相（たとえば，粒子径 40 μm のシリカゲルにオクタデシル基を結合させた固相）をプラスチックシリンジのような小さなカートリッジに充填したものを利用する固相抽出法（solid-phase extraction）が開発され，簡便な抽出法として広く利用されるようになった．この固相抽出法は，液-液抽出法とはまったく別の抽出法であるので，用語の類似性から混同しないようにしたい．固相抽出法の分離機構は，基本的には液体クロマトグラフィー（HPLC）の分離機構と同じである．

8.2 分配比と分配定数

分配比（distribution ratio, D）は，一つの溶質が互いに混じり合わない二つの溶媒間に分配されたとき，両相に存在する溶質の全濃度の比であり，抽出系に含まれる化学反応に依存して変化する．すなわち，溶質 L が L-1, L-2, L-3 という化学種として両相に存在するとすれば，L の分配比は次のように表される．

$$D=\frac{C_{\mathrm{L,o}}}{C_{\mathrm{L,w}}}=\frac{[\mathrm{L\text{-}1}]_{\mathrm{o}}+[\mathrm{L\text{-}2}]_{\mathrm{o}}+[\mathrm{L\text{-}3}]_{\mathrm{o}}}{[\mathrm{L\text{-}1}]_{\mathrm{w}}+[\mathrm{L\text{-}2}]_{\mathrm{w}}+[\mathrm{L\text{-}3}]_{\mathrm{w}}} \qquad (8.1)$$

これに対して，分配定数（partition constant,

distribution constant：K_D）は，特定の化学種の濃度比であり，定温，定圧では，その系に対して固有の定数値（仮に A，B，C とする）となる．

$$K_{D,L\text{-}1}=\frac{[\text{L-1}]_o}{[\text{L-1}]_w}=A$$

$$K_{D,L\text{-}2}=\frac{[\text{L-2}]_o}{[\text{L-2}]_w}=B$$

$$K_{D,L\text{-}3}=\frac{[\text{L-3}]_o}{[\text{L-3}]_w}=C$$

このように，個々の化学種（L-1，L-2，L-3）の濃度比は一定となるが，それぞれの化学種は分配定数や両相における平衡定数で，$(\text{L-1})_o \rightleftharpoons (\text{L-1})_w$，$(\text{L-1})_o \rightleftharpoons (\text{L-2})_o$，$(\text{L-2})_w \rightleftharpoons (\text{L-3})_w$ などのように束縛されているので，抽出条件（L の全濃度や，水相の水素イオン濃度など）に変化があれば，おのおのの化学種の濃度が，それぞれの平衡定数に依存して変化する．その結果，上に示した分配比 D の値も変化することになる．以上の抽出平衡は模式図で示すと図 8.1 のようになる．そこで，抽出条件（L の全濃度 C_L や，水相の水素イオン濃度など）に変化があれば，おのおのの化学種の濃度が，それぞれの平衡定数に依存して変化する．その結果，上に示した分配比 D の値も変化することになる．

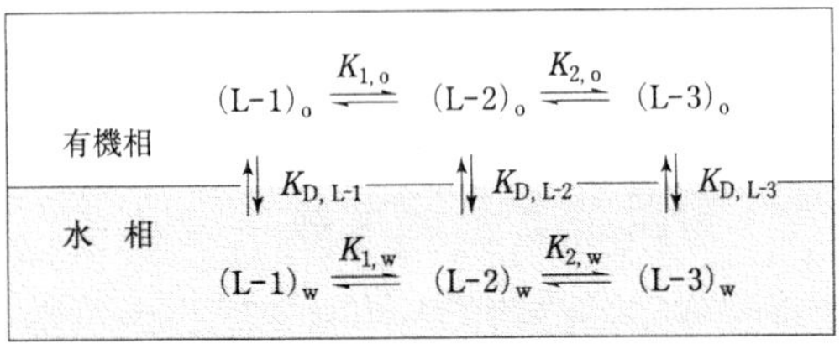

図 8.1　抽出平衡の模式図

【例題 8.2】 8-キノリノール（オキシン：HOx）の水と有機溶媒間の分配を例にとり，分配比と分配定数の違いを記せ．

【解答】 オキシンは両性化合物であり，水相では水素イオン濃度に依存して，次のような 3 種の化学種として存在する：H_2Ox^+，HOx，Ox^-．すなわち，次のように 2 段階に酸解離する．

$$H_2Ox^+ \rightleftharpoons H^+ + HOx,\quad K_{a,1}=\frac{[H^+][HOx]}{[H_2Ox^+]} \tag{a}$$

$$HOx \rightleftharpoons H^+ + Ox^-,\quad K_{a,2}=\frac{[H^+][Ox^-]}{[HOx]} \tag{b}$$

ここで，H_2Ox^+ と Ox^- は，それぞれオキシニウムイオンとオキシネートイオンを示す．

有機相へは，無電荷のオキシン分子（HOx）のみが分配され，その分配定数は次のように表され，その抽出系に固有の一定値を示す．

$$K_{D,HOx}=\frac{[HOx]_o}{[HOx]_w} \tag{c}$$

有機相に分配されるオキシンの化学種は HOx のみであるので，オキシンの分配比は，次のように表すことができる．

$$D=\frac{C_{HOx,o}}{C_{HOx,w}}=\frac{[HOx]_o}{[H_2Ox^+]+[HOx]_w+[Ox^-]} \tag{d}$$

上に示した 3 つの平衡定数を用いて，分配比 D を次のように書き表すことができる．

$$D=\frac{K_{D,Hox}}{K_{a,1}^{-1}[H^+]+1+K_{a,2}[H^+]^{-1}} \tag{e}$$

以上より，オキシン分子の分配定数，$K_{D,HOx}$ は，用いる溶媒に対して固有の値を示すが，分配比 D は式(e)から水相の水素イオン濃度に依存して変化することがわかる．

式(e)に基づき，クロロホルム．水間のオキシンの分配比（$\log D$）と水相の水素イオン濃度（$-\log[H^+]$）の関係を図 8.2 に示した．この図から明らかなように大きく三つの領域に分かれていることがわかる．すなわち，分配比の水素イオン濃度依存性が，それぞれ(1) 1 次，(2) 0 次，(3) −1 次の場合に対応している．

(1)は水素イオン濃度の濃い領域であり，水相におけるオキシンの化学種として，オキシニウム

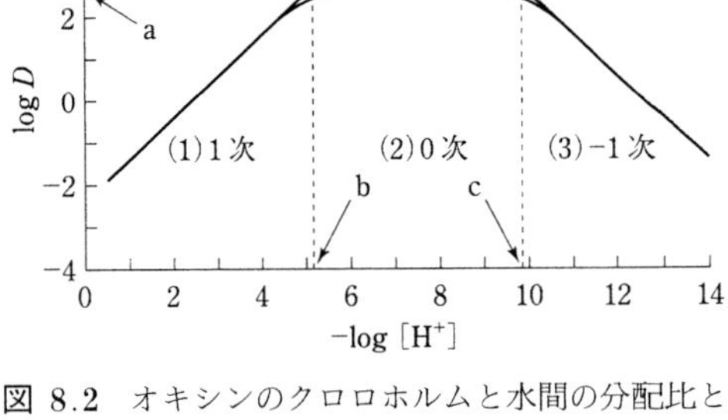

図 8.2　オキシンのクロロホルムと水間の分配比と水素イオン濃度との関係

イオン（H_2Ox^+）以外の化学種が無視できる領域である（$[H_2Ox^+] \gg [HOx] > [Ox^-]$）．このような領域では分配比は，次のように表される．

$$D = \frac{[HOx]_o}{[H_2Ox^+]} = \frac{K_{D,HOx}}{K_{a,1}^{-1}[H^+]} \quad (8.2)$$

対数をとると，

$$\log D = \log K_{D,HOx} - \log[H^+] - (-\log K_{a,1}) \quad (8.3)$$

すなわち，この領域では $\log D$ と $-\log[H^+]$ との間に傾き 1 の直線関係が成立することを意味している．

(2) の領域では水素イオン濃度に関係なく分配比が一定の値を示していることから，水相のオキシンの化学種は HOx が優勢であり，H_2Ox^+ も Ox^- もその存在を無視できることを示唆している．したがって，分配比 D は次のように表される．

$$D = \frac{[HOx]_o}{[HOx]_w} = K_{D,HOx} \quad (8.4)$$

$$\log D = \log K_{D,HOx} \quad (8.5)$$

(3) の領域では，水相におけるオキシンはプロトン解離してオキシネートイオンとして存在する．したがって，この領域では分配比 D は，次のように表される．

$$D = \frac{[HOx]_o}{[Ox^-]} = \frac{K_{D,HOx}}{K_{a,2}[H^+]^{-1}} \quad (8.6)$$

対数で表せば，

$$\log D = \log K_{D,HOx} - \log K_{a,2} - (-\log[H^+]) \quad (8.7)$$

となる．この領域では，$\log D$ は $-\log[H^+]$ とともに傾き -1 で減少することを示している．

【例題 8.3】 図 8.2 中に示した a，b および c 点は，それぞれいかなる値を示しているか説明せよ．

【解答】 a 点は，式(8.5)より $\log K_{D,HOx}$ であり，オキシンの分配定数を示している．一方，b および c 点は，それぞれ式(8.3)および式(8.7)の式(8.5)との交点であるので，式(8.3)と式(8.7)に，$\log D = \log K_{D,HOx}$ を代入することにより，それぞれ $-\log K_{a,1}$ ($pK_{a,1}$) と $-\log K_{a,2}$ ($pK_{a,2}$) であることがわかる．すなわち，これらの 3 点からオキシンの分配定数と酸解離定数を求めることができる．

8.3　抽出系の分類と抽出平衡

抽出系の分類に関しては，キレート抽出系とイオン会合抽出系の二つに分けて議論されることもあるが，抽出平衡を考慮すれば次のように四つに分類すべきであろう．

a. 錯形成を伴わない簡単な無電荷分子の抽出
b. キレート化合物の抽出
c. イオン対の抽出
d. 非キレート試薬による金属イオンの抽出

a. 錯形成を伴わない簡単な無電荷分子の抽出

有機酸，アルキルリン酸，ヨウ素やキレート抽出試薬自身（例題 8.2 参照）の抽出がこの抽出系に属す．ここでは，カルボン酸の抽出について説明する．

カルボン酸（HA）の液-液分配平衡の模式図は，図 8.3 のように表される．ここで，$(HA)_2$ と $K_{2,HA}$ は，それぞれカルボン酸の二量体（図 8.4）と二量化定数を示している．カルボン酸はベンゼンのような非溶媒和性溶媒中では水素結合により二量体を生成するが，水やアルコールのような溶媒和性溶媒中では，溶媒分子により溶媒和されるためにカルボン酸の二量化は無視できる．

ここでは，非溶媒和性溶媒の系について説明する．分配比 D は，次のように表される．

$$D = \frac{C_{HA,o}}{C_{HA,w}} = \frac{[HA]_o + 2[(HA)_2]_o}{[HA]_w + [A^-]}$$

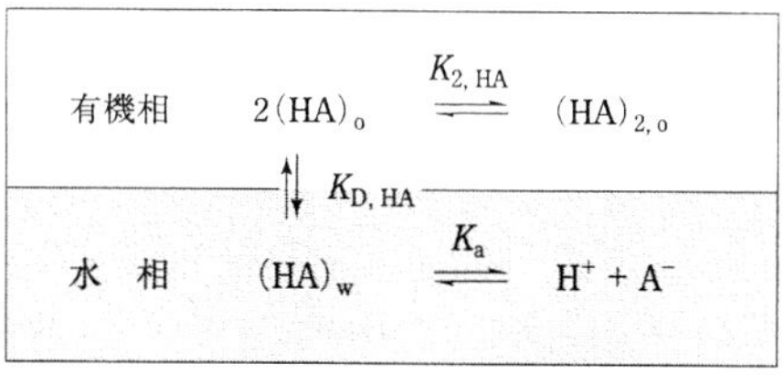

図 8.3　カルボン酸の 2 相間分配平衡模式図

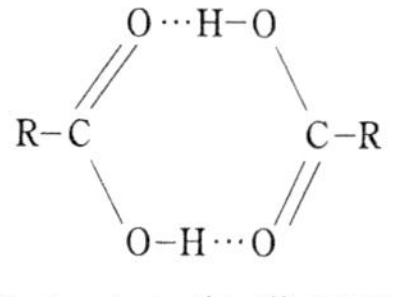

図 8.4　カルボン酸の二量体

$$= \frac{K_{D,HA}(1+2K_{2,HA}K_{D,HA}[HA]_w)}{1+K_a[H^+]^{-1}} \qquad (8.8)$$

この場合には，分配比は水素イオン濃度だけでなく，カルボン酸の濃度にも依存することになる．実験条件やプロットを工夫することにより，3種の平衡定数を求めることができる．

b．キレート化合物の抽出

キレート抽出試薬（一塩基酸(一プロトン酸) HR）により，n 価の金属イオン（M^{n+}）が MR_n として抽出されるとすると，抽出平衡は次のように表される．

$$M^{n+} + n(HR)_o \rightleftharpoons (MR_n)_o + nH^+$$

この2相間にわたる平衡定数を K_{ex} で示すと，

$$K_{ex} = \frac{[MR_n]_o[H^+]^n}{[M^{n+}][HR]_o^n} \qquad (8.9)$$

と表される．これを抽出定数と呼ぶ．この抽出定数には，次の4つの化学平衡が含まれている．

水相における HR の酸解離：

$$HR \rightleftharpoons H^+ + R^-,\ K_a = \frac{[H^+][R^-]}{[HR]_w} \qquad (8.10)$$

HR の分配：

$$HR \rightleftharpoons (HR)_o,\ K_{D,HR} = \frac{[HR]_o}{[HR]_w} \qquad (8.11)$$

水相における抽出錯体の生成：

$$M^{nn} + nR^- \rightleftharpoons MR_n,\ \beta_n = \frac{[MR_n]_w}{[M^{n+}][R^-]^n} \qquad (8.12)$$

MR_n の分配：

$$(MR_n)_w \rightleftharpoons (MR_n)_o,\ K_{D,MRn} = \frac{[MR_n]_o}{[MR_n]_w} \qquad (8.13)$$

式(8.10)～(8.13)を使って抽出定数を書き換えると，

$$K_{ex} = K_{D,MRn}K_{D,HR}^{-n}\beta_n K_a^n \qquad (8.14)$$

となる．一方，M の分配比 D は次のように表すことができる．

$$D = \frac{C_{M,o}}{C_{M,w}} = \frac{[MR_n]_o}{[M^{n+}]} = K_{ex}[H^+]^{-n}[HR]_o^n \qquad (8.15)$$

両辺の対数をとると，

$$\log D = \log K_{ex} - n\log[H^+] + n\log[HR]_o \qquad (8.16)$$

となる．この式を用いて金属イオンの電荷と抽出種に含まれる試薬の数を知ることができる．すなわち，$[HR]_o$ 一定で $-\log[H^+]$ に対して $\log D$ をプロットして得られる直線の傾き n から抽出される金属イオンの電荷が，また，$[H^+]$ 一定にして $\log[HR]_o$ に対する $\log D$ のプロットの直線の傾き n から試薬の数を求めることができる．これに対して，抽出種に遊離の HR 分子が含まれるような場合（その場合は，抽出種は $MR_n(HR)_x$ と表される）は，後者のプロットの傾きは，$(n+x)$ となる．さらに，どちらの場合も得られた直線の切片から抽出定数を求めることができる．

c．イオン対の抽出

イオン対抽出系では，目的物質を含むイオンを疎水性の対イオンによりイオン対を生成し電荷を中和することにより有機相に抽出する．1：1イオン対抽出の抽出模式図は，図8.5のように表される． ここで，$K_{f(o)}$，$K_{f(w)}$ をそれぞれ有機相，水相におけるイオン対生成定数，$K_{D,QX}$ をイオン対の分配定数とすると，これらの定数は式(8.17)～(8.19)で表される．

$$K_{f(o)} = \frac{[Q^+, X^-]_o}{[Q^+]_o[X^-]_o} \qquad (8.17)$$

$$K_{f(w)} = \frac{[Q^+, X^-]_o}{[Q^+]_w[X^-]_w} \qquad (8.18)$$

$$K_{D,QX} = \frac{[Q^+, X^-]_o}{[Q^+, X^-]_w} \qquad (8.19)$$

極性溶媒では有機相でイオン対が解離することも珍しくないが，非極性溶媒を用いる系で有機相のイオン対解離を無視できるとし，目的物質が陰イオンに含まれているとすると，抽出定数と分配

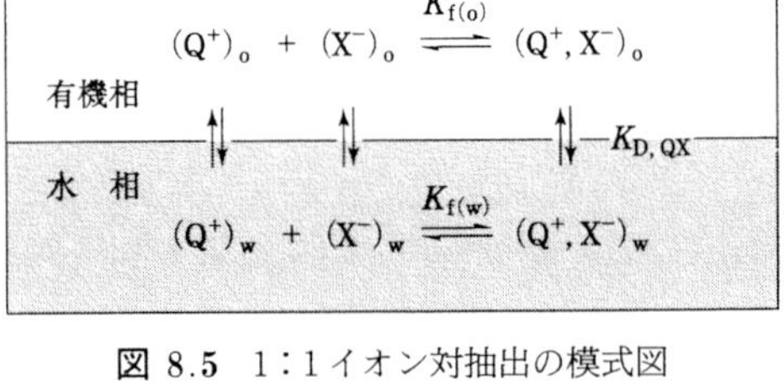

図 8.5　1：1イオン対抽出の模式図

比は次のように表される．

$$K_{ex}=\frac{[Q^+,X^-]_o}{[Q^+]_w[X^-]_w}=K_{f(w)}K_{D,QX} \qquad (8.20)$$

$$D_x=\frac{[Q^+,X^-]_o}{[Q^+,X^-]_w+[X^-]_w}$$

$$=\frac{K_{ex}[Q^+]_w[X^-]_w}{K_{f(w)}[Q^+]_w[X^-]_w+[X^-]_w}$$

$$=\frac{K_{ex}[Q^+]_w}{K_{f(w)}[Q^+]_w+1} \qquad (8.21)$$

対数をとって整理すると，次式が得られる．

$$\log[Q^+]-\log D_x=\log(1+K_{f(w)}[Q^+])-\log K_{ex} \qquad (8.22)$$

式(8.22)に基づき，抽出定数とイオン対生成定数を求めることができる．この系ではキレート抽出系と比較して系に含まれる化学種も多く，有機相でイオン対の解離（比較的誘電率の高い溶媒の系）や重合（金属濃度の高い系）が起こるので，抽出平衡が非常に複雑になる場合も珍しくない．したがって，抽出平衡の解析は，限られた条件下（低誘電率溶媒，低金属濃度など）で行われる場合もある．たとえば，アミンによる金属イオンの抽出の機構は，次のように表すことができる（化学式による表現は参考書を参照）．

① 水相における，金属イオンを含む陰イオン錯体の生成：$MA_{m+n}{}^{m-}$

② アミンへのプロトン付加によるアンモニウム陽イオンの生成：R_3NH^+

③ イオン対の生成および，その有機相への分配：$(R_3NH^+)_m$，$MA_{m+n}{}^{m-}$

d．非キレート試薬による金属イオンの非イオン対抽出系

この抽出系も複雑な場合が多い．代表的な例として，脂肪族カルボン酸による銅(II)イオンの非溶媒和性溶媒への抽出について説明する．この抽出系では，カルボン酸は，分子間の水素結合によりおもに二量体として存在するので，抽出平衡は次のように表される（二量体：$(HA)_{2,o}$）．

$$2Cu^{2+}+3(HA)_{2,o} \rightleftharpoons (Cu_2A_4(HA)_2)_o+4H^+$$

$$K_{ex}=\frac{[Cu_2A_4(HA)_2]_o[H^+]^4}{[Cu^{2+}]^2[(HA)_2]_o^3} \qquad (8.23)$$

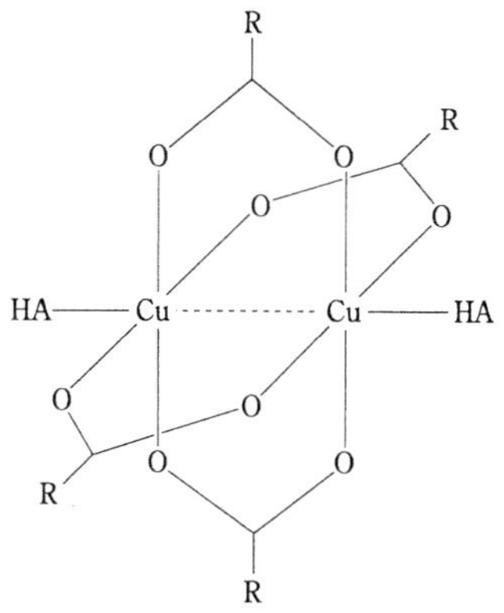

図 8.6 カルボン酸銅(II)錯体の二量体構造（非溶媒和性溶媒による抽出の抽出種）

ここで，$Cu_2A_4(HA)_2$ は銅(II)の抽出種であり，図8.6に示すような4個のカルボン酸イオンで架橋された二量体構造をしている．

この抽出系の分配比は，次のように表される．

$$D=\frac{2[Cu_2A_4(HA)_2]_o}{[Cu^{2+}]}$$

$$=2K_{ex}[Cu^{2+}][H^+]^{-4}[(HA)_2]_o^3 \qquad (8.24)$$

キレート抽出系の場合と異なり，分配比が銅イオンの濃度にも依存するので，b.で述べた $\log D$ に関する二つのプロットが直線ではなく曲線となる．このように多量体が抽出される場合は，分配比 D の式の代わりに有機相の金属の総濃度を表す式に基づいて，抽出平衡の解析を行うことができる（詳しい説明は参考書を参照）．

8.4 協 同 効 果

金属Mの抽出に関して，試薬HRとBを同時に用いた時の抽出率が，HRとBを個々に用いた場合の抽出率の和よりも大きいときに，試薬HRとBとで協同効果（synergism）があるという．

【例題 8.4】 協同効果の機構の中で，混合配位子錯体の生成による機構には，二つの場合が考えられる．それぞれについて説明せよ．

【解答】 次のような抽出系に関して説明する，

抽出される金属イオン：M^{n+}

抽出試薬HRのみによる抽出種：MR_n

Bも同時に用いた場合の抽出種：MR_nB_b

まず，第1に置換反応があげられるが，次の二つの場合が考えられる．

(1) 配位水分子を疎水性の中性分子で置換する場合：

$$MR_n(H_2O)_h + hB \rightleftharpoons MR_nB_h + hH_2O$$

(2) $MR_n(HR)_r$ の HR をより疎水性の中性配位子 B で置換する場合：

$$MR_n(HR)_r + rB \rightleftharpoons MR_nB_r + rHR$$

これに対して，抽出種 MR_n が電荷は中和されても配位不飽和である場合は付加反応（$MR_n + bB \rightleftharpoons MR_nB_b$）による協同効果が考えられる．

この付加反応で生じた MR_nB_b が MR_n よりも疎水性が高いことが要求される，すなわち，付加する配位子 B が疎水性の高い中性配位子であることが条件となる．この場合には配位数の増加に伴って，抽出種の構造も変化することになる．

8.5 抽出分離の選択性

溶媒抽出は，混合成分の分離や微量成分の定量法などに広く利用されているが，その選択性は，他の定量法と同様に大変重要な課題の一つである．

【例題 8.5】 抽出の選択性を向上させるための代表的手法を三つあげ，簡単に説明せよ．

【解答】

(1) 抽出 pH の調整：同じ抽出試薬による抽出でも金属イオンの種類により，抽出種や抽出定数が異なるために，抽出 pH も金属イオンの種類によりかなり異なる場合がある．このような場合には，抽出 pH をうまく選ぶことにより，特定の金属イオンのみを選択的に抽出できることがある．

(2) マスキング剤の使用：マスキング剤を添加して，抽出したくない金属イオンと水相で水溶性錯体を生成させ，その錯体（錯イオンも含む）を水相に残し，目的の金属イオンのみを有機相に抽出する．

(3) 抽出速度の差を利用：抽出試薬の分配定数はかなり大きいものが多いので，水相における試薬の濃度は非常に小さくなる．そのため，抽出錯体の生成速度の差が抽出速度の差として表れてくることが多い．この速度の差を利用して，特定の金属イオンに対する抽出選択性を向上させることができる．コバルト(III)，クロム(III)，アルミニウム(III)，ニッケル(II)，パラジウム(III)などに抽出速度の遅い系が知られている．

8.6 実　験　法

溶媒抽出法は2種の溶媒間（多くの場合は有機溶媒と水間）の溶質の分配に基づき，共存不純物からの目的成分の分離や微量成分の濃縮などの前処理法として利用される．

【例題 8.6】 溶媒抽出法に使用される次の操作法や用語について簡単に説明せよ．

(1) バッチ抽出法，(2) 溶媒相洗浄，(3) ストリッピング，(4) 塩析剤

【解答】

(1) バッチ抽出法：比較的分配比の大きい成分の抽出として用いられる操作法であり，抽出器具として分液漏斗か遠沈管が使用される．

溶質 w(g) を含む水溶液 V_w(cm^3) から V_o(cm^3) の溶媒を用いてバッチ法で n 回抽出操作を行ったとき，水相に残っている溶質を w_n (g) とすると，

$$w_n = w\frac{V_w{}^n}{(DV_o + V_w)^n} \qquad \text{(a)}$$

と表される．ここで，分配比 D は次のように表される．

$$D = \frac{(w - w_1)\,V_o^{-1}}{w_1 V_w^{-1}} \qquad \text{(b)}$$

ここで，w_1 は1回操作したとき，水相に残る溶質の g 数を表す．

(2) 溶媒相洗浄：抽出操作により得られた有機相には，目的成分以外の不純物も含まれる．このような場合に目的成分のみを有機相に残してこの不純物を水相に移して除去する操作を溶媒相洗浄（backwashing）という．目的成分が定量的に有機相に分配される条件を整えた水溶液

(目的成分や水相に戻したい不純物は含まない)と有機相を振り混ぜる.

(3) ストリッピング：有機相に抽出された目的成分を次の操作のために，もう一度水相に移す場合がある．このように目的成分を有機相から水相へ戻す操作をストリッピングという．これには二つの方法があるが，その一つは逆抽出である．溶媒相洗浄とは逆に目的成分が抽出されない条件の水相（おもに鉱酸水溶液）と有機相を振り混ぜる．分離操作が1回増えるので選択性の向上も期待できる．もう一つの方法は，有機相を水相と分離後，有機相に少量の硝酸などの鉱酸を添加して有機溶媒を蒸発させ，残った目的成分を少量の酸を含む水に溶解させる方法である．この場合には，目的成分が揮発性でなく，溶媒が蒸発しやすいことが必要である．

(4) 塩析剤：溶媒抽出法では水相に無機塩を添加することにより目的成分の抽出率が高くなったり，両相の界面に生じたエマルションが消失したりして相分離がシャープになることがある．このような目的で加える無機塩を塩析剤という．これは塩析剤の添加により水の活量が減少し，水和された錯体から水を奪って有機相へ分配されやすくすることや，塩濃度の増加により水相の誘電率が減少しイオン対生成が促進されることに起因すると考えられる．塩析剤の効果はイオン対抽出系においてより顕著である．

8.7 溶媒の選択

溶媒抽出には種々の溶媒が使用されており，クロロホルムやベンゼンのような低誘電率の溶媒はキレート抽出系によく使用されている．また，一般にイオン対抽出には誘電率の高い溶媒が有効であるといわれているが，クロロホルムや1,2-ジクロロエタンなどはイオン対抽出系にもよく利用されている．しかし，クロロホルムをはじめとするハロゲン系（とくに塩素系）溶媒やベンゼン，トルエンなどの芳香族系溶媒は，地球規模の環境汚染や発ガン性などの人体への影響があるため，その使用はできる限り自粛すべきときにきている．そのため，これらの溶媒に代わり得る低有害性溶媒の開発が待たれる状況にある．

演 習 問 題

【8.1】 3価の金属イオンM^{3+}と2価の金属イオンN^{2+}を，それぞれ1.00×10^{-4}，および1.00×10^{-5} mol dm^{-3}含む水溶液がある．抽出試薬，HRのベンゼン溶液($[HR]_o=0.1$ mol dm^{-3})を用いて，これらの金属イオンを個別に抽出した場合の半抽出$pH_{1/2}$は，それぞれ3.00と6.50である．どちらの金属イオンも，水相における加水分解などの副反応は無視でき，HRによる抽出種はそれぞれMR_3とNR_2のみであり，それぞれの抽出種の分配定数は$K_{D,MR_3}>10^5$であり，$K_{D,NR_2}>10^4$であるとする．次の問いに答えよ．

(a) MR_3およびNR_2の抽出定数を求めよ．

(b) $[HR]_o=0.1$ mol dm^{-3}のベンゼン溶液を用いて，99.9%以上の精度でMとNを分離するにはどのようにすればよいか．

【8.2】 酸解離定数$pK_a=4.80$のカルボン酸について，ベンゼン-水間で分配平衡に関する実験を行った．平衡後の水相の水素イオン濃度は0.1 mol dm^{-3}であり，このとき有機相と水相のカルボン酸の全濃度は，それぞれ1.86×10^{-3}と1.00×10^{-3} mol dm^{-3}であった．また，別の方法で求めたこのカルボン酸のベンゼン中の2量化定数$K_{2,HA}$は120であった．この条件下における，このカルボン酸の分配定数を求めよ．

【8.3】 ある溶質を0.1 mol dm^{-3}含む水溶液 500 cm^{3}と，有機溶媒100 cm^{3}とを分液漏斗に入れて激しく振り混ぜ静置後，この溶質の分配比を測定したところ，15.0であった．この溶質を99.9%以上抽出するためには，初めの1回も入れてこの抽出操作を何回行えばよいか．ただし，有機溶媒と水相の両相への溶解は無視できるものとする．なお，このような抽出法をバッチ法といい，比較的分配比の大きな成分の抽出に用いられる．

【8.4】 一塩基酸でもある抽出試薬（HR）について，水相の pH をいろいろ変えて分配比を測定したところ，次のような関係が得られた．抽出試薬の分配比 D は，pH 4 以下では $\log D=3.0$ となり一定になった．また，pH≧8 では $\log D$ と pH に傾き -1 の直線関係が得られ，pH＝9.0では $D=1.0$ となった．ただし，HR は有機相では，会合も解離もしないことがわかっている．

この抽出試薬（HR）を用いて，2 価の金属イオン（M^{2+}）を$[HR]_o=0.50\ mol\ dm^{-3}$，pH＝5.30（$[H^+]=5.0\times10^{-6}\ mol\ dm^{-3}$）で抽出したところ抽出率は 20％であった．この抽出試薬により M^{2+} は $MR_2(HR)_2$ としてのみ抽出され，水相では M^{2+} 以外の M の化学種は無視できることが確認されている．次の問いに答えよ．

(a) この抽出試薬の酸解離定数と分配定数を求めよ．

(b) $MR_2(HR)_2$ の抽出定数を求めよ．

(c) pH＝5.40（$[H^+]=4.0\times10^{-6}\ mol\ dm^{-3}$）として，この抽出試薬で，$M^{2+}$ を 99％以上抽出するための条件を求めよ．

【8.5】 2 価の金属イオン M^{2+} と N^{2+} は，抽出試薬，HR によりベンゼンを溶媒とすると，それぞれ $MR_2(HR)_2$ および $NR_2(HR)_2$ として抽出される．それぞれ，抽出平衡後 pH＝4.7（$[H^+]=2.0\times10^{-5}\ mol\ dm^{-3}$），$[HR]_o=0.20\ mol\ dm^{-3}$ の条件で，別々に抽出したところ，M は抽出率が 80％，N はこの pH が半抽出 $pH_{1/2}$ であることがわかった． ただし，$pH=-\log[H^+]$ とし，水相と有機相の体積は等しいとする．次の問いに答えよ．

(a) それぞれの抽出定数を求めよ．

(b) $[HR]_o=0.10\ mol\ dm^{-3}$ の条件下で金属 M を 99％以上抽出するための条件を求めよ．

(c) 4 座配位子 L^{4-} は，M^{2+} とは反応せず N^{2+} とのみ 1：1 錯体 ML^{2-} を生成し，その生成定数は $\log K_{ML}=5.30$ である．この試薬をマスキング剤として使用して，水相の pH＝6.0，$[HR]_o=0.10\ mol\ dm^{-3}$ として抽出し，二つの金属 M と N を 99％以上の純度で分離したい．マスキング剤$[L^{4-}]$をどのような条件にして抽出すればよいか．

第9章 イオン交換法

イオン交換体（ion exchanger）は交換し得るイオンを含む難溶性の物質である．土壌がイオン交換能をもち，塩溶液と接触させると土壌に保持された陽イオンが溶液中に出てくることは，古くから認められていた．しかし，その有用性が認識されるようになったのは，20世紀半ばまでにゼオライトなど合成無機イオン交換体を用いる水の軟化が実用化されてからである．今では合成樹脂イオン交換体が工業的に生産され，広範な分野で利用されている．本章では，イオン交換の原理とイオン交換法の実際に触れながら，今まで学んできた平衡の取り扱いがイオン交換体を用いる際にも役立つことを確かめてみよう．

9.1 イオン交換樹脂

もっとも普及しているイオン交換体には，スチレンとジビニルベンゼン（DVB）の付加共重合体のベンゼン環に，官能基として第4級アルキルアンモニウム基（たとえば$-CH_2N^+(CH_3)_3$）を導入した強塩基性陰イオン交換樹脂（strong-base anion-exchange resin）と，スルホ基（$-SO_3^-$）を導入した強酸性陽イオン交換樹脂（strong-acid cation-exchange resin）がある（図9.1）．これらイオン交換体は魚卵状の粒子で，水によくなじんで膨潤し，水は自由に樹脂内に出入りできる．樹脂に固定された交換基を電気的に中和するだけのイオン（対（たい）イオン，counter ion）が常に交換体中に保持されており，接触する外部溶液中の同種電荷イオンと可逆的に交換する．イオン交換樹脂は乾燥収縮と湿潤膨張を繰り返すと破砕されるので，一般に湿った状態で保管される．

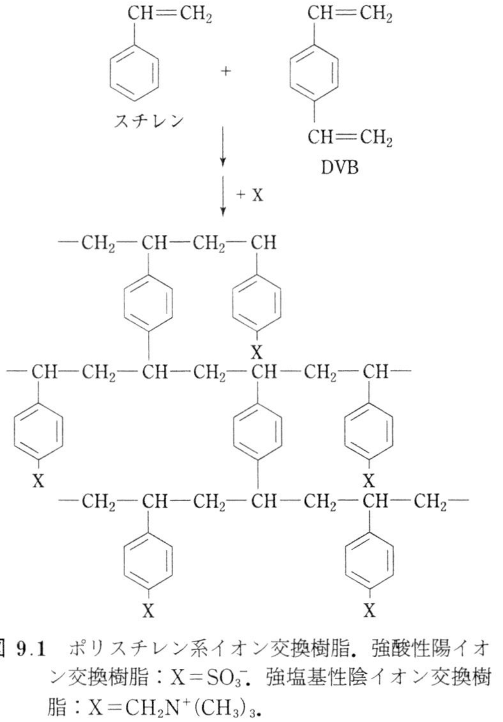

図9.1 ポリスチレン系イオン交換樹脂．強酸性陽イオン交換樹脂：$X=SO_3^-$．強塩基性陰イオン交換樹脂：$X=CH_2N^+(CH_3)_3$．

樹脂の機能に影響を及ぼすものとして，次のようなものがある．

a. 粒　度

粒形の小さいものは単位質量あたりの表面積が大きいため，イオン交換速度が大きい．しかし，あまり細粒になると静置しても沈降しにくいなどの理由のため取り扱いが難しくなる．通常，100メッシュ（粒径150 μm）程度のものが用いられる．

b. 架橋度（crosslinking degree）

ポリスチレンタイプの樹脂では，合成の際に用いるスチレンとDVBの混合比を変えることで，ポリスチレン鎖間の架橋の度合を任意に設定することができる．低架橋度のものほど柔らかく，イオン交換速度が大きい反面，外液組成を変えると浸透圧変化に伴い膨潤体積が変化し，外部からの力によっても変形しやすい．

c．固　定　基

外部溶液から対イオンとして捕捉し得るイオンの量の尺度となるのがイオン交換容量（ion-exchange capacity，交換容量と略してよぶこともある）であり，単位質量または単位体積あたりの樹脂骨格に固定された官能基の量を $mmol\ g^{-1}$ または $mmol\ cm^{-3}$ で表す．官能基が弱電解質型の場合には，交換容量は外部溶液の pH に大きく依存する．特定の成分に対して高い選択性を示す特殊な官能基を導入したキレート樹脂（chelate resin）は，現在でも新しいものが開発されつつあり，工場排水からの重金属除去や海水などからの資源回収に利用できるものとして注目を集めている．表 9.1 に代表的なイオン交換樹脂を示す．

【例題 9.1】 1 価陽イオン B^+ を対イオンとする陽イオン交換樹脂（B^+ 形とよぶ）を m 価の陽イオン M^{m+} を含む溶液と接触させる時に起こる現象について説明せよ．

【解答】 上つきバーでイオン交換体相を表すと，

$$m\,\overline{B^+} + M^{m+} \rightleftharpoons mB^+ + \overline{M^{m+}} \qquad \text{(a)}$$

の反応式に従い，B^+ の一部は M^{m+} と交換する．イオン交換は原則として当量交換（物質量と電荷の積が等しくなるような交換）であるため，1 mol の M^{m+} がイオン交換されて樹脂内に保持されると，m(mol) の B^+ が溶液中にでてくる．もちろん陰イオンはこの反応に関与しない．

【例題9.2】 図 9.2 のようなガラス筒（カラム）に Cl^- 形陰イオン交換樹脂をつめ，硝酸ナトリウム水溶液を流した．カラムから流出してくる溶液の塩組成はどのようになるか．ただし，流した硝酸塩の量はカラム内の樹脂の交換容量に比べて十分小さいものとする．

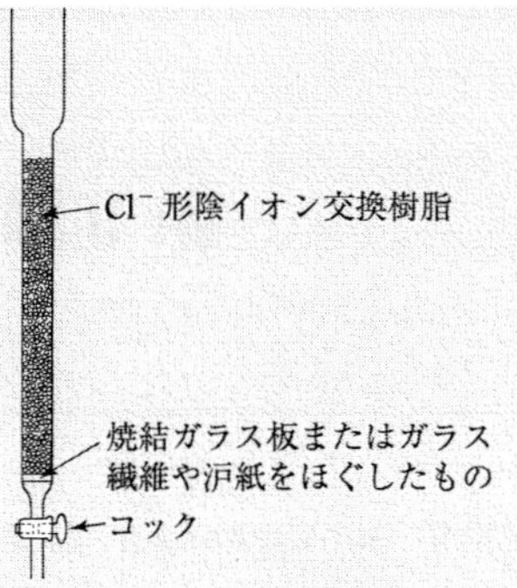

図 9.2 イオン交換樹脂カラム

【解答】 カラム内を流下する硝酸ナトリウム溶液の先端部分では，

$$\overline{Cl^-} + NO_3^- \rightleftharpoons Cl^- + \overline{NO_3^-} \qquad \text{(a)}$$

で示されるイオン交換反応が右に進行し，イオン交換された Cl^- のために溶液中の Cl^- の分率が高くなっていく．そして最終的には塩化ナトリウム水溶液となって溶出する．逆に，カラムの上端部分からイオン交換樹脂は NO_3^- 形に変わる．

【例題 9.3】

(1) 乾燥質量で 0.500 g の強酸形陽イオン交換樹脂（H^+ 形）を水で膨潤させてカラムにつめた．これに塩化ナトリウム水溶液を十分流した後，この溶出液を $0.100\ mol\ dm^{-3}$ 水酸化ナトリウム水溶液で滴定を行ったところ，中和するのに $22.01\ cm^3$ を要した．交換容量を乾燥質量 1 g あたりの物質量（mmol）で示せ．

(2) このカラムに $CrCl_3 \cdot 5H_2O$ の示性式で示される塩の水溶液を飽和吸着するまで流した．カラ

表 9.1 イオン交換樹脂の代表例

		イオン交換基	市　販　品　名*
陽イオン交換樹脂	強酸性	$-SO_3^-$	Dowex 50，Amberlite IR-120，Diaion SK
	弱酸性	$-COO^-$	Dowex MWC-1，Amberlite IRC-50，Diaion WK
	キレート樹脂	$-CH_2N(CH_3COO^-)_2$	Dowex A-1 (Chelex 100)
陰イオン交換樹脂	強塩基性	$-CH_2N^+(CH_3)_3$	Dowex 1，Amberlite IRA-400，Diaion SA
	弱塩基性	$-CH_2NH^+(CH_3)_2$	Dowex WGR，Amberlite IRA-45，Diaion WA

* Dowex: Dow Chemical, Amberlite: Rohm & Haas, Diaion：三菱化学．そのほか骨格にセルロース，デキストランゲル，シリカゲルを用いたイオン交換体，無機難溶性塩イオン交換体などの様々なイオン交換体が製造されている．

ムを十分に水洗した後 6 mol dm^{-3} 塩酸を流してすべての溶出液を 50 cm^3 メスフラスコに受けて定容にした．このメスフラスコ中のクロムの濃度は 0.022 mol dm^{-3} であった．吸着している化学種が何であるか推定せよ．なお，クロム(III)化学種の配位数は 6 であり，置換不活性であるので水溶液中でも化学種の構造はそのまま保たれる．

【解答】

(1) このカラムに充填されたイオン交換樹脂の交換基の量は，0.100×22.01＝2.20 mmol．したがって，交換容量は 2.20/0.500＝4.40 mmol g^{-1}．

(2) カラムに吸着したクロム錯体の全量は 0.022×50＝1.1 mmol．これが 2.2 mmol の交換基に吸着するのであるから，クロム化学種の電荷は 2＋となる．したがって，Cl^- が一つ配位結合した $[CrCl(H_2O)_5]^{2+}$ で示される錯体としてイオン交換吸着していると考えられる．

【例題 9.4】 強電解質型と弱電解質型陽イオン交換樹脂の性質の違いについて説明せよ．

【解答】 強電解質型イオン交換樹脂はあらゆる pH 領域でイオン交換が可能である．－COOH 基のような弱酸基をもつ陽イオン交換樹脂は，pH 4 以上の比較的高い pH 領域でしかイオン交換性を示さない．しかし，強くイオン交換吸着した多価イオンを，濃厚電解質水溶液を用いることなく，うすい酸で容易に脱着できる利点がある．また，弱酸基は配位結合能を有するため，とくに重金属イオンに対して高い選択性を示す．イミノ二酢酸基のような配位結合性の官能基を導入したキレート樹脂（たとえば Dowex A-1）は，pH を適当に選ぶことにより，アルカリ金属以外のほとんどの金属イオンをキレート錯体として強く吸着させることができる（表 9.1）．

9.2　イオン交換平衡

例題 9.1 の式(a)で示されるイオン交換反応は平衡反応であり，その濃度平衡定数は

$$K_B^M = \frac{[\overline{B^+}]^m[M^{m+}]}{[B^+]^m[\overline{M^{m+}}]} \qquad (9.1)$$

となる．この定数は選択係数（selectivity coefficient）とよばれ，それぞれのイオンのイオン交換体に対する吸着性の目安となるものである．

強電解質型イオン交換樹脂に対して実験的に得られた選択係数値をもとに，イオン間の一般的な吸着性の傾向は次のようになることが知られている．しかし，選択係数は濃度定数であり，吸着イオン量，交換体の性質，外液の組成やイオン強度に依存するので，実験条件によってはこの順序とは異なることもある．

1 価陽イオン

Ag＞Cs＞Rb＞K＞NH_4＞Na＞H＞Li

2 価陽イオン

Ra＞Ba＞Sr＞Ca＞Mg，Mn，Co，Ni，Cu，Zn，Cd＞Be

3 価陽イオン

Ac＞La＞Ce＞Pr＞Nd＞…＞Tm＞Yb＞Lu＞Sc＞Al

1 価陰イオン

SCN＞ClO_4＞NO_3＞Br＞Cl＞CH_3COO＞OH，F

ある決まった条件での着目成分のイオン交換吸着の実際の様子を示す量として，分配比 D（distribution ratio；分布係数 K_d（distribution coefficient ともよぶ）を用いる．分配比 D は，

$$D = \frac{\text{着目成分のイオン交換樹脂相での分析濃度}}{\text{着目成分の溶液相での分析濃度}} \qquad (9.2)$$

で与えられる．分配比を算出するには，両相の着目成分の分析濃度が必要であるが，溶液中の初濃度がわかれば，外部溶液またはイオン交換樹脂相中の着目成分量を測定すればよい（例題 9.6 参照）．外部溶液相中の濃度はモル濃度（mmol cm^{-3}）を用いるのに対し，イオン交換樹脂中の濃度はいろいろ表現できる．通常は，乾燥または湿った状態でのイオン交換樹脂 1 g あたりか，溶液中に静置したときにとるみかけの体積（イオン交換樹脂粒子間に存在する溶液の体積も含まれる）1 cm^3 あたりの物質量（mmol g^{-1} あるいはmmol cm^{-3}）で表す．後者では，D は無名数となり，イオン交換クロマトグラフィーで有効なパラメーターとし

てとくに D_V で表すことがある．

溶液 V (cm^3) 中にイオン交換体 m (g) を加えイオン交換平衡に到達したとき，分配比が D (cm^3 g^{-1}) の目的成分の回収率 R（最初に溶液中に存在した目的成分量に対してイオン交換体に吸着した量の比）は次のようになる．

$$R=\frac{D}{D+V/m} \tag{9.3}$$

図9.3に V/m 比が10，100および1000のときの R と D の関係を示した．分配比が大きいときには，V/m 比を大きくとっても高い回収率が期待できることがわかる．

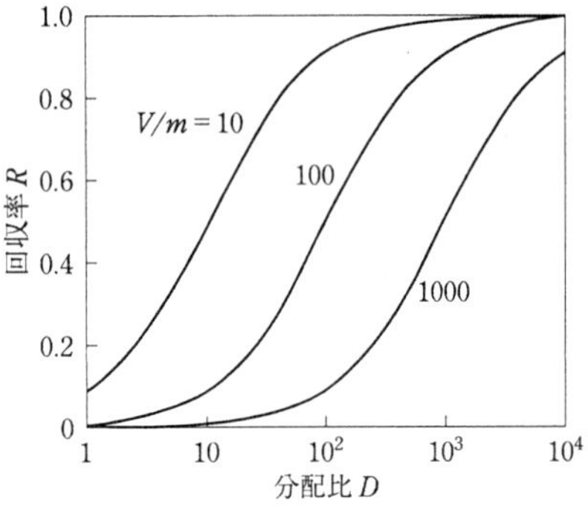

図 9.3　種々の V/m 条件における分配比と回収率の関係

【例題 9.5】 強酸性陽イオン交換樹脂に対する陽イオンの吸着性の序列を，(1) 電荷の異なる陽イオン，(2) アルカリ金属イオンについて説明せよ．

【解答】 (1) 強酸性陽イオン交換樹脂の固定基と吸着イオンとの間の相互作用は主に静電引力によるものであるから，電荷の異なる陽イオンでは吸着性の序列は $M^{4+}>M^{3+}>M^{2+}>M^+$ となる．(2) 同一電荷をもつアルカリ金属イオンについては，固定基と陽イオンの電荷間距離の近いものほど，すなわち陽イオンのサイズの小さいものほど固定基との相互作用は大きくなるはずである．しかし，実際の吸着性の序列は $Cs^+>Rb^+>K^+>Na^+>Li^+$ となっている．これは，アルカリ金属イオンが水和イオンとしてイオン交換樹脂に捕捉されていることに起因する．イオン半径が小さいものほどイオンの表面電荷密度が大きく，強く水和するために，水和イオン半径は結晶イオン半径の序列とは逆になる．

【例題 9.6】

(1) 乾燥した H^+ 形陽イオン交換樹脂 0.508 g を三角フラスコに秤りとり，約 1 mol dm^{-3} の塩化ナトリウム水溶液 10 cm^3 を加えた後，フェノールフタレインを指示薬として 0.103 mol dm^{-3} 水酸化ナトリウム標準溶液で滴定したところ，終点までに 20.61 cm^3 を要した．(a) 塩化ナトリウムを加える理由について説明せよ．(b) 交換容量を求めよ．

(2) このイオン交換樹脂 1.02 g を 0.0100 mol dm^{-3} 塩化ナトリウム水溶液 100 cm^3 とともに十分に撹拌した後，沪過して樹脂を溶液から分離した．沪液の 50.0 cm^3 を用いて上の水酸化ナトリウム水溶液で中和滴定を行ったところ，終点までに 4.03 cm^3 を要した．Na^+ の分配比 D およびこのイオン交換樹脂に対する Na^+ の選択係数 K_H^{Na} を求めよ．

【解答】

(1) (a) 中和反応であるから反応は完全に進むが，樹脂内への Na^+ の拡散が律速となるために滴定に長時間を要する．しかし，外部溶液に Na^+ が高濃度に存在すれば，樹脂内への Na^+ の拡散が促進されてイオン交換反応が速やかに起こり，滴定を迅速に行うことができる．

(b) $\dfrac{0.103\times20.61}{0.508}=4.18\ \mathrm{mmol\ g^{-1}}$.

(2) 溶液中の H^+ は $0.103\times4.03\times2=0.83$ mmol，Na^+ は $0.0100\times100-0.83=0.170$ mmol．樹脂中の H^+ は $4.18\times1.02-0.83=3.43$ mmol，Na^+ は 0.83 mmol．したがって，

$$D=\frac{[\overline{Na^+}]}{[Na^+]}=\frac{0.83/1.02}{0.170/100}=4.8\times10^2\ \mathrm{cm^3\ g^{-1}}.$$

$$K_H^{Na}=\frac{[H^+][\overline{Na^+}]}{[\overline{H^+}][Na^+]}$$

$$=\frac{(0.83/100)\times(0.83/1.02)}{(3.43/1.02)\times(0.17/100)}=1.2.$$

9.3　イオン交換樹脂の利用

イオン交換樹脂は工業的にも様々な用途に使われている．一般的な用途について表9.2に示す．

表 9.2 イオン交換樹脂の用途

項　目	具　体　例
脱　塩	・海水の淡水化 ・純水（イオン交換水）の製造 ・糖液の脱塩・脱色*1
塩転換	・水の軟化*2
有用，有害物質の回収，除去	・海水からの資源回収 ・低品位鉱石からの金属の回収 ・電気めっき廃水からの金，銀，クロムの回収，除去 ・抗生物質の回収 ・重金属を含む廃水の処理
分離精製	・カラムクロマトグラフィーによる各ランタノイドの分離精製
分離定量	・イオンクロマトグラフィーによる無機成分の定量 ・アミノ酸自動分析 ・医療用薬の体内放出速度の制御*3
酸，アルカリ触媒*4	・エステル化・エステル加水分解 ・ショ糖の転化（加水分解）反応の促進

*1 製糖工業において，糖液中の無機塩類の脱塩および着色有機不純物の吸着除去に用いられる．

*2 高濃度の Ca^{2+} や Mg^{2+} を含む水（硬水）は，脂肪酸を原料とするセッケンの泡立ちを悪くする．洗浄以外に，低圧ボイラーなどの加熱装置についても，硬水の使用は望ましくない．このような場合，交換性の Na^+ を保持する無機イオン交換体（たとえばゼオライト）による軟化が行われる．

*3 医薬品をイオン交換樹脂に吸着させておき，服用後徐々に体内に放出させることで，効果を長時間持続させる．

*4 H^+ 形陽イオン交換樹脂，OH^- 形陰イオン交換樹脂中には高濃度の H^+, OH^- がそれぞれ存在する．したがって，酸，アルカリが触媒となる反応においては，これらのイオン交換樹脂も触媒能力を有することになる．反応終了後の反応生成物と触媒との分離が容易である．

【例題 9.7】 硝酸ナトリウムの水溶液がある．その濃度を知るために，溶液 10.0 cm^3 を H^+ 形陽イオン交換樹脂カラムに通した．十分水で洗浄した後，流出液と洗浄液とをあわせて 0.100 mol dm^{-3} の水酸化ナトリウム水溶液で滴定したところ，中和するのに 18.49 cm^3 を要した．

(1) この硝酸ナトリウム水溶液の濃度を求めよ．

(2) 使用したイオン交換樹脂を適当なイオン形にもどす操作を再生（regeneration）という．H^+ 形に再生するにはどのような操作を行えばよいか．また，H^+ 形と K^+ 形のどちらに再生する方が容易に行えるか，簡単に説明せよ．

【解答】

(1) $\dfrac{0.100 \times 18.49}{10.0} = 0.185\ \mathrm{mol\ dm^{-3}}$.

Na^+ とイオン交換することで流出してきた H^+ を中和滴定することになる．硝酸ナトリウム水溶液の濃度を容量分析で決めることは困難であるが，イオン交換法を用いることで中和滴定が可能となる．

(2) 流出液中に Na^+ が検出されなくなるまで，カラムに 2 ～ 3 mol dm^{-3} の強酸（塩酸や硝酸など）を流す．通常，イオン交換樹脂体積の 10 倍程度流した後水洗すれば，カラム内のイオン交換樹脂すべてを再び H^+ 形にすることができる．また，K^+ の方が選択係数が大きいため，K^+ 形への再生の方が容易である．

【例題 9.8】 イオン交換法による純水の製造法の原理について，塩化ナトリウムを含む水溶液を例にとり説明せよ．

【解答】 H^+ 形陽イオン交換樹脂と OH^- 形陰イオン交換樹脂のつまったカラムに溶液を流すと，

$$\overline{H^+} + Na^+ \rightleftharpoons H^+ + \overline{Na^+} \quad \text{(a)}$$

（陽イオン交換樹脂）

$$\overline{OH^-} + Cl^- \rightleftharpoons OH^- + \overline{Cl^-} \quad \text{(b)}$$

（陰イオン交換樹脂）

で示される反応が起こる．イオン交換されて溶液中に出てきた H^+ と OH^- は中和反応により直ちに水になる．

この方法で得られる水はイオン交換水，脱イオン水であり，“純水”ではないが，一般に純水とよばれる．イオン交換法で製造されたとくに高純度の水は超純水とよばれ，火力発電所の高圧ボイラー水，半導体製造の際の洗浄用水，医薬品製造用水として用いられている．

9.4　イオン交換クロマトグラフィー

イオン交換樹脂がつまったカラムに移動相液体（溶離液 eluent）を流して分配比の異なる試料各成分を分離する方法をイオン交換クロマトグラフィー（ion-exchange chromatography）といい，化学的性質が類似しているために他の方法では分離が困難な元素間，たとえばランタノイド各元素，アクチノイド各元素，Hf と Zr，Nb と Ta，Na と K の分離に有効な手段として，溶媒抽出法とともに広く用いられている．

分離の尺度となるのが分離係数 α である．最も簡単な系での分離係数 α は，成分 a，b の分配比 D_a，D_b を用いて，

$$\alpha = \frac{D_a}{D_b} \tag{9.4}$$

で与えられる．この値が 1 から離れているほど各成分間の分離は容易であり，一般に 1.2 以上 0.8 以下の場合には定量的な分離が可能となる．

カラムから溶出する液量（一定流量で操作を行っているときには時間をとることもある）と，流出液（effluent）中の溶質濃度を両軸にとって作成した曲線が溶離曲線（elution curve）である（図 9.4）．溶出液中の各成分濃度が極大となるまでに要する液量（溶出体積 V_e，elution volume）は，カラム中のイオン交換体体積 V_t（樹脂粒間隙の体積も含める．樹脂が充填されている部分のカラムの体積に相当）と樹脂粒の間隙にある溶液の体積 V_o，着目成分の分配比 D_v を用いて，

$$V_e = V_o + D_v V_t \tag{9.5}$$

と表せる．

各試料成分についてのイオン交換速度が分離に要する時間を支配し，これはそれほど速くはないため通常分離に長時間を要する．しかし，交換速度を高めるための微粒で表面多孔性イオン交換樹脂，高い流速を得るための高圧定流量ポンプ，溶出液中の各試料成分濃度を連続的に直接モニターできる検出器の開発に伴って，高速化が可能となった．イオン交換樹脂以外の充填材も用いられるが，比較的短時間で分離定量を流れ系で行う方法を一般に高速液体クロマトグラフィー（high performance liquid chromatography，HPLC）という．この方法は，環境汚染物質，食品中の添加物，血清中の医薬品や生体成分などの有機成分の定量に広く用いられている．その中で，特に電気伝導度検出器を用いると，他の方法では難しいアンモニウムイオンや無機陰イオンの定量が可能となり，装置化したものが市販されている．この方法はイオンクロマトグラフィー（ion chromatography）とよばれ，酸性雨中の無機成分の定量のような公害関係のモニタリングや超純水中の ppb レベルやそれ以下の濃度の微量無機成分の定量に実際に用いられている．図 9.4 は雨水中の 1 価陽イオンの分離定量例である．

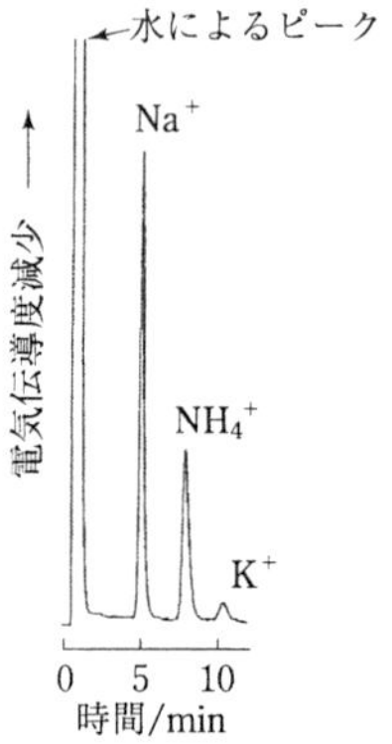

図 9.4　陽イオン交換クロマトグラフィーによる 1 価陽イオンの分離定量．試料：雨水 0.1 cm^3．陽イオン交換カラム：TSK gel IC-Cation（内径 4.6 mm，カラム長 5.0 cm）．電気伝導度検出．溶離液：0.001 mol dm^{-3} HNO_3．流速：1.2 cm^3 min^{-1}．定量値：Na^+ 1.65 ppm，NH_4^+ 0.59 ppm，K^+ 0.22 ppm．濃度既知の試料を用いて得たピーク高またはピーク面積と比較することで定量を行う．

【例題9.9】　Cl^- と Br^- イオンをそれぞれ 0.010 mmol 含む溶液を，NO_3^- 形陰イオン交換樹脂が 5.0 cm の高さまでつまったガラスカラム（内径 1.00 cm）の上端からしみ込ませた．次に，0.10 mol dm^{-3} 硝

酸ナトリウム水溶液を溶離剤として流した．この条件での Cl^- と Br^- の分配比（D_v）はそれぞれ10と23で，カラム内の樹脂粒間の間隙率は40％であった．それぞれのイオンの溶出体積を算出せよ．ただし，カラムにしみ込ませた試料溶液の体積は無視できるものとする．

【解答】 カラム内イオン交換樹脂体積 $V_t = 0.50 \times 0.50 \times 3.14 \times 5.0 = 3.9\,cm^3$，樹脂粒間間隙体積 $V_0 = 3.9 \times 0.40 = 1.6\,cm^3$．溶出体積は式(9.4)で求められるから，$Cl^-$ の溶出体積は $1.6 + 10 \times 3.9 = 41\,cm^3$，同様に Cl^- の溶出体積は $91\,cm^3$ となる．

錯形成反応を利用すると，吸着性の類似した溶質間の分離が容易に行えることがある．Fe^{3+}，Co^{2+} には塩化物イオンが配位して，クロロ錯体を生じる．配位子数が中心金属の酸化数を超えると錯体は陰イオンとなり，高濃度塩酸からはそれぞれ$[FeCl_4]^-$，$[CoCl_4]^{2-}$として，陰イオン交換樹脂に吸着される．しかし，Ni^{2+} はクロロ錯体陰イオンをつくらないため吸着しない（図9.5）．そこで，塩酸濃度を適当に選ぶことで Fe^{3+}，Co^{2+}，Ni^{2+} の相互分離が可能となる．

なお，Cl^- 形陰イオン交換樹脂内では塩化物イオン濃度が非常に高いことなどの理由により，溶液中にさきがけて錯生成が進行する．そのため，たとえば $4\,mol\,dm^{-3}$ 塩酸中では，溶液中のコバルトはピンク色（八面体型6配位錯体の色）を示すときに，その溶液と平衡にある陰イオン交換樹脂が青色（四面体型4配位錯体の色）を呈することを観察することができる．

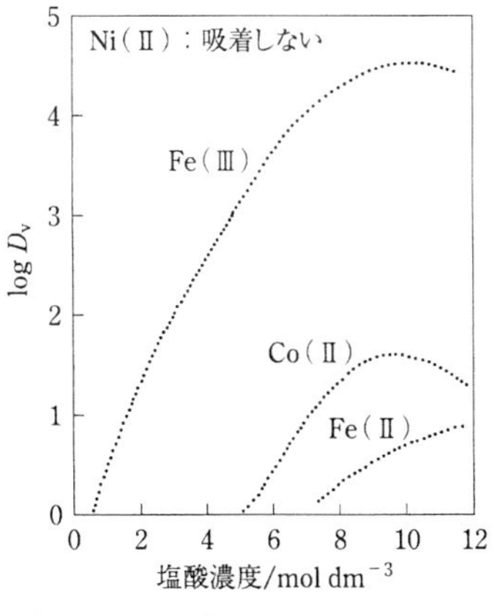

図 9.5　Fe^{3+}，Co^{2+}，Ni^{2+} の陰イオン交換樹脂に対する分配比 D_v の塩酸濃度依存性

［K.A. Kraus, F. Nelson, *Proc. Interm. Conf. Peaceful Uses Atomic Energy,* 1st, *Geneva,* **7**, 113 (1956) より一部引用］

【例題9.10】 図9.5を参考にして，Fe^{3+}，Co^{2+}，Ni^{2+} の3種遷移金属イオンの塩化物混合物から各金属イオンをイオン交換法により分離する方法について説明せよ．ただし，溶離液として0.5，4，$9\,mol\,dm^{-3}$ の3種類の塩酸を用いるものとする．

【解答】 あらかじめ $9\,mol\,dm^{-3}$ 塩酸を流して予備処理（コンディショニング）を行った陰イオン交換樹脂カラムの上端に，$9\,mol\,dm^{-3}$ 塩酸に溶かした塩化物溶液をしみ込ませる．ついで $9\,mol\,dm^{-3}$ 塩酸を流し続けると，まず Ni^{2+} が溶出する．溶離液を $4\,mol\,dm^{-3}$ 塩酸に切り替えると，Co^{2+} のみが溶出してくる．最後に，$0.5\,mol\,dm^{-3}$ 塩酸を流すと，Fe^{3+} が溶出し，三つの金属イオンを定量的に分離できる．

例題9.10の分離を $9\,mol\,dm^{-3}$ 塩酸だけで行うと，Fe^{3+}，Co^{2+} を溶出させるためには大量の溶離液が必要となる．しかし，溶離剤の濃度や組成を変えることで吸着性を大きく変化させると，試料成分を効率よく分離溶出することができるようになる．例題のように溶離液の組成を不連続に変えながら試料成分を溶離することを段階溶離（stepwise elution），また連続的に変えながら行うことを勾配溶離（gradient elution）という．

演　習　問　題

【9.1】 弱酸HXの共役塩基 X^- の陰イオン交換樹脂に対する分配比が25であった．同じイオン強度，$[H^+] = 1.0 \times 10^{-5}\,mol\,dm^{-3}$ で分配比を求めたところ5.0となった．HXの酸解離定数を求めよ．

【9.2】 $0.5\,mol\,dm^{-3}$ 塩酸溶液中では，H^+ 形陽イオン交換樹脂（Dowex 50W-X8*）の Na^+，Ca^{2+} に対する分配比 D_v は，それぞれ10，120である．次の問いに答えよ．

(1) NaCl と $CaCl_2$ をそれぞれ0.010 mmol 含

* Dowex樹脂では，架橋度の指標として，ポリスチレン樹脂を合成する際のDVB混合体積分率が8％のときX8と示す．

む 0.5 mol dm^{-3} 塩酸溶液 100 cm^3 に 1.0 cm^3 の陽イオン交換樹脂を加えて，吸着平衡に達するまで撹拌した．それぞれのイオンはどれだけ陽イオン交換樹脂に濃縮されたか．

(2) 上の溶液を水で正確に 10 倍に希釈して，吸着平衡に到達するまで再び撹拌した．それぞれのイオンの吸着量はどのように変わるか．ただし，K_{H}^{Na} と K_{H}^{Ca} はこの条件では変化しないものとする．

【9.3】 河川水を用いて純水を製造する際に，H^+ 形陽イオン交換樹脂と OH^- 形陰イオン交換樹脂を別々のカラムにつめて水を流す二床式と，それらを混合した一つのカラムに流す混床式の 2 方式がある．それぞれの方法の特徴について述べよ．また，どちらの方式がより純度の高い水を製造できるか説明せよ．

【9.4】 海水中の微量遷移金属イオン M^{2+} を定量するために，イミノ二酢酸基を官能基とするイオン交換樹脂カラムを用いて予備濃縮した．次の問いに答えよ．

(1) なぜこのようなイオン交換樹脂を用いなければならないのか．その理由を述べよ．

(2) この樹脂中の官能基と金属イオン M^{2+} との相互作用の様子を図示せよ．

(3) カラムに流す試料溶液の液性はどのように調整すればよいか．次の中から選べ．

(a) 強酸性，(b) 弱酸性〜中性，

(c) 弱アルカリ性，(d) 強アルカリ性

(4) 濃縮した M^{2+} の脱着法について述べよ．

【9.5】 食塩，グルコース，アミノ酸の混合物がある．グルコース，アミノ酸をそれぞれ分離回収する方法について述べよ．

【9.6】

(1) Mg^{2+}，Ca^{2+} の Na^+ 形陽イオン交換樹脂に対する分配比 D_v は，0.20 mol dm^{-3} 塩化ナトリウム溶液中でそれぞれ 4.8×10^2，7.5×10^2 である．この樹脂をカラムにつめたところ，交換体の体積が 2.5 cm^3，間隙体積が 1.0 cm^3 であった．このカラムに $MgCl_2$，$CaCl_2$ 混合溶液を少量しみ込ませた後，0.20 mol dm^{-3} 塩化ナトリウム水溶液を連続して流した．それぞれのイオンの溶出体積を求めよ．

(2) (1) と同じカラムに少量の Mg^{2+} と Ca^{2+} を吸着させ，0.10 mol dm^{-3} EDTA (pH 4.5) で溶離した．この条件で，EDTA 錯体の条件生成定数は Mg^{2+} については 1.0×10^2 (mol^{-1} dm^3)，Ca^{2+} については 1.0×10^4 (mol^{-1} dm^3) であるとして，それぞれのイオンの溶出体積を計算せよ．なお，生成する EDTA 錯体はいずれも -2 価の陰イオンである．

第10章　吸 光 光 度 法

吸光光度法（absorption spectrophotometry, absorptiometry）は，光を吸収する性質をもつ分子やイオンについて，溶液中の濃度と光が吸収される度合との間に成立する相関関係をもとにした分析法である．定量したい分子やイオン自体に光を吸収する性質がなくても，化学反応により光吸収物質を生成する試薬（呈色試薬，発色試薬）を用いることで定量が可能となる．原子吸光分析法や ICP 発光分光分析法などの大型の装置を用いた光分析法が微量金属の定量に威力を発揮しているが，用いる分光光度計が比較的安価なこともあり，吸光光度法は無機，有機成分を問わず多くの分野で微量成分の重要な定量法の一つとなっている．表 **10.1** に示したように吸光光度法は種々の分析目的に利用されている．本章では，光吸収の法則，装置の原理など，実際に出会う実用分析にむけた具体例とともに，これまで学習した平衡の取り扱いをどこでどのように利用すればよいかを学ぶ．

表 10.1　吸光光度法の利用

高速液体クロマトグラフィー（HPLC）	多くの有機化合物が紫外域に強い吸収を示すことを利用して，分離された各成分の検出に用いる． 高感度であるが選択性の低い呈色試薬（たとえば PAR）を使用して，分離された各金属イオンの検出定量に用いる．
フローインジェクション分析法（FIA）	試料，試薬の混合，吸光光度定量を連続した流れの中で行う．
光度滴定	容量分析の終点指示法の一つとして用いられる．
溶液内平衡系の解析	呈色錯体の組成，様々な錯生成平衡，酸解離平衡などの反応の平衡定数を決定するために用いられる．

10.1　光吸収の法則と装置

光が物質の中を通過して行くとき，散乱，吸収などにより光の強さは次第に弱くなっていく．いま，光吸収物質を含む溶液が入った図 10.1(a)の

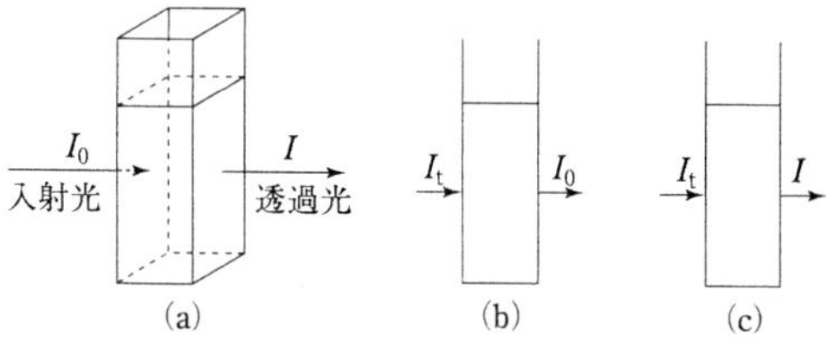

図 10.1　溶液による光の吸収．(a) 吸光光度法用吸収セル（もっとも一般的な角型セル），(b) 対照セル（I_t：実際の入射光強度），(c) 試料セル

ような透明な容器（セル，cell）に強度 I_0 の光（入射光，incident light）をあてたとき，セルから出て来る透過光（transmitted light）の強度が I になったとする．ここで，透過度（transmittance）を

$$T = \frac{I}{I_0} \qquad (10.1)$$

と定義すると，

$$-\log_{10} T = \log_{10} \frac{I_0}{I}$$

$$= A\ (\text{吸光度, absorbance}) \qquad (10.2)$$

が物質層の厚さ（光路長，optical path length）l (cm) に比例する（ランベルト（Lambert）の法則またはブーゲ（Bouguer）の法則）．また同様

に，吸光度が溶質の濃度（C mol dm^{-3}）に比例することが知られている（ベール（Beer）の法則）．これら二つの法則を組み合わせると，

$$A=\varepsilon l C \tag{10.3}$$

となり，これがランベルト-ベール（Lambert-Beer）の法則である．ε は比例定数で吸光係数（吸光率）とよばれ，とくに 1 mol dm^{-3} の溶質を含む溶液を光路長 1 cm のセルで測定したときの吸光度に相当するモル吸光係数（molar extinction coefficient またはモル吸光率，molar absorptivity）は光吸収物質に関する固有値となる．2 種以上の光吸収物質を含む場合には，得られる吸光度はそれぞれの成分による吸光度の和となり加成性が成立する．

検出器で発生する電気信号は検出器の受光部にあたる光量に比例する．すなわち，透過度に比例した形となるので，アナログ分光光度計のメーターの読みは $100\,T=\%T$（透過率）目盛りが用いられる．実際の測定では，目的成分を含む溶液を入れた試料セル（sample cell）と，目的成分が含まれない他はまったく同じ組成の溶液（試薬ブランク，reagent blank；または空試験液）が入った対照セル（reference cell）を用いて，I_0 と I を測定する（図 10.1(b), (c)）．試薬自体に測定波長で吸収がある場合や，用いた試薬などが一定量の目的成分で汚染されている場合には，試薬ブランクを用いることで，それらの寄与をあらかじめ除去することができる．

分光光度計には基本的に光学系の異なるシングルビーム（single beam）とダブルビーム（double beam）タイプがある．シングルビームタイプの場合は，まずシャッターを閉じてメーターの透過率の示度をゼロに調整する．次いで，測定したい波長の光に対して対照セルを用いて，I_0 をメーターの透過率の示度として 100％ に合わせる．その後セルホルダーを移動させて試料セルを光路に置くと，メーターの読みが透過率を直接示すことになる．測定中に光源の輝度の変動による測定誤差を除くために，測定の都度この操作を繰り返す．ダブルビームタイプでは，ゼロ目盛りについては同様であるが，100％ 目盛り校正は二つのセルにブランク溶液をいれて行う．次いで一方のセルに試料を入れて測定を行うが，光源からの光を 2 方向に分けほぼ同時に試料セルと対照セルに光が入射するように設計されているため，光源輝度のふらつきによる変動は相殺される．ダブルビームタイプには対数変換回路と波長駆動装置が内蔵されており，吸光度が直読でき，吸収スペクトル（absorption spectrum）を自動記録できるものが多い．

ベールの法則からのずれは，溶液中の化学種の変化によるもの（例題 10.2 参照）と，機器に起因するものとがある．化学種の変化による場合には，それらが関与する平衡についての情報から予測が可能である．また平衡は，温度，イオン強度に依存するため，これらの制御がうまく行われていないとベールの法則からのずれが生じることがある．機器に原因があるものとしては，入射光の純度（検出器への光量を確保するために，分光した光の中から目的とする波長を中心にしてある波長幅の光を使用しており，厳密な意味で単色光でない），光量と検出器からの電気信号の間の非直線性，迷光などがある．

【例題 10.1】 ある溶液を光路長 1.00 cm のセルを用いて測定した時の透過率が 90.0％ であった．この溶液を光路長 2.00，5.00 cm のセルを用いて測定すると，透過率はいくらになるか．

【解答】 ランベルトの法則より，吸光度が光路長に比例する．光路長 1.00 cm のときの吸光度は $A=\log(1/T)=-\log T=-\log 0.900=0.0458$ であるので，光路長 2.00 cm では 0.0916，5.00 cm では 0.229 となる．したがって，透過率はそれぞれ 81.0，59.0％ となる．

【例題 10.2】 クロム酸カリウム（式量：194）を 0.0194 g 秤りとり，0.05 mol dm^{-3} 水酸化カリウム水溶液に溶かして 1.00 dm^3 とした．この溶液を，光路長 1.00 cm のセルに入れて，0.05 mol dm^{-3} 水酸化カリウム水溶液を対照にして測定したところ，吸収極大波長 372 nm における透過率は 32.9％ であった．次の(1)～(3)の問いに答えよ．

(1) クロム酸イオンの 372 nm におけるモル吸光

係数を計算せよ．

(2) 濃度未知のクロム酸カリウム溶液について透過率を 2.00 cm セルで測定したところ，68.8％であった．この溶液中のクロム酸カリウム溶液の濃度を求めよ．

(3) クロム酸塩溶液において酸性溶液中ではどのような条件でベールの法則が成り立つか．

【解答】

(1) クロム酸イオンとして $1.00\times10^{-4}\,\mathrm{mol\,dm^{-3}}$ の溶液の吸光度 $A=-\log 0.329=0.483$ であるので，モル吸光係数は $4.83\times10^{3}\,\mathrm{mol^{-1}\,dm^{3}\,cm^{-1}}$ である．

(2) $A=-\log 0.688=0.162$ となるので，$0.162/(4.83\times10^{3}\times2.00)=1.68\times10^{-5}\,\mathrm{mol\,dm^{-3}}$.

(3) クロム酸イオンは酸性条件でプロトン付加を受け，$HCrO_4^-$，H_2CrO_4 の化学種が生成する（吸収スペクトルは図 10.2 A, B 参照）．クロム酸塩の濃度が低い領域では，pH が一定に保たれる限り，それぞれの化学種の平衡存在比は一定であるのでベールの法則は成り立つ．すなわち，H_2CrO_4 の逐次酸解離定数を K_{a1}，K_{a2}，任意の波長におけるそれぞれのモル吸光係数を下付き文字としてそれぞれの化学種を添えた ε で示すと，任意の波長で 1 cm のセルを用いて得られる吸光度 A は，

$$A=\varepsilon_{\mathrm{CrO_4}}[\mathrm{CrO_4^{2-}}]+\varepsilon_{\mathrm{HCrO_4}}[\mathrm{HCrO_4^-}]+\varepsilon_{\mathrm{H_2CrO_4}}[\mathrm{H_2CrO_4}] \qquad \text{(a)}$$

したがって，クロム酸塩の全量を C_{Cr} とすると，

$$A=\frac{(\varepsilon_{\mathrm{CrO_4}}+\varepsilon_{\mathrm{HCrO_4}}[\mathrm{H^+}]/K_{a2}+\varepsilon_{\mathrm{H_2CrO_4}}[\mathrm{H^+}]^2/K_{a1}K_{a2})\,C_{\mathrm{Cr}}}{1+[\mathrm{H^+}]/K_{a2}+[\mathrm{H^+}]^2/K_{a1}K_{a2}} \qquad \text{(b)}$$

と表すことができ，A は C_{Cr} と $[\mathrm{H^+}]$ の関数である．したがって，$[\mathrm{H^+}]$ が一定に保たれればベールの法則が成立する．しかし，クロム酸塩の濃度が高くなると，次の重合反応により二クロム酸イオンが生成し，この化学種の存在分率はクロム酸水素イオン濃度に依存する．したがって，高濃度になるにつれて，$[\mathrm{H^+}]$ を一定に保っていてもベールの法則からのずれが起こることになる．

$$2\,\mathrm{HCrO_4^-} \rightleftharpoons \mathrm{Cr_2O_7^{2-}} + \mathrm{H_2O} \qquad \text{(c)}$$

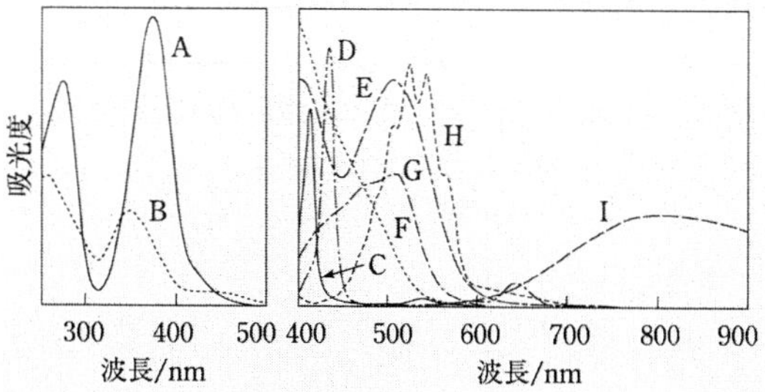

図 10.2 呈色化学種の吸収スペクトル．A：K_2CrO_4（0.1 mol dm^{-3} KOH 中），B：K_2CrO_4（0.1 mol dm^{-3} $HClO_4$ 中），C：Cu-TPPS 錯体，D：TPPS，E：$[\mathrm{Ni(PAR)_2}]$，F：PAR，G：$[\mathrm{Fe(phen)_3}]^{2+}$，H：$KMnO_4$，I：$[\mathrm{Cu(H_2O)_4}]^{2+}$

【例題 10.3】 下に示す吸光光度計のブロックダイアグラム中の (1)～(4) に次の語群から適当なものを選んで入れよ．また，それぞれに使用されているものの例をあげ，それらの特徴を説明せよ．

語群：検出器，波長選択部，光源，吸収セル

[(1)] → [(2)] → [(3)] → [(4)] → [メーターまたは記録計]

【解答】

(1) 光源：紫外部光源としては重水素ランプ（180～350 nm），可視部光源としてタングステンランプ（350～2500 nm）を用いる．全波長域にわたり十分な強度の光を安定して供給する．

(2) 波長選択部：光源からの連続光を狭い波長範囲の光束とする部分で，プリズムあるいは回折格子のモノクロメーター（monochromator）が用いられる．簡易型光度計では，比較的幅広い波長幅とはなるが，ある特定の波長領域だけを透過する色ガラスフィルターが用いられる．

(3) 吸収セル：光路長 1 cm のものが普通で，ガラスまたは溶融石英製が用いられる．ガラスは紫外部に吸収を示すため，紫外域に対しては溶融石英製セルが用いられる．

(4) 検出器：光強度に応じて定量的な電気信号を発生するもので，光電子増倍管（photomultiplier），光電管（photo tube），光電池（photo cell）が用いられる．

10.2 光吸収の原理

物質は光や熱などのエネルギーを吸収して物質内部の状態を変化させる．たとえば，赤外線やマイクロ波は，複数の原子から構成される分子やイ

オンの原子間の振動状態や回転状態の変化に際して吸収される．分子やイオンが紫外，可視領域の光を吸収するときに得られる吸収スペクトルは，おもに分子やイオンの中の電子の存在状態の変化に基づくものであって，電子スペクトルとよばれる．1個の分子やイオンが振動数 ν の電磁波を吸収すると，$h\nu$（h：Plank の定数 6.626×10^{-34} Js）のエネルギーを取り込むことになる．それにともない，分子やイオンは最低のエネルギー状態（基底状態という）から，より高いエネルギー状態（励起状態）に移る．運動エネルギーを除くと，分子やイオンのもつ全エネルギー E は，

$$E=E_{\mathrm{el}}+E_{\mathrm{vib}}+E_{\mathrm{rot}} \qquad (10.4)$$

と，電子状態によって決まるエネルギー E_{el}，振動状態によって決まるエネルギー E_{vib} および回転状態で決まるエネルギー E_{rot} の和で表せる．それぞれのエネルギーは連続したものでなく，各分子やイオンにおいて固有のとびとびの量をもつ（量子化されているという）．基底状態と励起状態のエネルギー差は E_{el} で数百 kJ mol^{-1}，E_{vib} で 10～20 kJ mol^{-1}，E_{rot} で数十 J mol^{-1} である．紫外，可視光を吸収すると，分子やイオンではおもにその電子エネルギー状態の励起が起こるが，一つの電子状態には多数の振動状態が含まれ，各振動状態にはまた多数の回転状態があるので，回転状態まで含めると多くの遷移様式が存在し，原子スペクトルとは異なり幅広い吸収帯となる（図 10.3）．励起状態にいる時間は非常に短く，エネルギーを放出してもとの基底状態に戻る．しかし，そのエネルギーの一部は熱などに変わるため吸収した電磁波と同じ波長の電磁波をそのまま放出することはない．

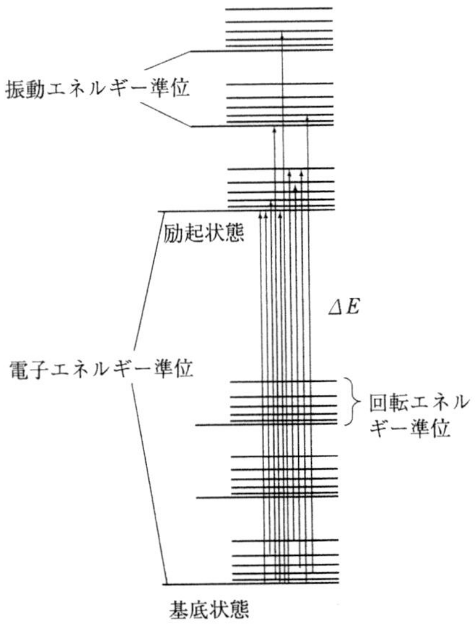

図 10.3 エネルギー吸収の概念図．エネルギーレベル間の値（ΔE）に相当するエネルギーをもつ電磁波（$\Delta E=h\nu$で関係づけられる振動数をもつ）を吸収する．

【例題 10.4】 次の表は，種々の波長の電磁波について，光量子のもつエネルギーを示したものである．次の表中の①～⑩の空欄をうめよ．

電磁波	波長	振動数 / Hz	エネルギー / J	エネルギー / kJ mol^{-1}
X線	0.100 nm	③	⑥	1200000
紫外線	①	1.50×10^{15}	⑦	599
可視光線	②	6.00×10^{14}	3.98×10^{-19}	⑨
赤外線	10.0 μm	④	⑧	12.0
マイクロ波	10.0 nm	⑤	1.99×10^{-23}	⑩

【解答】 光の波長λ(m)，振動数ν（Hz$=$s^{-1}）と光速c(3.00×10^{8} ms^{-1}) の間には $\nu\lambda=c$ の関係が成立する．また，振動数 ν(Hz) の光は$h\nu$（h：Planck の定数 6.626×10^{-34} J s）のエネルギーをもつかたまり（光量子，photon）として挙動する．

① $\lambda=c/\nu=3.00\times10^{8}/1.50\times10^{15}=2.00\times10^{-7}$ m $=200$ nm，② 500 nm，③ $\nu=c/\lambda=3.00\times10^{8}/1.00\times10^{-10}=3.00\times10^{18}$ Hz，④ 3.00×10^{13}，⑤ 3.00×10^{10}，⑥ $h\nu=6.626\times10^{-34}\times3.00\times10^{18}=1.99\times10^{-15}$ J，⑦ 9.94×10^{-19}，⑧ 1.99×10^{-20}，⑨ $3.98\times10^{-19}\times6.02\times10^{23}=2.40\times10^{5}$ J mol$^{-1}=240$ kJ mol^{-1}，⑩ 0.0120

【例題 10.5】 図 10.2 に種々の着色成分の吸収スペクトルを示した．

(1) 図 10.4 を参考にして曲線 C，H について溶液の色を予想せよ．

(2) 曲線 A，C，D，E，H について，定量分析にはそれぞれどの波長を用いればよいか．次の中から選べ．また，吸光度の減少を定量に用いることができるのはどれか．波長：372，413，434，510，525，545，650，800 nm．

(3) 測定装置の波長の設定に注意を払わなければ

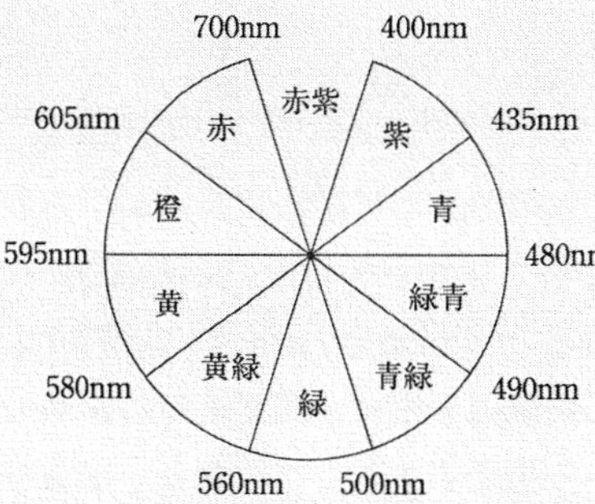

図 10.4　グリフィスのカラーサークル．円周上の数値は光の波長を示す．赤紫色は特定の波長の光でなく，赤と紫色の光の混合色である．白色光は，すべての可視光を適当に混ぜるか，向かい合ういずれか 1 対の光を混ぜることによりつくることができる．とくに，この 1 対の光を互いに補色の関係にあるという．

ならないのはどれか．

【解答】

(1) 太陽光のような白色光（可視域のあらゆる波長の光を含むほぼ連続した光）の中で，吸収された光の補色（余色ともいう）を色として感じ，吸収強度が大きいほど濃色，小さいほど淡色となる．吸収帯が存在する場合，およそ吸収極大波長領域の補色の色を示す．D は 413 nm に吸収極大があるために，紫色の補色の緑色を，H は 520～550 nm に吸収があるので赤紫色を呈する．なお，紫外域や赤外域に近い波長領域は色覚感度が低いため，吸収スペクトルから予測される色と少し異なり，たとえば A は黄色，I は青～緑青色に見える．

(2) 定量は吸収極大波長で行う．TPPS（例題 10.6参照）のように試薬の吸光係数の方が大きい場合には，試薬の吸光度の減少量が定量に用いられることがある．A：372 nm，C：413 nm，D：434 nm，E：510 nm，H：525 nm．吸光度の減少を定量に用いるのは D．

(3) 吸収極大波長で定量を行わないと，装置の波長設定の誤差による影響を受けたり，ベールの法則からずれたりする原因となることがあり，とくに吸収帯の幅が狭い C，D，H は注意を要する．

10.3　感度と透過度測定の精度と正確さ

感度（sensitivity）は，検量線（10.4 節参照）の傾きと関係づけられる．その表し方には，モル吸光係数と Sandell 感度がある．モル吸光係数は前述の通りであるが，呈色試薬の測定波長での吸収が無視できない場合には，検量線の傾きは必ずしも特定の化学種のモル吸光係数を意味しない（例題 10.8 参照）．Sandell 感度は，1 cm^2 の断面積を持つ液柱に光が通過して吸光度 0.001 を与えるとき，その液柱に存在する目的元素の絶対量を μg 単位で示したものである．最近では ng 単位で示すこともある．吸光度 0.001 はブランクと試料溶液間の 0.2 % の透過率差に相当し，測光の信頼性の面からみて定量下限とみなすことができる．

【例題 10.6】　銅(II)アクアイオン（吸収スペクトルは図 10.2 の I 参照）のモル吸光係数は 800 nm において 12.1 $mol^{-1}\,dm^3\,cm^{-1}$，銅(II)の α，β，γ，δ-テトラフェニルポルフィントリスルホン酸（TPPS）錯体は 413 nm において $4.76\times10^5\,mol^{-1}\,dm^3\,cm^{-1}$ である（吸収スペクトルは図 10.2 C 参照）．それぞれの系において Sandell 感度を求めよ．なお，銅の原子量は 63.5 である．

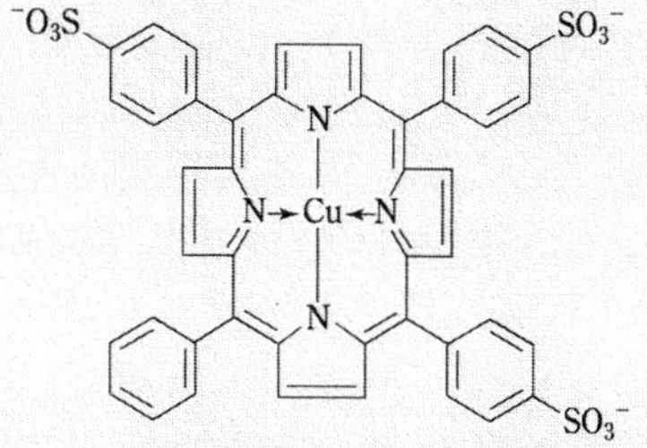

図 10.5　銅(II)-TPPS 錯体

【解答】　銅アクアイオンの場合：$0.001\times63.5(g\,mol^{-1}/)12.1\times10^3(mol^{-1}\,cm^2)=5\,\mu g\,cm^{-2}$ Cu，銅- TPPS 錯体の場合：0.0001 $\mu g\,cm^{-2}$ Cu（または 0.1 ng cm^{-2} Cu）．

光の吸収が起こるには，まず光量子が分子に衝突することが必要となる．したがって，光エネルギーが電子に容易に伝達されるような構造であれば，分子断面積が大きいほど効率よく光吸収が起こるものと期待される．銅のイオン半径が0.073 nmであるのに対して，TPPSの有効断面積は1 nm^2と非常に大きくこれが高い感度の理由の一つとなっている．

【例題10.7】 透過率の測定誤差に伴う吸光度（または得られた濃度）の相対誤差（dA/A）は，透過率が36.8％のとき最小となることを，$(dA/A)/dT$が極小となる条件を求めることで導け．また，この条件および透過率90.0％のとき，透過率読みに＋1.00％の誤差があれば吸光度の相対誤差はどのようになるか．

【解答】 ベールの法則が成立する時，測定に伴う吸光度の相対誤差dA/Aは濃度の相対誤差に等しい．$A=-\log T$であるから，

$$\frac{dA}{dT}=\frac{-\log e}{T}$$

となる．ただし，対数の底はすべて10とする．両辺をAで割ると，

$$\frac{dA/A}{dT}=-\frac{\log e}{TA}=\frac{\log e}{T\log T} \qquad \text{(a)}$$

と表される．Aの相対誤差と透過度の誤差との関係はTのみの関数であり，下に凸である．したがって，左辺が極小値をとる条件は，右辺をTに関して微分し，その値がゼロとなる条件を求めればよい．

$$\frac{d(\log e/T\log T)}{dT}=\frac{-\log e(\log T+\log e)}{(T\log T)^2}=0 \qquad \text{(b)}$$

したがって，$-\log T=\log e=0.4343$，つまり吸光度0.4343，透過率36.8％のとき，読み取り誤差に伴う誤差が最小となる．一般に，透過率が30〜70％となるように濃度範囲を調整すれば高い精度と正確さが得られる．

式(b)から近似的に

$$\frac{\Delta A}{A}=-\frac{(\log e)\Delta T}{T\log T}$$

が成立するので，透過率が36.8％であるとき，

$$\frac{\Delta A}{A}=-\frac{0.4343\times0.0100}{0.368\times(-0.4343)}=-0.0272,$$

すなわち濃度についての-2.72％の相対誤差が生じる．同様にして，透過率90.0％のときの相対誤差は-10.5％となる．

10.4 検　量　法

濃度既知の溶液の特定の波長における吸光度を濃度に対してプロットしたのが検量線（calibration curve，calibration graph，working curve）である．検量線を用いて濃度未知の試料の濃度を吸光度から決定することができる．検量線を用いずに，試料溶液に既知量の目的成分を加えた一連の溶液を用いて，補外法により濃度を求める標準添加法（standard addition method）もある．

【例題10.8】 4-(2-ピリジルアゾ)レゾルシノール（PAR）を呈色試薬とし1.00 cmのセルを用いてニッケルの定量を波長517 nmで行った．試薬ブランクを対照にして得られた下の表のデータを用いて次の問いに答えよ（吸収スペクトルは図10.2 E，F参照）．

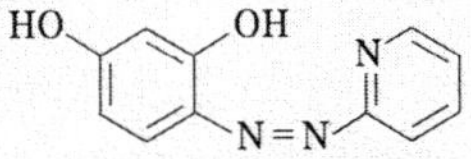

図10.6 PAR

(1) 検量線を作成し，それを用いて濃度未知試料の濃度の平均値を求めよ．

(2) 検量線の傾きは何を意味するか．ただし，測定波長におけるPAR自身のモル吸光係数は2000 $mol^{-1}\,dm^3\,cm^{-1}$である．

ニッケル濃度 /10^{-5} mol dm^{-3}	0.00	0.50	1.00	1.50	2.00	2.50
透過率/％	100.0	77.6	60.0	46.9	36.2	28.3
濃度未知試料 透過率/％ (5回繰り返し測定)		46.8	45.4	46.3	45.9	46.0

なお，定量に用いた呈色錯体はNi：PARモル比が1：2で，試薬過剰の条件で定量を行うためニッケルはすべて錯体となっている．

【解答】

(1) 吸光度は，検量線についてそれぞれ0.000，0.110，0.222，0.329，0.441，0.548，濃度未知試料について0.330，0.343，0.334，0.338，0.337である．方眼紙に濃度とそれに対応する吸光度をプロットする（図10.7）．試料濃度の平均値は1.53 $\times10^{-5}$ mol dm^{-3}である．

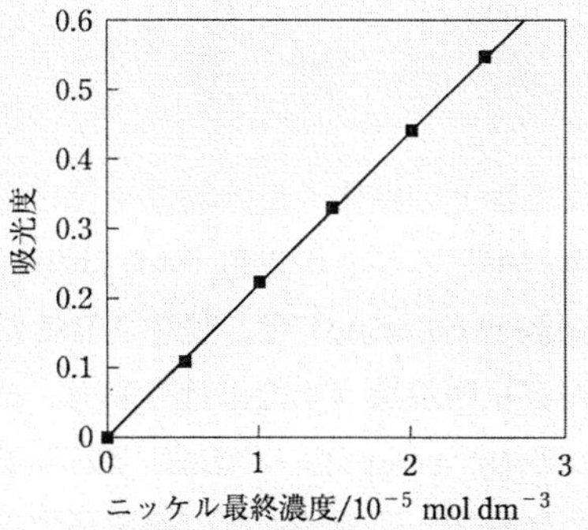

図 10.7　PAR を用いたニッケルの検量線

複数個の測定値がある場合には平均値を用いる．透過率は濃度と比例関係にないから，数値の平均は吸光度で行うか，または検量線を使って濃度に読み取った後行わねばならない．検量線は原点を通らなくても，また多少曲がっていても定量は可能だが，できるだけ直線領域を使用することが望ましい．

(2) 呈色試薬を PAR，錯体を $Ni(PAR)_2$，それぞれのモル吸光係数を ε に下付き文字をつけて表し，試薬の全濃度を C_{PAR} とすると，

$$C_{PAR}=[PAR]+2[Ni(PAR)_2] \quad (a)$$

水を対照に得られる吸光度 A は，

$$A=\varepsilon_{PAR}[PAR]+\varepsilon_{Ni(PAR)_2}[Ni(PAR)_2]$$
$$=\varepsilon_{PAR}C_{PAR}+(\varepsilon_{Ni(PAR)_2}-2\varepsilon_{PAR})[Ni(PAR)_2] \quad (b)$$

試薬ブランクは $\varepsilon_{PAR}C_{PAR}$ の吸光度をもつので，これを対照に測定すると，

$$A=(\varepsilon_{Ni(PAR)_2}-2\varepsilon_{PAR})[Ni(PAR)_2] \quad (c)$$

となる．したがって，得られた検量線の傾きには呈色錯体と試薬の吸光係数が関与することになる．図から検量線の傾きを求めるか，検量線の各データから $A/(l\,C)$ を求め平均をとると，2.2×10^4 mol^{-1} dm^3 cm^{-1} の値が得られる．したがって，錯体のモル吸光係数は $\varepsilon_{Ni(PAR)_2}=2.6\times10^4$ mol^{-1} dm^3 cm^{-1} となる．

【例題 10.9】　成分 A の 1.00×10^{-4} mol dm^{-3} 溶液は 550 nm，700 nm でそれぞれ 0.596，0.045 の吸光度を与える．同じ条件で，成分 B はそれぞれ 0.243，0.862の吸光度を与える．いま，A，B 混合溶液の吸光度を測定したところ，550 nmで0.783，700 nm では 0.495 であった．ベールの法則が成り立つものとして，混合溶液中のA，Bの濃度を計算せよ．

【解答】　$A=\varepsilon_A[A]+\varepsilon_B[B]$　であるから，

$$0.783=5.96\times10^3[A]+2.43\times10^3[B]$$
$$0.495=4.5\times10^2[A]+8.62\times10^3[B]$$

である．連立方程式をといて，A は 1.11×10^{-4} mol dm^{-3}，B は 5.17×10^{-5} mol dm^{-3} となる．

【例題 10.10】　ジフェニルカルバジドはクロム(VI)と酸性溶液中で酸化還元反応を起こし，赤紫色のクロム(III)-ジフェニルカルバゾン錯体を生成する．クロム(III)は置換反応不活性であり，クロム(III)溶液にジフェニルカルバゾンを加えても非常にゆっくりとしか反応しないため，ジフェニルカルバジドはクロム(VI)に選択性の高い呈色試薬である。しかし，銅や鉄(III)が共存するとクロム(VI)の検量線の傾きが小さくなる．この呈色試薬を用いて工場排水中のクロム(VI)を標準添加法で定量した．それぞれ 25.0 cm^3 の試料を 4 本の 50 cm^3 メスフラスコにとり，既知量のクロム(VI)を添加した後，一定量の硫酸，ジフェニルカルバジドを加え水で希釈して 50.0 cm^3 とした．これらの溶液の吸光度を試薬ブランクを対象として 540 nm で測定したところ，下のような結果が得られた．次の問いに答えよ．

(1) 標準添加法はどのような場合に用いられるか．

(2) 工場排水中のクロム(VI)濃度を ppm (parts per million，mg kg^{-1}) で示せ．ただし，この排水の比重は 1.00 とする．

15.0 ppm クロム(VI) 溶液添加量 / cm^3	0	1.00	2.00	3.00
吸光度	0.208	0.360	0.520	0.667

【解答】

(1) 高濃度電解質が共存すると，それらが呈色試薬や目的成分と相互作用したり，錯生成平衡系に影響を与えることで，検量線の傾きを変化させることがある．また，目的成分と測定波長で吸収を示さない共存成分が呈色試薬と競争反応を起こすときは，検量線の傾きが小さくなることもある．いずれの場合も，試料とまったく同じ溶液組成条件で検量線が作成できれば定量は可能である．しかし，検量線作成のための標準溶液を試料の溶液組成と一致させることが困難なことも多い．このような場合，標準添加法が有効である．ただし，この方法は検量線が低濃

度領域まで良好な直線性を保ち試薬ブランクを正確に測定できる場合に限られる．また試薬ブランク値に影響を及ぼすような共存成分が存在する場合には用いることはできない．

(2) 図10.8のように，添加したクロム(VI)量に対して吸光度をプロットし，直線が横軸と交わる点の読みからメスフラスコ中に存在する試料中のクロム(VI)量が求まる．20.2 μg となり，これが工場排水 25.0 cm^3 に含まれていたわけであるから，工場排水中のクロム(VI)濃度は 0.808 ppm である．

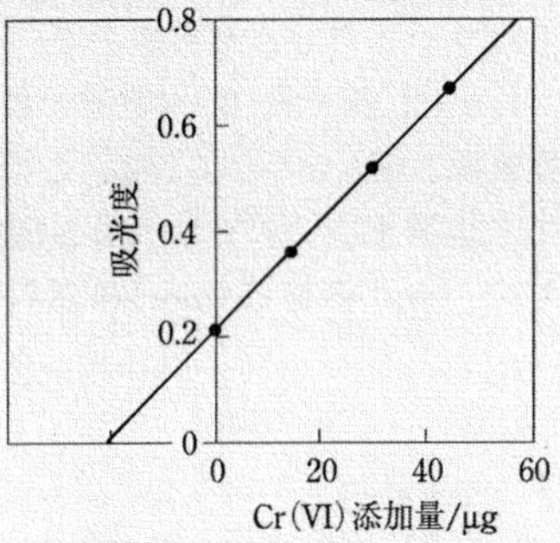

図 10.8　標準添加法によるクロム(VI)の定量

10.5　呈色試薬

化学反応などの結果，反応物質や反応生成物に特有な色が生じることが呈色（または発色，color development, coloring）で，呈色させるために用いる試薬が呈色試薬（または発色試薬，coloring reagent, color reagent）である．表10.2に呈色反応により分類した呈色試薬の例を示す．

【例題 10.11】　吸光光度法に適した呈色試薬の条件について四つあげよ．

【解答】　① 感度が高いこと（high sensitivity），② 選択性が高いこと（high selectivity），③ 再現性がよいこと（high reproducibility），④ 測定波長において試薬の吸収が小さいか，試薬と呈色化合物の吸収極大波長が互いにできるだけ大きく離れていること．

【例題 10.12】　1,10-フェナントロリン（以下 phen と略する．吸収スペクトルは図10.2のGを参照）

表 10.2　呈色反応の分類

反応系		呈色試薬(目的成分；構造，定量形など)
錯生成系	無機試薬	ハロゲン化物(Bi^{3+}；$H^+[BiI_4]^-$)，チオシアン酸塩(Fe^{3+}；$[Fe(SCN)_n]^{(3-n)+}$)，モリブデン酸塩($Si(OH)_4$，H_3PO_4，H_3AsO_4；ヘテロポリ酸たとえば $H_3PMo_{12}O_{40}$)
	有機試薬（キレート生成系）	水溶性錯体：phen(Fe^{2+}；$[Fe(phen)_3]^{2+}$，例題10.12参照)，TPPS(Cu^{2+}；例題10.6参照)，PAR(遷移金属イオン；例題10.8参照) 難水溶性中性錯体(有機溶媒抽出)：8-キノリノール(Al^{3+})，ジチゾン(Hg^{2+}, Pb^{2+}, Cd^{2+}など)(表3.2参照)
イオン会合系		$[Fe(phen)_3]^{2+}$(ClO_4^-；$[Fe(phen)_3](ClO_4)_2$ として溶媒抽出)，メチレンブルー(アルキルベンゼンスルホン酸塩(陰イオン性界面活性剤)；イオン会合体として溶媒抽出)
酸化還元系		ジフェニルカルバジド(CrO_4^{2-}：Cr(III)-ジフェニルカルバゾン錯体，例題10.10参照)，ジエチルジチオカルバミン酸銀(AsH_3(アルシン)；Ag コロイド)
置換反応系		$Hg(SCN)_2$(Cl^-：$HgCl_2$ 生成により遊離した SCN^- を $FeSCN^{2+}$ として定量)

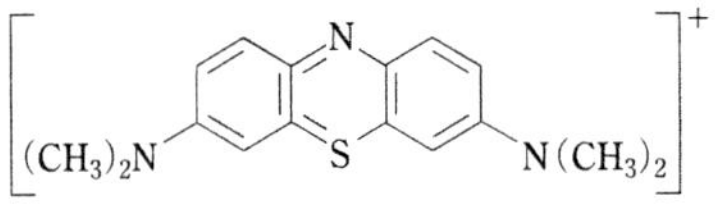

メチレンブルー

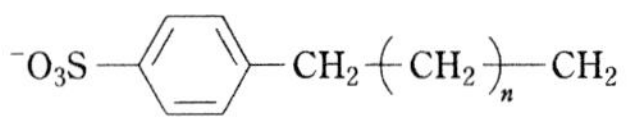

アルキルベンゼンスルホン酸

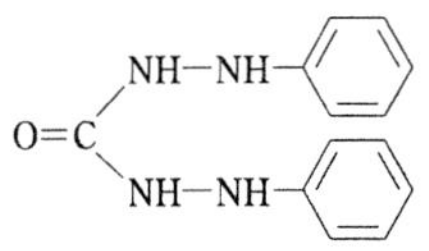

ジフェニルカルバジド

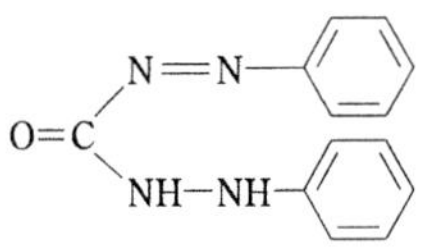

ジフェニルカルバゾン

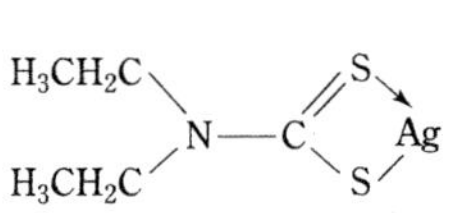

ジエチルジチオカルバミン酸銀

を用いた鉄の定量法に関する次の文を読み，以下の①～④の問いに答えよ．

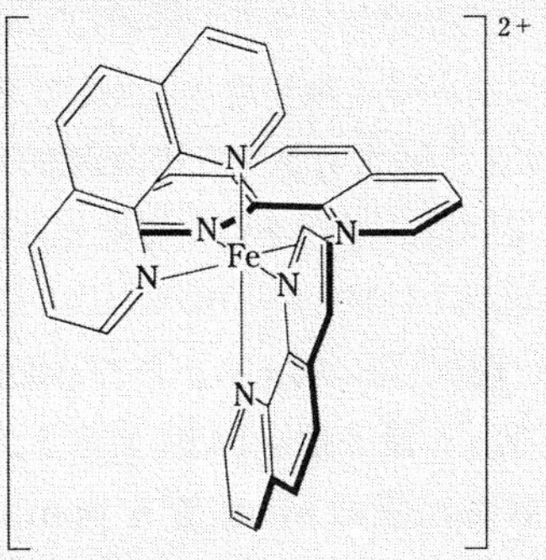

図 10.9 鉄-1,10-フェナントロリン錯体

①Fe^{2+}はphenと1：3の割合で結合し橙赤色の安定な化合物を生成し，吸収極大波長510 nmにおけるモル吸光係数は1.11×10^4 mol^{-1} dm^3 cm^{-1}である．酸性にした試料溶液10.0 cm^{3}を50 cm^{3}メスフラスコにとり，phen溶液を加え，②撹拌した後に緩衝液を加えてpHを3～5に調整する．水を加えて50.0 cm^{3}定容にした後よく撹拌し30分間放置する．1.00 cmセルを用い試薬ブランクを対照にして測定を行うと，透過率にして53.5％であった（溶液A）．ついで，おなじ試料溶液10.0 cm^{3}を50 cm^{3}メスフラスコにとり，③ヒドロキシルアミン溶液，phen溶液，緩衝液の順によく撹拌しながらそれぞれの溶液を加える．水を加えて50.0 cm^{3}定容にした後よく撹拌し30分間放置する．この溶液（溶液B）について測定を行ったところ，38.7％の透過率であった．

① この化合物の構造およびphenと鉄との結合様式について述べよ．

② pHを3～5に調整する理由について説明せよ．

③ ヒドロキシルアミンはどのような化学反応に関与するか．

④ 溶液の比重を1.00として，試料溶液中のFe^{2+}とFe^{3+}の濃度をppm（mg kg^{-1}）単位で求めよ．ただし，鉄の原子量は55.8である．

【解答】

① phenの窒素原子の非共有電子対が関与した配位結合．鉄原子が中心にある正八面体の各頂点に窒素原子が配位し，phenが2座配位子であるために5員環のキレート環が三つできる．また鉄の3d軌道の電子対のphenの空軌道への逆供与も起こるため，生成定数$\beta_3=[Fe(phen)_3^{2+}]/([Fe^{2+}][phen]^3)=10^{21.3}$と非常に安定な化合物となる．

② 強酸性溶液中ではphenへのプロトン付加が起こりHphen$^+$やH_2phen^{2+}が生成する．pH 4以上では溶存酸素によるFe^{2+}の酸化はpHが高いほど速くなる．また，高いpHではFe^{2+}イオンは配位水分子からH^+を放出してヒドロキソ錯体となる．このヒドロキシル基とphenとの置換反応は比較的遅い．以上の理由により，発色の最適条件は弱酸性領域となる．

③ Fe^{3+}をFe^{2+}にするための還元剤である．この操作を経ることで，Fe^{2+}に選択的な呈色試薬phenを用いて鉄の全濃度を知ることができる．

④ 溶液Bから全鉄濃度が$0.412/(1.11\times10^4)=3.71\times10^{-5}$ mol dm^{-3}と求められ，溶液AからFe^{2+}濃度が$0.272/(1.11\times10^4)=2.45\times10^{-5}$ mol dm^{-3}であることがわかる．5倍に希釈したものについて定量を行ったので，試料溶液中のFe^{2+}濃度は1.23×10^{-4} mol dm^{-3}，Fe^{3+}は6.30×10^{-5} mol dm^{-3}であり，ppm単位ではFe^{2+}が6.86 ppm，Fe^{3+}が3.52 ppmとなる．

【例題 10.13】 次のイオンを定量するのにもっとも適当なものを，下に示した呈色試薬の中から選べ．

定量目的成分：(1) CrO_4^{2-}，(2) PO_4^{3-}，(3) Al^{3+}，(4) Fe^{2+}，(5) Fe^{3+}，(6) Mn^{2+}，(7) ClO_4^-

呈色試薬：過ヨウ素酸カリウム，8-キノリノール（オキシン），ジフェニルカルバジド，チオシアン酸カリウム，1,10-フェナントロリン，モリブデン酸アンモニウム，$[Fe(phen)_3]^{2+}$

【解答】

(1) ジフェニルカルバジド（例題10.10参照）．

(2) モリブデン酸アンモニウム（市販品として手に入れやすい$(NH_4)_6Mo_7O_{24}\cdot4H_2O$（七モリブデン酸六アンモニウム四水和物）が通常用いられる）：酸性溶液中でモリブデン酸が重合して多核錯体(イソポリ酸）を生成する一方，リン酸やケイ酸のような四面体構造をもつ酸素酸が存在すると，それらを一つ取り込んだヘテロポリ酸（$H_3PMo_{12}O_{40}$，$H_4SiMo_{12}O_{40}$）を生成し黄色を呈する．この化合物を還元すると，吸光係数がさらに大きな青色の化合物（モリブデンブルー）に変化する．

(3) 8-キノリノール：Al^{3+} は8-キノリノールと黄色の1：3錯体を生成する．錯体は電荷を持たず，水にはほとんど溶けない．しかし，クロロホルムのような有機溶媒にはよく溶けるため，アルミニウム錯体を溶媒抽出した後に有機溶媒相を定量に用いる．

(4) 1,10-フェナントロリン（例題10.12参照）．

(5) チオシアン酸カリウム（KSCN）：Fe^{3+} は酸性水溶液中で血赤色のチオシアナト錯体を形成する．生成定数はあまり大きくないので，配位するチオシアン酸イオンの数は溶液中のチオシアン酸塩濃度，用いる酸の種類と濃度に依存する．また，この錯体は放置すると分解して退色するため，放置時間も含めて測定条件を一定にする必要がある．

(6) 過ヨウ素酸カリウム（KIO_4）：Mn^{2+} はうすいピンク色を示し，可視域におけるモル吸光係数は $10\,mol^{-1}\,dm^3\,cm^{-1}$ 以下と小さい．しかし，次式に従って Mn^{2+} を MnO_4^- に酸化すると，濃い赤紫色を呈し，吸光係数は100倍以上大きくなる（図10.2中の吸収スペクトルH）．

$$2Mn^{2+} + 5\,IO_4^- + 3H_2O \rightleftharpoons 2MnO_4^- + 5IO_3^- + 6H^+$$

(7) $[Fe(phen)_3]^{2+}$：一般に，イオンを水溶液から有機溶媒に移す時，大きな脱水和エネルギーを必要とする．しかし，かさ高い陽イオンと陰イオンは，水和した水分子数が少なく，いずれも脱水和エネルギーをあまり必要としない．したがって，これらは会合体となって有機溶媒に容易に抽出される．この性質を利用して，過塩素酸イオンのように紫外・可視領域に吸収を持たないイオンであっても，間接的に吸光光度定量が可能である．$[Fe(phen)_3]^{2+}$ はかさ高い陰イオンの抽出定量試薬として用いられる．

演習問題

【10.1】 Mn 0.705％を含む鉄鋼標準試料がある．その0.1588 gを秤りとり，溶解した後酸化してMnを MnO_4^- とし，$250\,cm^3$ の溶液とした．この溶液を光路長1.00 cmのセルに入れ試薬ブランクを対照に525 nmにおける吸光度を測定したところ0.215であった（A溶液）．同じ試料の0.2131 gについては吸光度は0.294であった（B溶液）．次にMn含有量未知の鉄鋼試料 0.1988 gについて同様に操作を行って吸光度を測定したところ0.262の吸光度が得られた（C溶液）．次の(a)〜(e)の問に答えよ．ただし溶液の比重は1.00，Mnの原子量は54.94とする．

(a) A，B各溶液のMn濃度をppm単位で示せ．

(b) 上記測定結果を用いてMnの吸光光度法の検量線を描け．

(c) (b)を用いてC溶液中のMn濃度をppm単位で示せ．

(d) Mn含有量未知の鉄鋼試料のMn含有率(％)はいくらか．

(e) 光路1.00 cmとして，(b)から MnO_4^- の525 nmにおけるモル吸光係数を求めよ．

【10.2】 $HR \rightleftharpoons H^+ + R^-$（酸解離定数：$2.0\times10^{-4}\,mol\,dm^{-3}$）の解離平衡が関与する色素（酸塩基指示薬）を含む希薄な酢酸水溶液がある．この溶液の吸光度を光路1.00 cmのセルで水を対照に測定したところ，波長460 nmで0.36，510 nmで0.54を示した．この溶液の色素濃度とpHを算出せよ．ただし，関連濃度域ではベールの法則が成立するものとし，この条件における各有色化学種のモル吸光係数($mol^{-1}\,dm^3\,cm^{-1}$)は次のとおりである．

波長 / nm	430	460	490	510	530
有色成分 HR	1.9×10^4	2.4×10^4	1.9×10^4	1.2×10^4	0.4×10^4
R^-	0.5×10^4	1.8×10^4	3.4×10^4	3.9×10^4	3.4×10^4

【10.3】 微量の2種の金属イオンAおよびB（電荷省略）を含む試料溶液がある．これに発色試薬Rを $1.0\times10^{-2}\,mol\,dm^{-3}$ 加えて，生成する1：1錯体による吸光度を測定してAの定量を行う．その際，Bも同じく1：1錯体（吸光性）を生成して正誤差を与え定量を妨害する．そこでA，Bのいずれに対しても1：1キレートを形成しうるマスキング剤Lを適量加えてBの

妨害を除きたい．共存するBの濃度がAの10倍のとき，Aについて5.0％以内の相対誤差で分析値を得るためのマスキング剤の濃度範囲に関する以下の問い(a)～(d)に答えよ．ただし，R錯体以外の化学種はすべて測定波長において光吸収しない．A，Bに関して副反応が起こらず，A，Bの濃度はともに発色試薬及びマスキング剤の濃度に比べて無視できるほど小さい．また，測光そのものには誤差はないものとする．なお，計算には次の値を用いよ．

R錯体の生成定数（$mol^{-1}\,dm^3$）：

$$K_{AR}=\frac{[AR]}{[A][R]}=1.0\times10^5,$$

$$K_{BR}=\frac{[BR]}{[B][R]}=1.0\times10^5$$

L錯体の生成定数（$mol^{-1}\,dm^3$）：

$$K_{AL}=\frac{[AL]}{[A][L]}=1.0\times10^4,$$

$$K_{BL}=\frac{[BL]}{[B][L]}=5.0\times10^7$$

R錯体のモル吸光係数（$mol^{-1}\,dm^3\,cm^{-1}$，測定波長における値）：

$\varepsilon_{AR}=1.0\times10^4$，$\varepsilon_{BR}=5.0\times10^3$

(a) マスキング剤共存下，Aの全濃度C_Aを[AR]，[L]，[R]の関数として，Bの全濃度C_Bを[BR]，[L]，[R]の関数として示せ．

(b) $10\,C_A=C_B$のとき，AとBの吸光度比(A_B/A_A)を示せ．

(c) 吸光度比が0.05以下となるLの濃度[L]の条件を示せ．

(d) [L]＝0のときAが示す吸光度と，$A_B/A_A=0.050$の条件でAが示す吸光度を比較することで，5.0％の相対誤差までBの妨害を下げることができたときの検量線の傾きとマスキング剤*を加えない場合の傾きの違いについて説明せよ．

【10.4】 吸光光度法を用いて錯体の組成比を決定する方法に関して次の問いに答えよ．

(1) 例題10.12の溶液Bに加える0.0100 mol dm^{-3} phen溶液の量を0～1.00 cm^3まで0.10 cm^3ずつ増やして11本の溶液を作った．錯体が非常に安定であるとして，吸光度を縦軸に，加えたphenの量を横軸にとってプロットし，屈曲点における溶液組成比（Fe：phen）を求めよ．なお，phenは測定波長で吸収を示さない．

(2) 金属イオンMと配位子Lから錯体ML_nだけが生成する反応（電荷を省略；生成定数をK_{MLn}とする）において，Mに関する全濃度がa(mol dm^{-3})，Lに関する全濃度がb(mol dm^{-3})となるようにMとLを混合する．その際，$a+b=c$（一定）の条件でaとbを変化させた一連の溶液について，生成したML_n錯体の吸光度を一定波長で測定し，得られた吸光度をaに対してプロットする．このとき，吸光度が極大を与えるaの値から錯体の組成比を求めることができる．この方法の原理について説明せよ．ただし，測定波長においてMとLは光吸収しないものとする．

* 共存する物質が定量を妨害するとき，この共存物質を反応系から除去せずに，適当な処理によりその妨害を除去することがマスキング（masking），この目的に用いる試薬がマスキング剤（masking agent）である．

第11章　反応速度の測定に基づく分析法（速度論的分析法）

容量分析では一般に目的成分と反応する試薬を加えて，反応ができるだけ生成物のほうに片寄る条件を見いだし，その時の物性を測定して目的成分の分析が行われる．このような方法は，熱力学的方法あるいは静的方法とよばれている．これに対して単位時間内の物質の変化量（反応速度）を追跡して目的成分を定量しようとする方法があり，これは速度論的方法あるいは動的方法といわれる．速度論的分析法では，酸化還元反応，錯形成反応，錯体の解離反応，金属置換反応，配位子置換反応あるいは酵素が関与する反応などが用いられる．この分析法は触媒が関与しない非接触反応に基づく方法と触媒が関与する接触反応を利用する方法（接触分析）に大別される．本章では，反応速度を利用する分析法について学ぶ．

11.1　非接触反応を利用する分析法

非接触反応を利用する分析法は，反応速度の違いを測定することにより性質の似通った二つ以上の目的成分を分離することなく定量できるという利点をもっている．

【例題 11.1】　目的成分Aが試薬Rと反応して生成物Pが生じる反応において

$$A + R \longrightarrow P \tag{a}$$

この反応の初速度を測定することにより，Aの濃度を求める方法を述べよ．ただし，この反応の次数は，AおよびRに関してそれぞれ一次とし，RはAに比べ過剰に存在するものとする

【解答】　式(a)の反応の速度定数を k_A とすると，速度式は

$$-\frac{d[A]}{dt} = \frac{d[P]}{dt} = k_A[A][R] \tag{b}$$

と表される．いま，$[A] \ll [R]$ であるから，この反応は擬一次反応となる．したがって，試薬Rの濃度を含む条件速度定数を $k_{A(R)}$ とおくと（$k_A[R] = k_{A(R)}$），

$$-\frac{d[A]}{dt} = k_{A(R)}[A] \tag{c}$$

となる．Aの初濃度を $[A]_0$ とすれば，初速度は，式(c)より

$$\lim_{t \to 0}\left(-\frac{d[A]}{dt}\right) = k_{A(R)}[A]_0 \tag{d}$$

となるから，初速度を測定することにより目的成分Aの濃度を求めることができる．

【例題 11.2】　試薬Rと反応する成分AおよびBが共存するとき，両者に反応速度の差があれば，Bの影響をうけることなく目的成分Aを定量することができる．いま，成分AおよびBとRの反応がともに擬一次反応であるとし，それぞれの条件速度定数を $k_{A(R)}$ および $k_{B(R)}$ すると，ある時間 t においてAが95％反応し，Bが5％しか反応しない場合の条件速度定数の比（$k_{A(R)}/k_{B(R)}$）はいくらになるか．

【解答】　AおよびBとRの反応は，それぞれ擬一次反応であるから反応速度式より，

$$\ln\frac{[A]_0}{[A]} = k_{A(R)}t \tag{a}$$

$$\ln\frac{[B]_0}{[B]} = k_{B(R)}t \tag{b}$$

が得られる．ここで，$[A]_0$ および，$[B]_0$ は，それぞれAおよびBの初濃度で，$[A]$ および，$[B]$ は反応時間 t におけるAとBの濃度である．式(a)

および(b)より，

$$\frac{\log([A]_o/[A])}{\log([B]_o/[B])}=\frac{k_{A(R)}}{k_{B(R)}} \qquad (c)$$

が得られる．題意より次の関係が得られる．

$$\frac{k_{A(R)}}{k_{B(R)}}=\frac{\log 20}{\log 1.05}=58.6$$

11.2　接触反応を利用する分析法

触媒は，化学反応の平衡の位置を変化させることなく，反応の活性化エネルギーの低い別の反応経路を経ることによりその反応の速度を増加させる（接触反応）．このような反応速度の増大を利用して極微量の触媒を定量しようとする方法は，接触分析法とよばれる．その特長は，触媒が化学量論的に作用するのではなく，触媒が循環再生して指示反応（主反応）に関与するので反応条件を適切に選べば，特殊な機器を使用することもなく簡単な操作で高感度定量が行えることである．また，触媒の定量ばかりでなく，接触作用を阻害する物質，あるいは反応物質の定量にも応用されている．本節では、接触反応について述べる．

a.　接触分析の原理

基質 S と試薬 R が反応して生成物 P および Q が生成する主反応（指示反応，非接触反応）においてある化学種 C が触媒として作用する場合について考える．

$$\mathrm{S + R \longrightarrow P + Q} \qquad (11.1)$$

この反応において触媒 C が接触作用を示し（接触反応），C′ に変化したとする．

$$\mathrm{S + C \longrightarrow P + C'} \qquad (11.2)$$

反応(11.2)は，反応(11.1)よりも速く進行する．この反応が進むにつれ C は消費されるため，最後には無触媒状態となり反応は停止する．しかし，ここに

$$\mathrm{C' + R \longrightarrow C + Q} \qquad (11.3)$$

の反応を組み込むと，C は常に再生されて反応(11.2)が進行するようになる．このタイプの反応は，酸化還元反応を指示反応とした方法に多く，反応中に触媒の酸化状態が変化して循環再生するものである．この場合，反応(11.3)から明らかなように，C′ の定量も可能である．また，指示反応，接触反応および再生反応の速度をそれぞれ，V_i，V_c および V_r とすると，これらの反応速度の関係が

$$V_r \gg V_c > V_i \qquad (11.4)$$

であれば，触媒 C は常に循環再生されることになる．

ここで，非接触反応（指示反応）および接触反応の速度定数をそれぞれで k_u および k_c とすれば，S の減少速度，または P の生成速度は，

$$-\frac{d[S]}{dt}=\frac{d[P]}{dt}=k_u[S][R]+k_c[S][R][C] \qquad (11.5)$$

と表すことができる．

錯形成反応，錯体の解離反応，配位子置換反応などを利用する分析法では，触媒の酸化状態は変化しない場合が多い．たとえば，反応(11.1)において触媒 C と基質 S が反応し，中間体 SC が生成する場合を考える．

$$\mathrm{S + C \longrightarrow SC} \qquad (11.6)$$

この中間体 SC が試薬 R と反応し，

$$\mathrm{SC + R \longrightarrow P + Q + C} \qquad (11.7)$$

C を再生する．この反応の速度式は，

$$-\frac{d[S]}{dt}=\frac{d[P]}{dt}=k_u[S][R]+k_c[SC][R] \qquad (11.8)$$

と表される．一方，式(11.6)が平衡状態にある場合，その平衡定数を K_{sc} とすると，

$$K_{sc}=\frac{[SC]}{[S][C]} \qquad (11.9)$$

であるから，これを式(11.8)に代入して，

$$\frac{d[P]}{dt}=k_u[S][R]+k_cK_{sc}[S][C][R] \qquad (11.10)$$

が得られる．したがって，式(11.5)および式(11.10)から明らかなように，S の減少速度，または P の生成速度を追跡することにより触媒 C の濃度を求めることができる．式(11.5)および式(11.

10)の第1項は，いわゆる試薬ブランク値であり，$k_u \ll K_c$[C]という条件が設定できれば，高感度で再現性のよい分析法を開発することができる．

b. 測　定　法

接触分析では，[S]，[R]，pH などの測定条件は一定となるので，式(11.5)および式(11.10)は

$$\frac{d[P]}{dt}=K_1+K_2[C] \tag{11.11}$$

と表すことができる．この関係式を用いて触媒Cの濃度を求めることができる．

【例題 11.3】 生成物の吸光度を測定して反応速度を追跡する場合，次の四つの方法が用いられる．これらの方法についてそれぞれ解説せよ．

(1) 速度法（Tangent 法），(2) 濃度測定法（定時間法），(3) 時間測定法（定濃度法），(4) 誘導期間測定法

【解答】

(1) 速度法（Tangent 法）：反応物あるいは生成物の吸光度と時間の関係（減衰曲線あるいは生成曲線）をプロットすると，触媒濃度により傾きが異なるので，その傾きより触媒の濃度を求めるものである．

(2) 濃度測定法（定時間法）：一定時間後の吸光度を測定する方法である．式(11.1)において，[S]，[R]などの変化量が無視できるような反応時間ΔtにおけるPの生成量をΔ[P]とすると，

$$\frac{\Delta[P]}{\Delta t}=K_1+K_2[C] \tag{a}$$

$$\Delta[P]=K_1\Delta t+K_2[C]\Delta t \tag{b}$$

となるから，反応開始後，時間tにおける生成物Pの吸光度を測定することにより，触媒濃度を

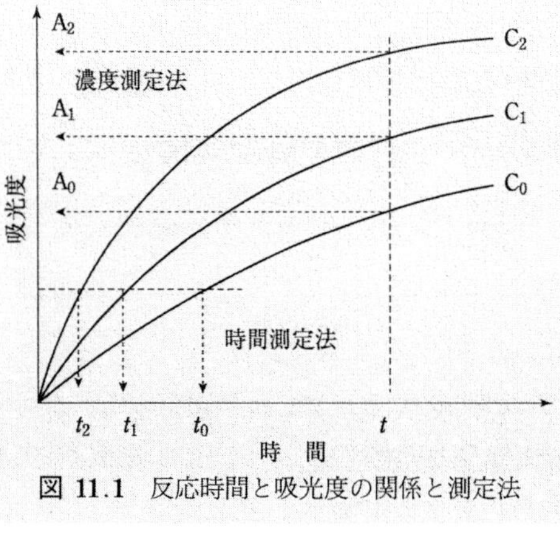

図 11.1　反応時間と吸光度の関係と測定法

求めることができる．図11.1に反応時間と吸光度の関係を示す．

(3) 時間測定法（定濃度法）：一定の吸光度に達する時間を測定する方法である（図11.1）．式(a)から

$$\frac{1}{\Delta t}=\frac{K_1}{\Delta[P]}+\frac{K_2[C]}{\Delta[P]} \tag{c}$$

が得られるので，$1/\Delta t$ と異なる触媒濃度[C]をプロットして検量線を作成する．

(4) 誘導期間測定法：接触反応における誘導期間を測定する方法である．二段階以上から成り立っている反応で，最初の遅い段階における反応生成物が，次の段階では反応物質としてふるまうことに起因する場合に誘導期間が現われる．触媒が存在するとこの誘導期間が短くなるので，この時間を測定して触媒濃度を求める．

一般に誘導期間t_1と触媒濃度[C]には，次の関係がある．

$$[C]=\frac{\alpha}{t_1} \text{あるいは} \quad [C]=\frac{\beta}{t_1^2} \tag{d}$$

ここで，α および β は定数である．

---

c. 酸化還元反応を用いる分析法

これまでに開発されている接触分析法のうち，酸化還元反応を指示反応とした分析法が最も多く，また分析感度も高い．基質としての還元剤は，無機化合物も用いられるが，酸化されることにより発色したり，退色したりする有機化合物がしばしば使われる．また，この反応で用いられる酸化剤は，基質を酸化できる酸化還元電位を持っているが，その酸化速度は非常に遅いもので，しかもC′からCへの酸化はきわめて速やかに行うことができるものである．このような酸化剤として過酸化水素，溶存酸素，臭素酸塩，過ヨウ素酸塩，ペルオキソ二硫酸塩などが多用されている．触媒としては，異なった酸化状態をとることができるもので，銅，鉄，クロム，マンガン，バナジウム，セレン，ヨウ化物イオンなどが接触作用を示す．表11.1に酸化還元反応を利用した接触分析の例を示す．

多くの分析法において共存イオン，特に金属イオンによる妨害がしばしば問題となるため，マス

表 11.1 酸化還元反応を用いた接触分析の例

触媒	指示反応	活性化剤	定量範囲/ng ml^{-1}
Ag(I)	ピロガロールレッド-$S_2O_8^{2-}$	phen	0.85〜21
Co(II)	PPDA-H_2O_2	タイロン	0.02〜0.2
	MBTH-DMA-H_2O_2	タイロン+HCO_3^-	0.04〜0.5
Cu(II)	DPD-DMA-H_2O_2	NH_3	0.2〜2
	MBTH-DAOS-H_2O_2	ピリジン	0.1〜5
Cr(III)	MBTH-DMA-H_2O_2	EDTA	0.5〜10
Fe(II, III)	p-アニシジン-DMA-H_2O_2	phen	1.0〜14
	PPDA-DMA-H_2O_2	酢酸塩	0.6〜6
Mn(II)	MBTH-DMA-O_2	phen, bpy	0.1〜2
	マラカイトグリーン-IO_4^-	NTA	0.1〜15
V(IV, V)	PPDA-DMA-BO_3^-	酒石酸	0.1〜1
	AA-DMA-BO_3^-	SSA	0.05〜1

PPDA：N-フェニール-p-フェニレンジアミン
MBTH：3-メチル-2-ベンゾチアゾリノンヒドラゾン
DMA：N, N-ジメチルアニリン
DPD：N, N-ジメチル-p-フェニレンジアミン
DAOS：N-エチル-N-(2-ヒドロキシ-3-スルホプロピル)-3,5-ジメトキシアニリン
AA：4-アミノアンチピリン
phen：1,10-フェナントロリン
bpy：2,2'-ビピリジン
タイロン：カテコール-3, 5-ジスルホン酸
NTA：ニトリロ三酢酸
SSA：5-スルホサリチル酸

キング剤が添加される（第5, 8, 10章参照）．ところが，マスキング剤（配位子）が接触反応系に存在したとき，接触反応の速度が著しく増大する場合がある．このような作用をもつ配位子は活性化剤（activator）とよばれ，接触分析法の感度を飛躍的に増加させる．また，この配位子は特定の金属イオンに対して特異的にに作用するとともに他の金属イオンをマスクするので，選択性も向上する．コバルト(II)の接触反応におけるタイロン，銅(II)におけるアンモニアおよびピリジン，クロム(III)における EDTA，鉄(II, III)における 1, 10-フェナントロリンやビピリジン，バナジウム(IV, V)における 5-スルホサリチル酸などが極めて有効に作用する（表 11.1）．活性化剤はそれぞれの反応系の中で，① 金属の有効電荷を増大させる効果が基質分子内結合の組み換えを容易にするなど基質と触媒の反応に関与する場合，② 金属イオンと錯形成することにより反応系の電位が変化して触媒の再生反応を速やかにするような場合，あるいは ③ 接触反応に間接的に作用する場合があると考えられているが，その作用は，まだ明らかになっていない点が多い．

微量鉄(II, III)の接触分析の例を次に示す．過酸化水素の存在下，p-アニシジン(Anis) と N, N-ジメチルアニリン(DMA)との反応により，バリアミンブルーBロイコ塩基類似物質である N-(p-メトキシフェニル)-N', N'-ジメチル-p-フェ

$$H_3CO-\!\!\!\underset{\text{Anis}}{\bigcirc}\!\!\!-NH_2 + \underset{\text{DMA}}{\bigcirc}\!\!\!-N(CH_3)_2$$

$$\xrightarrow{H_2O_2} H_3CO-\!\!\!\bigcirc\!\!\!-\underset{H}{N}-\!\!\!\bigcirc\!\!\!-N(CH_3)_2$$
$$\text{MDP}$$
(11.12)

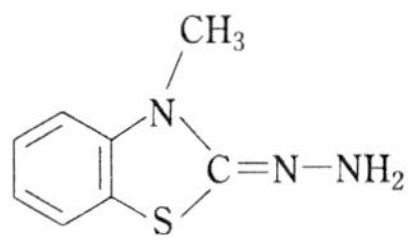

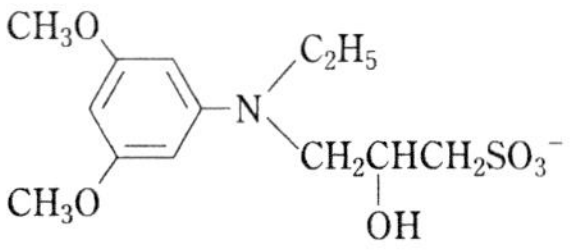

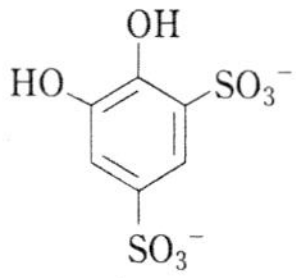

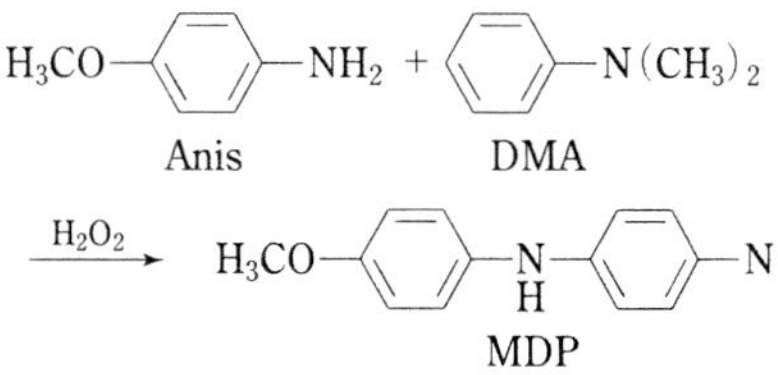

ニレンジアミン(MDP)が生成する(式(11.12)).過酸化水素によるMDPの酸化速度は遅いが,微量の鉄(Ⅲ)が存在すると,MDPは接触的に酸化されて青色化合物 N-(p-メトキシフェニル)-N',N'-ジメチル-1,4-ベンゾキノンジイミニウムイオン(MDB)が生成する(式(11.13)).したがって,一定時間後に生成したMDBを測定することにより微量の鉄(Ⅲ)が測定可能となる.また,式(11.14)から明らかなようにこの方法では,鉄(Ⅱ)も定量可能である.

$$\text{MDP} + \text{Fe(Ⅲ)} \longrightarrow$$

$$\text{H}_3\text{CO}-\!\!\!\!\bigcirc\!\!\!\!-\text{N}=\!\!\!\!\bigcirc\!\!\!\!=\overset{+}{\text{N}}(\text{CH}_3)_2 + \text{Fe(Ⅱ)}$$
$$\text{MDB}(\lambda_{max}=735\,\text{nm}) \quad (11.13)$$

$$2\text{Fe(Ⅱ)} + \text{H}_2\text{O}_2 + 2\text{H}^+$$
$$\longrightarrow 2\text{Fe(Ⅲ)} + 2\text{H}_2\text{O} \quad (11.14)$$

また,この反応系に活性化剤として1,10-フェナントロリンを添加すると,接触反応速度が増加してその分析感度が著しく改善される.図11.2に1,10-フェナントロリンの活性化効果を示す.この図から1,10-フェナントロリンは,ある濃度までは活性化作用を示すが,ある濃度以上になると阻害剤として作用しているので注意しなければならない.最適条件下で濃度測定法(定時間法)により $10^{-8}\,\text{mol dm}^{-3}$ 程度の鉄を定量することができる.

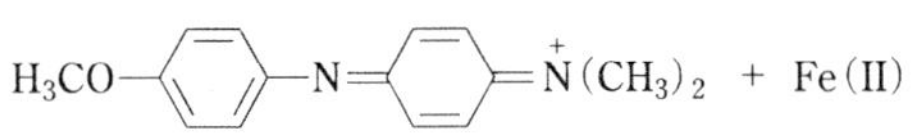

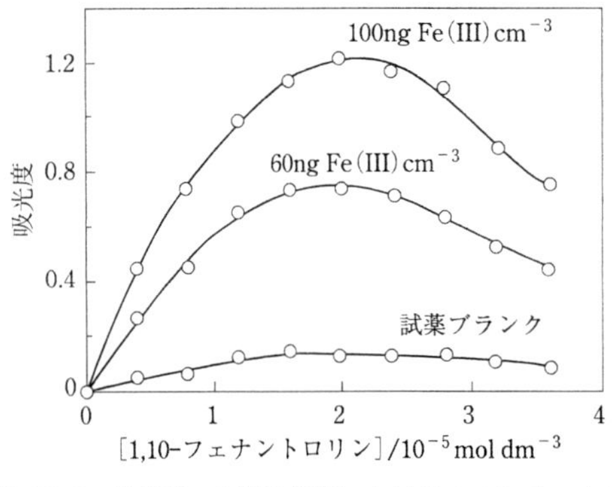

図 11.2 鉄(Ⅲ)の接触作用における1,10-フェナントロリン濃度の影響

【例題 11.4】 化学量論的反応に基づく分析法において界面活性剤の利用により分析感度の向上がはかられているが,接触反応系においても界面活性剤を共存させると感度の改善がみられる.これは,界面活性剤のどのような作用に基づくのかを解説せよ.

【解答】 接触反応系にミセルなどの分子集合体を共存させると,次に示すミセルの作用がある.
(1) 反応に関与する物質とミセルとの相互作用により反応物質がミセル界面に濃縮される.
(2) 反応がミセル相内で濃縮された状態で起こる.
(3) 反応を追跡する指示物質とミセルとの相互作用によりその物質の安定性が保たれ,またその特性が変化する.
これらの作用を単独あるいは同時に利用することにより,分析感度が向上する.

d. 置換反応および錯形成反応を用いる分析法

配位子置換反応,金属イオン置換反応,錯形成反応において他の金属イオンや配位子の影響が明らかにされ,これらの反応を指示反応とする接触分析法も考案されている.

ニッケル(Ⅱ)-EDTA錯体は,亜鉛(Ⅱ)イオンと反応してZn(Ⅱ)-EDTA錯体を生成する.

$$\text{Ni(Ⅱ)-EDTA} + \text{Zn(Ⅱ)}$$
$$\longrightarrow \text{Zn(Ⅱ)-EDTA} + \text{Ni(Ⅱ)} \quad (11.15)$$

この反応を指示反応として微量の銅(Ⅱ)が定量可能となっている.反応(11.15)に微量の銅(Ⅱ)が存在すると,

$$\text{Ni(Ⅱ)-EDTA} + \text{Cu(Ⅱ)}$$
$$\longrightarrow \text{Cu(Ⅱ)-EDTA} + \text{Ni(Ⅱ)} \quad (11.16)$$
$$\text{Cu(Ⅱ)-EDTA} + \text{Zn(Ⅱ)}$$
$$\longrightarrow \text{Zn(Ⅱ)-EDTA} + \text{Cu(Ⅱ)} \quad (11.17)$$

のように銅(Ⅱ)が触媒として作用するので,Ni(Ⅱ)-EDTAの減少は反応(11.15)よりも速く進行する.反応(11.15)および反応(11.16)の速度定数をそれぞれ k_{Zn} および k_{Cu} とすると,全体の反応速度は,

$$-\frac{d[\text{Ni(Ⅱ)-EDTA}]}{dt}$$
$$= (k_{Zn}[\text{Zn(Ⅱ)}] + k_{Cu}[\text{Cu(Ⅱ)}])[\text{Ni(Ⅱ)-EDTA}] \quad (11.18)$$

と表されるので,Ni(Ⅱ)-EDTA錯体の減少速度と銅(Ⅱ)濃度をプロットすることにより検量線を作成し,銅(Ⅱ)濃度を求めることができる.

ポルフィリンは分子断面積が大きいので，光を効率よく吸収する．そのため，ポルフィリン誘導体と金属イオンの錯形成反応（化学量論的反応）は，吸光光度法に応用されている（第10章参照）．速度論的方法においてもポルフィリン誘導体の一つである α, β, γ, δ-テトラフェニルポルフィントリスルホン酸（TPPS）とマンガン(II)の錯形成反応は，水銀(II)，カドミウム(II)および鉛(II)の接触分析法における指示反応として用いられている．

マンガン(II)とTTPSの反応は非常に遅いが，

$$\text{Mn(II)} + \text{TPPS} \longrightarrow \text{Mn(II)-TPPS} \tag{11.19}$$

ここに微量の水銀(II)が存在すると，水銀(II)はTTPSと錯形成する．

$$\text{Hg(II)} + \text{TPPS} \rightleftharpoons \text{Hg(II)-TPPS} \tag{11.20}$$

次に，生成したHg(II)-TPPSは歪むのでマンガン(II)が反応しやすくなり，Mn(II)-TPPS錯体の生成が容易になる．

$$\text{Hg(II)-TPPS} + \text{Mn(II)} \longrightarrow \text{Mn(II)-TPPS} + \text{Hg(II)} \tag{11.21}$$

このようにして水銀(II)は，マンガン(II)とTTPSの錯形成反応を約10,000倍以上促進する触媒として働くので，TPPSの吸光度（413 nm）の減少速度を測定して極微量の水銀(II)の定量が可能となる．同様にしてカドミウム(II)および鉛(II)の接触分析が可能となる．

演 習 問 題

【11.1】 二つの成分A，Bを含む溶液がある．これに試薬Rを過剰に加え，生成する着色物質ARおよびBRの反応速度を吸光度測定により追跡してAおよびBの濃度を求める方法を解説せよ．ただし，AとBとの反応は互いに無関係で独立に一次反応で進行し，それぞれの条件速度定数を $k_{A(R)}$ および $k_{B(R)}$ とし，$k_{A(R)} \gg k_{B(R)}$ の関係があるとする．また，ARおよびBRのモル吸光係数をそれぞれ ε_{AR} と ε_{BR} し，光路長1 cmのガラスセルを用いて吸光度の測定をしたとする．

【11.2】 酵素は，生体内で特異的な触媒として作用している．いま，酵素をE，基質をS，反応生成物をPとすると，酵素による典型的な接触反応は，次のように表される．

$$\text{E} + \text{S} \underset{k_2}{\overset{k_1}{\rightleftharpoons}} \text{ES} \xrightarrow{k_3} \text{P} + \text{E}$$

ここで，k_1～k_3 は，各反応段階の速度定数である．上式の反応速度 v と酵素の初濃度$[\text{E}]_0$は，どのような関係となっているか．その関係式を導け．

第12章　分析データの取り扱い

分析データの不確かさは，繰り返し測定による値のばらつきとしてしばしば観察される．このばらつきの大きさは，測定方法や測定結果の信頼性を表すものであり，分析データとともに適切に表示しなければならない．測定結果の信頼性やばらつきの大きさは，これまで誤差や精度により表されてきたが，現在はトレーサビリティーや「不確かさ」の概念によって表すことが国際的に取り決められている．トレーサビリティーや「不確かさ」は，国際標準化機構（ISO）により誤差に代わるものとして新しく定義された概念である．信頼される分析には，トレーサビリティーの確保と「不確かさ」の表記が求められるため，それらについて理解しておく必要がある．本章では，まず伝統的な誤差の概念と，それに基づく真度，精度，精確さなどの概念について整理し，その後で「不確かさ」の考え方と測定結果の統計的な取り扱いについて学ぶ．

12.1　測定結果と誤差

a．測定値と誤差

誤差は，測定値 q と真の値 μ との差 $|q-\mu|$ として定義される．しかし，真の値 μ は理想化された概念であり，その値を知ることはできない．そのため，平均値や認証値が代わりに用いられる．誤差は，その性質によって系統誤差と偶然誤差に分けられる．系統誤差は，用いる機器による機器誤差，個人の癖による誤差，その他の誤差があるが，再現可能で原因がわかれば補正が可能な誤差である．偶然誤差は，環境のいろいろな要因が複雑にからんで再現不能で補正ができない誤差である．

【例題 12.1】 100 cm^3 のメスフラスコを用いて，0.1 mol dm^{-3} の塩化ナトリウム水溶液を調製した際に，どのような誤差が考えられるか．それらを①系統誤差と②偶然誤差に分けて示せ．

【解答】

系統誤差：メスフラスコなどのガラス製体積計は，通常その目盛りが 20℃ における体積を表すものとしてつくられているため，室温や水温が 20℃ からずれていると，誤差を生じる原因となる．また，試薬の塩化ナトリウムに吸着している水分や不純物によって生じる誤差も考えなければならない．はかりの校正が適切でないことも誤差を生じる．計算に用いた塩化ナトリウムの式量にも一定の誤差が含まれている．このような系統誤差は補正が可能であり，はかりやメスフラスコなどの適切な校正により系統誤差は小さくできる．

偶然誤差：はかりで試料の質量を繰り返しはかると，測定値がばらつくことがある．同様に，メスフラスコで溶液の体積を 100 cm^3 とする操作や，メスフラスコに試薬溶液を移す操作によっても誤差は起こり得る．偶然誤差を小さくするには，測定の環境条件を一定にして測定回数を多くすることが有効である．

b．測定の真度と精度および精確さ

真度，精度，精確さは，分析データの信頼性を表す用語である．これらは，それぞれの意味を正しく理解して用いる必要がある．ただし，分野によって異なる用語が用いられることがあるので注意しよう．ここでは，JIS Z 8402 および ISO 5725「測定方法及び測定結果の精確さ」で使用されている，真度，精度，精確さの三つの概念について

説明する．真度，精度，精確さの判断の例については，図 12.1 を参考にしてほしい．真度は正確さともいわれる．

真度，正確さ (trueness)：測定結果の平均値と認証値との差を“かたより”とよび，かたよりが小さいとき真度が高いという．かたよりは系統誤差によって生じる．

精度 (precision)：一定条件で分析を繰り返したときの測定値の広がりを“ばらつき”とよび，ばらつきが小さいとき精度が高いという．ばらつきは偶然誤差によって生じる．

精確さ (accuracy)：精確さは，真度と精度を総合的に表すより厳密な用語であり，真度か精度のどちらか一方が低いと低くなる．

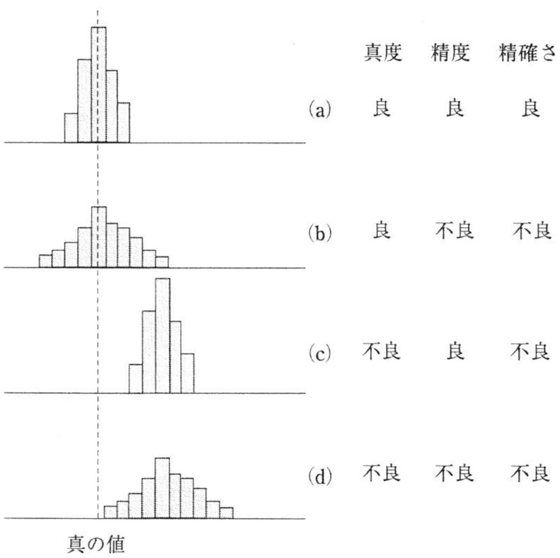

図 12.1　測定結果の度数分布と真度，精度，精確さの判断の例

【例題 12.2】　ある分析法の真度を実験的に調べるには，どのようにしたらよいか．

【解答】　認証値のある標準試料を用いて，その分析法により分析を行い，分析結果の平均値と認証値を比較することで真度を求める．認証値のある標準試料を入手できない場合には，目的物質を含んでいない試料に目的物質を添加し，その量を参照値として認証値の代わりに用いる．または，真度のわかっている分析方法による分析結果の平均値を参照値として認証値の代わりに用いることもある．

---

c．有効数字

測定値の不確かさあるいは正確さは有効数字の桁数によっても表すことができる．例えば，最小目盛り間隔が $0.1\,cm^3$ のビュレットを用いて体積を測定し，$12.03\,cm^3$ と読んだとき，有効数字は4桁であるといい，真の体積は $12.025\,cm^3$ と $12.035\,cm^3$ の間にあることを示している．すなわち，最後の桁の数字 3 は目盛りの間を目測して見積もった数字であるので不確定な数字であり，他の数字は確定した数字である．ゼロは有効数字として使われる場合と単に位取りを示す場合とがある．

たとえば，てんびん(天秤＝はかり(秤))ではかった質量を 1.020 g と表したとすれば，有効数字は 4 桁で，二つの 0 は有効数字である．これを 0.001020 kg と表しても有効数字は 4 桁で，最初の三つの 0 は位取りを表すためのものであり，有効数字とはならない．また，1020 mg と表示すれば，最後の 0 は有効数字であるかどうかわからず，3 桁か 4 桁の区別ができない．有効数字が 4 桁のときには 1.020×10^3 mg とべき指数の形で表し，有効数字が 3 桁のときには 1.02×10^3 mg と書けばはっきりする．

いくつかの測定値を加減したり，乗除したりする場合には，有効数字の桁数に注意する必要がある．加減の計算を行うときは，有効数字の桁数が小さいものにあわせるように数値を丸める．たとえば，三つの物質の質量が 5.104，52.8，0.8356 g であったとき，これらの合計は，58.7 g となる．乗除の計算では，有効数字の桁数が最小のものに一致するように結果を表す．たとえば，三つの数値 251，1.105，0.2365 の積は，65.6 と記すことなる．

12.2　トレーサビリティーと測定結果の不確かさ

真の値 μ や誤差という考え方は，分析データの取り扱いにおいて広く用いられてきた．しかし，真の値 μ は知ることのできない値であり，それに基づく誤差という概念は定義がしっかりしているとは言えない．近年，測定結果の信頼性の確保が国際的に重要となり，分析データの信頼性の表現にも厳密さが求められるようになった．そのため，誤差に代わる新しい考え方として，「不確かさ」や「トレーサビリティー」という考え方がISOにより定義され，広く用いられるようになってきている．まず，それぞれの意味を示そう．

トレーサビリティー：測定結果がSI基本単位などの信頼度の高い標準とのつながりを持つことを意味し，そのとき測定結果には不確かさが表記されなければならない．

不確かさ：測定結果のばらつきを表すパラメーターとして定義される．

不確かさのパラメーターとしては一つのものが定義されているわけではなく，たとえば標準偏差や信頼水準を明示した区間の半分の値（例題12.4参照）を用いることができる．また，どのような値を不確かさのパラメーターとして用いたのかは明示しなければならない．通常は，標準偏差により不確かさは表され，標準不確かさとよばれる．また，不確かさは次のAタイプとBタイプに分類される．偶然誤差と系統誤差の分類は誤差成分の性質による分類であるのに対して，AタイプとBタイプは評価方法による分類であり異なる分類方法である．

Aタイプ：一連の観測値から統計的な手段によって求められる不確かさ．

Bタイプ：その他の手段によって求められる不確かさ．たとえば，試薬の純度や認証値の不確かさ，原子量や物理量の不確かさなど．

ここでは，「Aタイプの標準不確かさ」の求め方を述べる．n個の測定値 $q_i(q_1, q_2, \cdots, q_n)$ が得られたとき，平均値を $\bar{q}$ $(=(q_1+q_2+\cdots+q_n)/n)$ とする．個々の測定値 q_i が平均値 $\bar{q}$ のまわりにばらつく程度は，式(12.1)で与えられる実験（標本）標準偏差 $s(q_i)$ により表される．これは，標本標準偏差あるいは単に標準偏差とよばれることもある．

$$s(q_i)=\sqrt{\frac{\sum_{i=1}^{n}(q_i-\bar{q})^2}{n-1}} \tag{12.1}$$

また，n回測定における平均値 $\bar{q}$ の実験標準偏差 $s(\bar{q})$ は式(12.2)により与えられる．この $s(\bar{q})$ は，平均値の標準誤差とよばれることもある．

$$s(\bar{q})=\frac{s(q_i)}{\sqrt{n}}=\sqrt{\frac{\sum_{i=1}^{n}(q_i-\bar{q})^2}{n(n-1)}} \tag{12.2}$$

n回の繰り返し測定による測定結果の「Aタイプの標準不確かさ」は，この $s(\bar{q})$ により表される．なお，式(12.1)の分母の $n-1$ は自由度といい，平均値 $\bar{q}$ により n 個の観測値 q_i のうち1つが束縛されることによる．この $s(\bar{q})$ をつかって測定値は不確かさとともに $\bar{q}\pm s(\bar{q})$ と表す．これは測定値の平均値 $\bar{q}$ が $\bar{q}-s(\bar{q})\sim\bar{q}+s(\bar{q})$ の範囲でばらつくことを示している．

不確かさは，しばしば相対標準偏差によって表される．相対標準偏差は，標準偏差を平均値で割った値であり，パーセントで表示される．相対標準偏差は，変動係数ともよばれる．

12.3　分析データの統計的取り扱い

a．正規分布

測定を無限回繰り返したときに，得られた観測値 q_i の分布は，正規分布に従うと考えられている．正規分布は，式(12.3)の関数により与えられる．

$$f(x)=\frac{1}{\sigma\sqrt{2\pi}}\exp\left(-\frac{1}{2}\left(\frac{x-\mu}{\sigma}\right)^2\right) \tag{12.3}$$

この無限個のデータの組は観測値の母集団といい，μ は母集団の平均値（誤差がない場合は真の値），σ は標準偏差である．実際には有限個の観測値しか得ることができないが，正規分布を用いることで有限個の観測値の組から母集団の情報を得ようとするのが統計解析の目的である．有限個の観測値 q_i の平均値を母集団の平均値 μ と区別するため $\bar{q}$ と表し，またその標準偏差は $s(\bar{q})$ と表す．

【例題12.3】 表計算ソフトやグラフ作成ソフトを用いて，正規分布関数を計算しグラフを作成してみよ．また，平均値 μ や，母標準偏差 σ を変えてどのように分布曲線が変化するか調べよ．

【解答】 平均値 $\mu=0$，標準偏差 $\sigma=5$ および $\sigma=10$

として作図した正規分布の関数曲線を図 12.2 に示す．正規分布には，いくつかの重要な特徴があり，平均値 μ を中心に左右対称であること，標準偏差 σ の値が大きくなると曲線の広がりが大きくなることである．

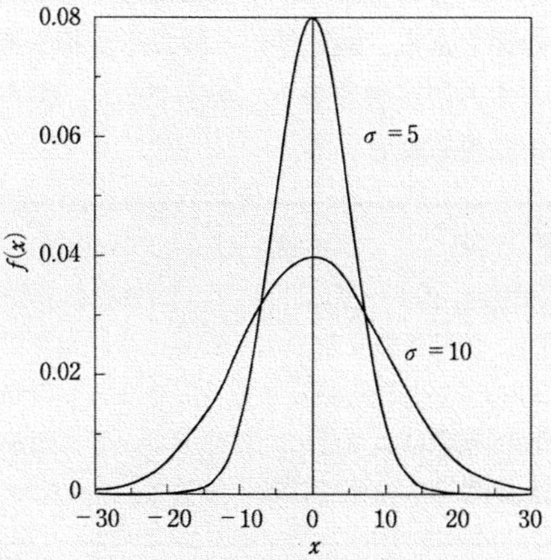

図 12.2 $\mu=0$，$\sigma=5$ と $\sigma=10$ として作成した正規分布の関数曲線

b．正規分布の面積と標準偏差

正規分布の面積と標準偏差 σ の間には重要な関係がある．図 12.2 において，曲線と x 軸で囲まれた面積は，μ や σ の値がどのように変化しても，常に 1 に等しい．また，図 12.3 に示すように，$\mu-\sigma$ から $\mu+\sigma$ の区間の面積は 0.683 であり，これは測定値 q がこの区間に含まれる確率を表す．同様に，測定値 q が $\mu\pm2\sigma$ の区間に含まれる確率は 0.954 であり，$\mu\pm3\sigma$ の区間については 0.997 である．

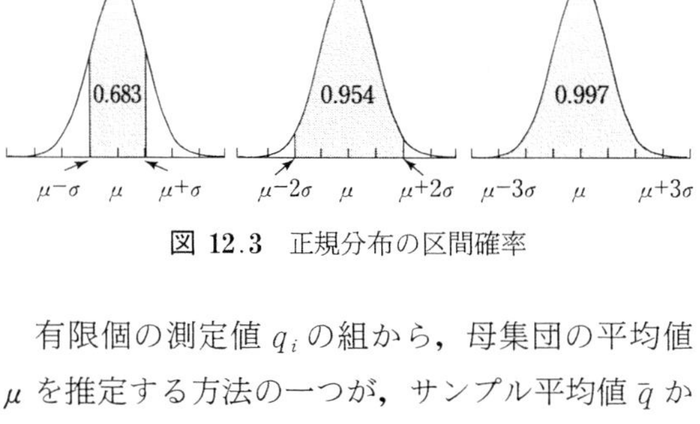

図 12.3 正規分布の区間確率

有限個の測定値 q_i の組から，母集団の平均値 μ を推定する方法の一つが，サンプル平均値 $\bar{q}$ から母集団の平均値 μ が含まれる区間を推定する方法である．この区間のことを信頼区間といい，区間の両端の値を信頼限界，その区間に μ が含まれる確率を信頼の水準という．たとえば，n 回測定の分析結果は $\bar{q}\pm\sigma/\sqrt{n}$ のように表されるが，これは信頼の水準を 68％ とした信頼限界であり，この区間に母集団の平均値 μ が含まれる確率が 68％ であることを意味している．

【例題 12.4】 正規分布の面積から，n 回測定の平均値 $\bar{q}$ を用いて 95.4％ 信頼の水準をもつ信頼区間を示せ．

【解答】 n 回測定の平均値について 95.4％ 信頼の水準を持つ信頼区間は $\bar{q}-2\sigma/\sqrt{n}$ から $\bar{q}+2\sigma/\sqrt{n}$ までであり，$\bar{q}\pm2\sigma/\sqrt{n}$ と示される．ここで，母集団の標準偏差 σ の値は知ることができない値であるが，多数の測定値 q_i がある場合には式(12.1)の実験標準偏差 $s(q_i)$ を σ の代わりに用いることができ，$\bar{q}\pm2s(q_i)/\sqrt{n}$ として求められる．

少数の測定値 q_i の統計的な信頼限界を表す有効な方法として Student の t を用いる方法がある．これは，

$$\mu=\bar{q}\pm ts(\bar{q}) \tag{12.4}$$

で与えられ，t の値は表 12.1 から得られる．これは，真の値 μ が式(12.4)で与えられる範囲内に存在する確率（％）を示したものである．たとえば，5 回の分析値が 12.23，12.25，12.28，12.31，12.33 mg であるとする．これより平均値は 12.28 mg で，実験（標本）標準偏差は 0.0412 となる．

信頼の水準を95％とすると表12.1より $t=2.76$ であるから，これらの値を式(12.4)に代入すると，$\mu=12.28\pm0.051$ となる．すなわち，これは，真の値が 12.28－0.051 から 12.28＋0.051 の範囲に

表 12.1 Student の t 値

測定回数	信頼の水準/％		
	90	95	99
3	2.920	4.303	9.925
4	2.353	3.182	5.841
5	2.132	2.776	4.604
6	2.015	2.571	4.032
7	1.943	2.447	3.707
8	1.895	2.365	3.499
9	1.860	2.306	3.355
10	1.833	2.262	3.250

存在する確立が 95％ であるという意味になる．

c．測定値の棄却

測定を繰り返していると，まれに他のデータの組から著しく飛び離れた測定値が得られる場合がある．このような測定値を疑わしい値とよぶことにする．もし，原因がミスであることが明らかな場合には，誤った値（外れ値）であるので取り除かなければならない．疑わしい値の原因が不明の場合には，測定法によるばらつきの可能性もあり，取り除くかどうかの判断は難しい．そのような場合，疑わしい値の棄却について統計的な検定を試みることができる．比較的簡単な検定方法の一つにQ検定がある．Q検定では，式(12.5)により測定値から Q 値を求め，表12.2の値と比較する．求めた値が表の値より大きい場合には，異常値として棄却する．

$$Q=\frac{|\text{疑わしい値}-\text{もっとも近い値}|}{\text{最大値}-\text{最小値}} \quad (12.5)$$

表 12.2　棄却係数 Q の値(90％信頼の水準)

測定回数 n	3	4	5	6	7	8	9	10
$Q_{0.90}$	0.90	0.76	0.64	0.56	0.51	0.47	0.44	0.41

【例題 12.5】　河川水中のカルシウム濃度の測定を5回繰り返して行ったところ，0.223，0.211，0.215，0.210，0.213 mmol dm^{-3} という値が得られた．最初の値を疑わしい値として，Q検定により棄却すべきかどうか判定せよ．次に，カルシウム濃度について 95％ 信頼の水準での信頼限界を求めよ．

【解答】　疑わしい値を 0.223 として，Q 値は式(12.5)より

$$Q=\frac{0.223-0.215}{0.223-0.210}=0.615$$

と計算される．5回測定に対する表12.2の棄却係数 $Q_{0.9}$ は 0.64 であり，計算された値はこれよりも小さく，疑わしい値は棄却されない．五つの測定値を用いると平均値 $\bar{q}=0.2144$ mmol dm^{-3}，実験標準偏差 $s=0.00518$ mmol dm^{-3} がそれぞれ得られる．これから，95％ 信頼の水準をもつ信頼限界は 0.2144±0.0046 mmol dm^{-3} である．(信頼限界とは，信頼区間の両端の値である．)

d．相関と回帰

機器分析においては，Lambert-Beer の法則を利用する吸光光度法などのように，溶質濃度と測定値との間の直線関係を利用することが多い．2変量の間に直線に近い関係があることを相関が高いといい，相関係数 r は2変量の間の直線性をはかる指標である．測定値から最良の直線を統計的に求める方法が線形最小二乗法であり，得られる直線を回帰直線という．

【例題 12.6】　次に示す濃度 x_i (/10^{-5} mol dm^{-3}) と観測値 y_i のデータについて，回帰直線の傾きと切片，相関係数を求めよ．計算には，表計算ソフトウェアなどを用いることもできる．その場合，下記の関数による値と，ソフトウェアに組み込まれた関数による値を比較すること．

x_i	0.00	1.98	3.96	5.94	7.92	9.89
y_i	0.0000	0.2234	0.4466	0.6720	0.8960	1.1235

【解答】　試料濃度 x_i と観測値 y_i のデータに対して，線形最小二乗法により決定した回帰直線 $y=a+mx$ の，傾き m と切片 a，相関係数 r はそれぞれ次式により与えられる．これらの式を用いた計算により，$m=1.135\times10^4$，$a=-1.443\times10^{-3}$，$r=0.99999$ が得られる．

$$m=\frac{\sum_i\{(x_i-\bar{x})(y_i-\bar{y})\}}{\sum_i(x_i-\bar{x})^2}$$

$$a=\bar{y}-m\bar{x}$$

$$r=\frac{\sum_i\{(x_i-\bar{x})(y_i-\bar{y})\}}{\sqrt{\left(\sum_i(x_i-\bar{x})^2\right)\left(\sum_i(y_i-\bar{y})^2\right)}}$$

演　習　問　題

【12.1】　次の測定における誤差を求め，系統誤差か偶然誤差かを判断せよ．

(a) てんびんで標準分銅 100.00 g の質量を測定したところ，100.23 g であった．

(b) 同じ試料の質量を繰り返し測定したところ，23.43，23.48，23.56 g であった．

(c) 認証値 102 mg dm^{-3} の標準試料を繰り返し測定したところ，109，118，112 mg dm^{-3} であった．

【12.2】 同じ試料の吸光度を6回測定したところ，0.2352，0.2348，0.2347，0.2351，0.2344，0.2350という値が得られた．平均値，実験標準偏差，平均値の実験標準偏差を求めよ．

【12.3】 5回の分析結果が，0.568，0.569，0.572，0.566，0.555 g であった．この分析結果の A タイプの標準不確かさを求めよ．また，分析結果を信頼の水準を 95% とした信頼限界により示せ．

【12.4】 試料中の鉄濃度の測定を5回行ったところ，4.203，4.514，4.515，4.388，4.423 μmol dm^{-3} という値が得られた．最初の値を疑わしい値として，Q 検定により棄却すべきかどうか判定せよ．また，さらに測定をもう1回繰り返して 4.405 mmol dm^{-3} という値が追加された場合はどうなるか．

【12.5】 次に示す検量線作成のためのデータから直線の検量線を最小二乗法により求め，その直線の式および相関係数を示せ．

濃度 / μmol dm^{-3}	0.00	1.98	3.97	5.95	7.94	9.92
吸光度	0.000	0.164	0.335	0.497	0.653	0.821

また，試料溶液の5回繰り返し測定の結果が下の一覧である．最後の吸光度は大きすぎる疑わしい値である．このデータを棄却すべきかどうかを Q 検定により判定せよ．また，この試料溶液中の成分濃度を検量線の直線式から求め，95% 信頼限界で示せ．

試料溶液の吸光度：0.728，0.728，0.724，
0.727，0.740

付　　録

1．国際単位系（SI）

長さ，体積，質量など物の性質の度合いを表す量が物理量で，物理量を測定する際に基準とした一定量に名前をつけたものが単位である．一つの物理量でも国や分野により様々な単位が用いられているので，それぞれの基本物理量に対応した単位が，1960 年の国際度量衡総会で議決された．これが国際単位系（英，international system of units；仏，système international d'unitès；略称 SI）である．この物理量の中には，他の物理量と関連付けることができない，独立した次元を持つもの（基本物理量）が存在する．国際的な合意により，SI 単位系は「長さ」，「質量」，「時間」，「電流」，「温度」，「光度」および「物質量」の七つの基本単位（付表 1.1）と組立単位（表 1.2）よりなる．また 10 のベキ乗についての接頭語（表 1.3）が定められている．1969 年国際純正・応用連合（IUPAC）では，この SI 単位系を採択し，各国での使用を推奨している．

付表 1.1　SI 基本単位

物理量	名　称	記　号	定　義
長　さ	メートル metre	m	1 秒の 299 792 458 分の 1 の間に，光が真空中を伝わる行程に等しい長さ．
質　量	キログラム kilogram	kg	国際キログラム原器（白金・イリジウム製(90：10）で，パリ郊外の国際度量衡局に保管）の質量に等しい質量．
時　間	秒 second	s	セシウム-133（^{133}Cs）の基底状態の二つの超微細準位間の遷移に対応する輻射光の振動周期の 9 192 631 770 倍を 1 秒とする．
電　流	アンペア ampere	A	真空中に 1 メートルの間隔で平行に置かれた 2 本の直線状の導体（断面積が無視できるほど小さく無限に長い導線）に，定電流を通じたとき，これらの導体の間に 1 メートルあたり 2×10^{7} ニュートンの力を及ぼし合う一定の電流．
温　度	ケルビン kelvin	K	水の三重点の熱力学的温度の 1/273.16．1 K の大きさはセルシウス温度目盛での 1°C と同じ大きさ．
光　度	カンデラ candela	cd	周波数 540×10^{12} Hz の単色放射（波長 555 nm の単色光をさす）をある方向へ放射してその光の強さが(1/683）ワット/ステラジアンである放射体の，その方向での光度．
物質量	モル mole	mol	炭素-12（^{12}C）の 0.012 キログラム（12 グラム）に含まれる炭素原子の数と同数の単位粒子* が含まれている系の物質の量．

*　単位粒子とは分子，原子，イオン，電子，その他の粒子またはそれらが組み合わさった特定の集合体のことをいい，モルの単位を使うときには単位粒子の内容を明確に規定することが必要である．

付表 1.2 SI 組立単位の例

物理量		単位の名称		単位の記号	
(a) 固有の名称と記号をもつもの	力	ニュートン	newton	N	$m\ kg\ s^{-2}$
	圧 力	パスカル	pascal	Pa	$m^{-1}\ kg\ s^{-2}$
	エネルギー	ジュール	joule	J	$m^2\ kg\ s^{-2}$
	電 荷	クーロン	coulomb	C	s A
	電位差	ボルト	volt	V	$m^2\ kg\ s^{-3}\ A^{-1}$
	電気抵抗	オーム	ohm	Ω	$m^2\ kg\ s^{-3}\ A^{-2}$
	電気容量	ファラド	farad	F	$m^{-2}\ kg^{-1}\ s^4\ A^2$
	コンダクタンス	ジーメンス	siemens	S	$m^{-2}\ kg^{-1}\ s^3\ A^2$
	セルシウス温度*1	セルシウス度	Degree Celsius	°C	K
	平面角	ラジアン	radian	rad	$mm^{-1}=1$
	立体角	ステラジアン	steradian	sr	$mm^{-2}=1$
	触媒活性*2	カタール	katal	kat	$mol\ s^{-1}$
(b) 固有の名称と記号をもたないもの	面 積	平方メートル		m^2	
	体 積	立方メートル		m^3	
	速 度	メートル毎秒		$m\ s^{-1}$	
	密 度	キログラム毎立方メートル		$kg\ m^{-3}$	
	濃 度	モル毎立方メートル		$mol\ m^{-3}$	

*1 セルシウス温度は，熱力学的温度(K) から 273.15 を引いたものと定義される(0°C＝273.15 K).
*2 1カタールは基質の変化速度 1 mol s^{-1} を与える酵素量.

付表 1.3 SI 接頭語

大きさ	接頭語		記号	大きさ	接頭語		記号
10^{-1}	デシ	deci	d	10	デカ	deca	da
10^{-2}	センチ	centi	c	10^2	ヘクト	hecto	h
10^{-3}	ミリ	milli	m	10^3	キロ	kilo	k
10^{-6}	マイクロ	micro	μ	10^6	メガ	mega	M
10^{-9}	ナノ	nano	n	10^9	ギガ	giga	G
10^{-12}	ピコ	pico	p	10^{12}	テラ	tera	T
10^{-15}	フェムト	femto	f	10^{15}	ペタ	peta	P
10^{-18}	アト	atto	a	10^{18}	エクサ	exa	E
10^{-21}	ゼプト	zepto	z	10^{21}	ゼタ	zetta	z
10^{-24}	ヨクト	yocto	y	10^{24}	ヨタ	yotta	Y

2．基本物理定数の値

物理量	記号	数値	単位
真空中の光速度*	c, c_0	299 792 458	$m\ s^{-1}$
真空の誘導率*	ε_0	$8.854\ 187\ 817\times10^{-12}$	$F\ m^{-1}$
電気素量	e	$1.602\ 176\ 53(14)\times10^{-19}$	C
プランク定数	h	$6.626\ 069\ 3(11)\times10^{-34}$	Js
アボガドロ定数	N_A, L	$6.022\ 141\ 5(10)\times10^{23}$	mol^{-1}
電子の静止質量	m_e	$9.109\ 382\ 6(16)\times10^{-31}$	kg
陽子の静止質量	m_p	$1.672\ 621\ 71(29)\times10^{-27}$	kg
中性子の静止質量	m_n	$1.674\ 927\ 28(29)\times10^{-27}$	kg
ファラデー定数	F	$9.648\ 533\ 83(83)\times10^{4}$	$C\ mol^{-1}$
ボーア半径	a_0	$5.291\ 772\ 108(18)\times10^{-11}$	m
気体定数	R	8.314 472(15)	$J\ K^{-1}\ mol^{-1}$
ボルツマン定数	k, k_B	$1.380\ 650\ 5(21)\times10^{-23}$	$J\ K^{-1}$
万有引力定数(重力定数)	G	$6.674\ 2(10)\times10^{-11}$	$m^3\ kg^{-1}\ s^{-2}$
水の三重点*	$T_{tp}(H_2O)$	273.16	K
理想気体のモル体積，1×10^5 Pa，273.15 K	V_0	22.710 981(40)	$L\ mol^{-1}$
101325 Pa，273.15 K		22.413 996(39)	

* 定義された正確な値．(　) の数値は標準不確かさを示す．

3. 酸・塩基の解離定数

付表 3.1　酸解離定数

化合物名	化学式	酸解離定数　25°C(298 K)		
		K_{a1}	K_{a2}	K_{a3}
亜硝酸	HNO_2	5.1×10^{-4}		
シアン化水素酸	HCN	7.2×10^{-10}		
次亜塩素酸	HClO	1.1×10^{-8}		
フッ化水素酸	HF	6.7×10^{-4}		
ホウ酸	H_3BO_3	6.4×10^{-10}		
ヨウ素酸	HIO_3	2×10^{-1}		
クロム酸	H_2CrO_4	1.6×10^{-1}	3.2×10^{-7}	
炭　酸	H_2CO_3	4.3×10^{-7}	4.8×10^{-11}	
硫化水素	H_2S	9.1×10^{-8}	1.2×10^{-15}	
硫　酸	H_2SO_4	$\gg1$	1.2×10^{-2}	
亜硫酸	H_2SO_3	1.3×10^{-2}	5×10^{-6}	
ヒ　酸	H_3AsO_4	6.0×10^{-3}	1.0×10^{-7}	3.0×10^{-12}
亜ヒ酸	H_3AsO_3	6.0×10^{-10}	3.0×10^{-14}	
リン酸	H_3PO_4	1.1×10^{-2}	7.5×10^{-8}	4.8×10^{-13}
亜リン酸	H_3PO_3	5×10^{-2}	2.6×10^{-7}	
ギ　酸	HCHO	1.76×10^{-4}		
酢　酸	CH_3COOH	1.75×10^{-5}		
クロロ酢酸	$ClCH_2COOH$	1.51×10^{-3}		
トリクロロ酢酸	Cl_3CCOOH	1.29×10^{-1}		
プロピオン酸	CH_3CH_2COOH	1.3×10^{-5}		
乳　酸	$CH_3CH(OH)COOH$	1.4×10^{-4}		
シュウ酸	HOOCCOOH	6.5×10^{-2}	6.1×10^{-5}	
マロン酸	$CH_2(COOH)_2$	1.4×10^{-3}	2.2×10^{-6}	
コハク酸	$C_2H_4(COOH)_2$	6.2×10^{-5}	2.3×10^{-6}	
リンゴ酸	$HOOCCH(OH)CH_2COOH$	4.0×10^{-4}	8.9×10^{-6}	
酒石酸	$HOOC(CHOH)_2COOH$	1.2×10^{-3}	6.0×10^{-5}	
クエン酸	$HOOC(OH)C(CH_2COOH)_2$	7.4×10^{-4}	1.7×10^{-5}	4.0×10^{-7}
フェノール	C_6H_5OH	1.1×10^{-10}		
安息香酸	C_6H_5COOH	6.3×10^{-5}		
o-フタル酸	$C_6H_4(COOH)_2$	1.2×10^{-3}	3.9×10^{-6}	
サリチル酸	$C_6H_4(OH)COOH$	1.0×10^{-3}		
ピクリン酸	$(NO_2)_3C_6H_2OH$	4.2×10^{-1}		
アミド硫酸(スルファミン酸)	NH_2SO_3H	1.0×10^{-1}		

付表 3.2　塩基解離定数

化合物名	化学式	酸解離定数　25°C(298 K)	
		K_{b1}	K_{b2}
アンモニア	NH_3	1.75×10^{-5}	
メチルアミン	CH_3NH_2	4.8×10^{-4}	
エチルアミン	$CH_3CH_2NH_2$	4.3×10^{-4}	
1-ブチルアミン	$CH_3(CH_2)_2CH_2NH_2$	4.1×10^{-4}	
ジエチルアミン	$(CH_3CH_2)_2CHNH_2$	8.5×10^{-4}	
アニリン	$C_6H_5NH_2$	4.0×10^{-10}	
ヒドロキシルアミン	NH_2OH	9.1×10^{-9}	
2-アミノエタノール	$HOC_2H_4NH_2$	4.4×10^{-5}	
トリス（ヒドロキメチル）アミノメタン	$(HOCH_2)_3CNH_2$	1.2×10^{-6}	
ヒドラジン	H_2NNH_2	1.3×10^{-6}	
エチレンジアミン	$NH_2C_2H_4NH_2$	8.5×10^{-5}	7.1×10^{-8}
ジメチルアミン	$(CH_3)_2NH$	5.9×10^{-4}	
トリメチルアミン	$(CH_3)_3N$	6.3×10^{-5}	
トリエチルアミン	$(CH_3CH_2)_3N$	5.3×10^{-4}	
トリエタノールアミン	$(HOCH_2CH_2)_3N$	1.7×10^{-8}	
ピペリジン	$C_5H_{11}N$	1.3×10^{-3}	
ピリジン	C_5H_5N	1.7×10^{-9}	

4．錯体の生成定数

錯体の生成定数は，測定者やその測定法によってかなり差がある．とくにイオン性の配位子の場合，共存塩の種類や濃度（イオン強度）が異なるとその値が異なる．20°C(293 K) または 25°C（298 K)．

付表 4.1 無機配位子-金属錯体の生成定数

配位子	イオン	$\log\beta_1$	$\log\beta_2$	$\log\beta_3$	$\log\beta_4$	$\log\beta_5$	$\log\beta_6$
Br^-	Ag^+	4.15	7.1	7.95	8.9		
	Bi^{3+}	2.3	4.45	6.3	7.7	9.3	9.4
	Cd^{2+}	1.56	2.10	2.16	2.53		
	Hg^{2+}	9.05	17.3	19.7	21.0		
	Pb^{2+}	1.1	1.4	2.2			
Cl^-	Ag^+	2.9	4.7	5.0	5.9		
	Cd^{2+}	1.6	2.1	1.5	0.9		
	Hg^{2+}	6.7	13.2	14.1	15.1		
	Pb^{2+}	1.2	0.6	1.2			
CN^-	Ag^+		21.1	21.8	20.7		
	Cd^{2+}	5.5	10.6	15.3	18.9		
	Cu^+		24.0	28.6	30.3		
	Fe^{2+}						35.4
	Fe^{3+}						43.6
	Hg^{2+}	18.0	34.7	38.5	41.5		
	Ni^{2+}				31.3		
	Zn^{2+}				16.7		
F^-	Al^{3+}	6.1	11.2	15.0	17.7	19.4	19.7
	Cr^{3+}	4.4	7.7	10.2			
	Fe^{3+}	5.2	9.2	11.9			
	Hg^{2+}	1.0					
OH^-	Ag^+	2.3	3.6	4.8			
	Al^{3+}				33.3		
	Ba^{2+}	0.7					
	Bi^{3+}	12.4					
	Cd^{2+}	4.3	7.7	10.3	12.0		
	Co^{2+}	5.1		10.2			
	Cr^{3+}	10.2	18.3				
	Cu^{2+}	6.0					
	Fe^{2+}	4.5					
	Fe^{3+}	11.0	21.7				
	Hg^{2+}	10.3	21.7				
	Mn^{2+}	3.4					
	Pb^{2+}	6.2	10.3	13.3			
	Sn^{2+}	10.1					
	Zn^{2+}	4.4		14.4	15.5		
I^-	Ag^+	13.9	13.7				
I^-	Bi^{3+}				15.0	16.8	18.8
	Cd^{2+}	2.4	3.4	5.0	6.2		
	Hg^{2+}	12.9	23.8	27.6	29.8		
	Pb^{2+}	1.3	2.8	3.4	3.9		
SCN^-	Ag^+	7.6	9.1	10.1			
	Bi^{3+}	0.8	1.9	2.7	3.4		
	Cd^{2+}	1.4	2.0	2.6			
	Cu^+		11.0				
	Cu^{2+}	1.7	2.5	2.7	3.0		
	Fe^{2+}	1.0					
	Fe^{3+}	2.3	4.2	5.6	6.4	6.4	
	Hg^{2+}		16.1	19.0	20.9		
	Ni^{2+}	1.2	1.6	1.8			
SO_4^{2-}	Ca^{2+}	2.3					
	Co^{2+}	2.5					
	Fe^{3+}	4.0	5.4				
	Mg^{2+}	2.4					
	Mn^{2+}	2.3					
	Ni^{2+}	2.3					
	Zn^{2+}	2.3					
$S_2O_3^{2-}$	Ag^+	8.82	13.5				
	Cd^{2+}	3.94					
	Fe^{3+}	2.1					
	Hg^{2+}		29.9	32.3			
	Mn^{2+}	2.0					
	Ni^{2+}	2.1					
	Zn^{2+}	2.3					
NH_3	Ag^+	3.40	7.40				
	Cd^{2+}	2.60	4.65	6.04	6.92	6.6	4.9
	Co^{2+}	2.05	3.62	4.61	5.31	5.43	4.75
	Co^{3+}	7.3	14.0	20.1	25.7	30.8	35.2
	Cu^+	5.90	10.80				
	Cu^{2+}	4.13	7.61	10.48	12.59		
	Fe^{2+}	1.4	2.2		3.7		
	Hg^{2+}	8.80	17.50	18.5	19.4		
	Ni^{2+}	2.75	4.95	6.64	7.79	8.50	8.49
	Zn^{2+}	2.27	4.61	7.01	9.06		

付表 4.2 有機配位子-金属錯体の生成定数

イオン	酢酸 CH_3COOH				シュウ酸 $H_2C_2O_4$			フタル酸 $C_6H_4(COOH)_2$		酒石酸 $H_2C_4H_4O_6$			
	$\log\beta_1$	$\log\beta_2$	$\log\beta_3$	$\log\beta_4$	$\log\beta_1$	$\log\beta_2$	$\log\beta_3$	$\log\beta_1$	$\log\beta_2$	$\log\beta_1$	$\log\beta_2$	$\log\beta_3$	$\log\beta_4$
Al^{3+}						11.0	14.6						
Ba^{2+}	0.4							1.5					
Ca^{2+}	0.5							1.6		1.7			
Cd^{2+}	1.0	1.9	1.8	1.3	2.9	4.7				2.8			
Co^{2+}	1.1	1.5			3.5	5.8			4.0	2.1			
Cu^{2+}	1.7	2.7	3.1		4.5	8.9		3.1	4.4	3.2	5.1	4.8	6.5
Fe^{3+}	3.4	6.1	8.7		8.0	14.3	18.5						
Mg^{2+}					2.4					1.2			
Mn^{2+}	0.5	1.4			2.7	4.1							
Ni^{2+}	0.7	1.25			4.1	7.2	8.5						
Pb^{2+}	1.9	3.3						2.2	3.4	3.8			
Zn^{2+}	1.3	2.1			3.7	6.0				4.5	2.4		

付表 4.2　有機配位子-金属錯体の生成定数（つづき）

イオン	クエン酸 $C_3H_4(OH)(COOH)_3$	サリチル酸 $C_6H_4(OH)COOH$			スルホサリチル酸 $C_6H_3(OH)(SO_3H)(COOH)$			カテコール-3,5-ジスルホン酸 (タイロン, tiron) $C_6H_2(OH)_2(SO_3)_2^{2-}$			アセチルアセトン $CH_3COCH_2COCH_3$		
	$\log\beta_1$	$\log\beta_1$	$\log\beta_2$	$\log\beta_3$	$\log\beta_1$	$\log\beta_2$	$\log\beta_3$	$\log\beta_1$	$\log\beta_2$	$\log\beta_3$	$\log\beta_1$	$\log\beta_2$	$\log\beta_3$
Al^{3+}	20.0	14			12.9	22.9	29.0	16.4	29.6		8.1	15.7	21.2
Ca^{2+}								5.8					
Cd^{2+}	11.5	5.6			4.7						3.4	6.0	
Co^{2+}	12.5	6.8	11.5		6.0	9.8		9.5			5.0	8.9	
Cr^{3+}					9.6								
Cu^{2+}	18	10.6	18.5		9.5	16.5		14.5			7.8	14.3	
Fe^{2+}	15.5	6.6	11.3		5.9	10					4.7	8.0	
Fe^{3+}	25.0	15.8	27.5	35.3	14.4	25.2	32.2	20.7	35.9	46.9	9.3	17.9	25.1
Mg^{2+}								6.9			3.2	5.5	
Mn^{2+}		5.9	9.8		5.2	8.2		8.6			3.8	6.6	
Ni^{2+}	14.3	7.0	11.8		6.4	10.2		10.0			5.5	9.8	11.9
Pb^{2+}	12.3										4.2	6.6	
Zn^{2+}	11.4	6.9			6.1	10.6		10.4			4.6	8.2	

イオン	エチレンジアミン $NH_2CH_2CH_2NH_2$			1,2,3-トリアミノプロパン $(NH_2CH_2)_2CHNH_2$		ジエチレントリアミン $(NH_2CH_2CH_2)_2NH$		trien		tetren	tren	penten	tea	
	$\log\beta_1$	$\log\beta_2$	$\log\beta_3$	$\log\beta_1$	$\log\beta_2$	$\log\beta_1$	$\log\beta_2$	$\log\beta_1$	$\log\beta_2$	$\log\beta_1$	$\log\beta_1$	$\log\beta_1$	$\log\beta_1$	$\log\beta_2$
Ag^{+}	4.7	7.7		5.65		6.1		7.7			7.8		2.3	3.6
Cd^{2+}	5.47	10.02	12.09	6.45		8.45	13.85	10.75	13.9	14.0	12.3	16.8		
Co^{2+}	5.89	10.72	13.82	6.8		8.1	14.1	11.0		15.1	12.8	15.75	1.7	
Cu^{2+}	10.55	19.60		11.1	20.1	16.0	21.3	20.4		24.3	18.8	22.24	4.4	
Fe^{2+}	4.28	7.53	9.52			6.23	10.36	7.8		11.4	8.8	11.20		
Fe^{3+}								21.9						
Hg^{2+}		28.42		19.6		21.8	25.06	25.26		27.7	22.8	29.59		
Mn^{2+}	2.73	4.79	5.67			3.99	6.82	4.9		7.62	5.8	9.37		
Ni^{2+}	7.66	14.06	18.59	9.3		10.7	18.9	14.0	19.4	17.6	14.8	19.30	2.7	
Pb^{2+}								10.4		10.5				
Zn^{2+}	5.71	10.37	12.08	6.75		8.9	14.5	12.1		15.4	14.65	16.24	2.0	

trine：トリエチレンテトラミン $(NH_2CH_2CH_2NHCH_2)_2$
tetren：テトラエチレンペンタミン $(NH_2CH_2CH_2NHCH_2CH_2)_2NH$
tren：トリアミノトリエチルアミン $(NH_2CH_2CH_2)_3N$
penten：ペンタエチレンヘキサミン $[(NH_2CH_2CH_2)_2NCH_2]_2$
tea：トリエタノールアミン $(CH_2CH_2OH)_3N$

イオン	2,2′-ジピリジン $C_{10}H_8N_2$			1,10-フェナントロリン $C_{12}H_8N_2$			α-アラニン $CH_3CH(NH_2)COOH$		グリシン NH_2CH_2COOH			システイン $HSCH_2CH(NH_2)COOH$	
	$\log\beta_1$	$\log\beta_2$	$\log\beta_3$	$\log\beta_1$	$\log\beta_2$	$\log\beta_3$	$\log\beta_1$	$\log\beta_2$	$\log\beta_1$	$\log\beta_2$	$\log\beta_3$	$\log\beta_1$	$\log\beta_2$
Ag^{+}		6.8					3.4	6.9	3.3	6.8			
Ca^{2+}				0.5			0.8		1.0				
Cd^{2+}	4.5	8.0	10.5	6.4	11.6	15.8	2.5		4.4	8.2			
Co^{2+}	5.7	11.3	16.1	7.0	13.7	20.1	4.4	8.1	4.7	8.5	11.0	9.1	16.4
Cu^{2+}	8.1	13.5	17.0	9.1	15.8	21.0	8.1	14.7	8.1	15.1			
Fe^{2+}	4.4	8.0	17.6	5.9	11.1	21.3		7.0	3.9	7.2		11.0	
Fe^{3+}						14.1							31.2
Hg^{2+}									10.5	19.5			44.0
Mg^{2+}									3.1	6.1			
Mn^{2+}	2.5	4.6	6.3	4.1	7.2	10.4	3.0	5.7	3.0	5.1		3.6	
Ni^{2+}	7.1	13.9	20.1	8.8	17.1	24.8	5.6	10.0	5.8	10.6	14.4		18.8
Pb^{2+}	3.0			5.1	7.5	9	4.6	7.6	5.1	8.2		12.3	
Zn^{2+}	5.4	9.8	13.5	6.4	12.15	17.0	4.8	8.9	5.0	9.1		9.9	18.7

付表 4.2　有機配位子-金属錯体の生成定数（つづき）

イオン	$\log K_{ML}$						
	IDA	NTA	EDTA	CDTA	EGTA	HEDTA	DTPA
Ag^+		5.16	7.32	8.15	6.88	6.71	
Al^{3+}	8.16	9.5	16.13	17.6	13.9	12.43	
Ba^{2+}	1.67	4.8	7.76	8.0	8.41	6.2	8.8
Ca^{2+}	2.6	6.4	10.7	12.5	11.0	8.0	10.6
Cd^{2+}	5.3	10.1	16.46	19.2	16.7	13.0	19.0
Co^{2+}	6.9	10.6	16.3	18.9	12.5	14.4	19.0
Cr^{3+}			23.40				
Cu^{2+}	10.5	12.7	18.80	21.3	17.8	17.4	20.5
Fe^{2+}	5.8	8.8	14.33	18.2	11.92	12.2	16.0
Fe^{3+}	10.42	15.9	25.1	29.3	20.5	19.8	27.5
Hg^{2+}	11.76	12.7	21.8	24.3	23.12	20.1	27.0
Mg^{2+}	2.9	5.4	8.69	10.3	5.21	5.2	9.3
Mn^{2+}		7.4	14.0	16.8	12.3	10.7	15.5
Ni^{2+}	8.3	11.3	18.62	19.4	13.6	17.0	20.0
Pb^{2+}	7.45	11.8	18.04	19.7	14.7	15.5	18.9
Zn^{2+}	7.0	10.5	16.50	18.7	14.5	14.5	18.0
酸解離定数							
pK_{a1}	2.73	1.97	2.0	2.51	2.08	2.72	1.94
pK_{a2}	9.46	2.57	2.75	3.60	2.73	5.41	2.87
pK_{a3}		9.81	6.24	6.20	8.93	9.81	4.37
pK_{a4}			10.34	11.78	9.54		8.69
pK_{a5}							10.56

IDA：イミノ二酢酸 $(CH_2COOH)_2NH$
NTA：ニトリロ三酢酸 $N(CH_2COOH)_3$
EDTA：エチレンジアミン-*N*, *N*, *N′N′*-四酢酸 $(HOOCCH_2)_2NCH_2CH_2N(CH_2COOH)_2$
CDTA：トランス-1,2-シクロヘキサンジアミン-*N*, *N*, *N′N′*-四酢酸 $C_6H_{10}[N_2(CH_2COOH)_4]$
EGTA：*o*,*o′*-ビス(2-アミノエチル)エチレングリコール-*N*, *N*, *N′N′*-四酢酸
$(HOOCCH_2)_2NCH_2CH_2OCH_2CH_2OCH_2CH_2N(CH_2COOH)_2$
HEDTA：2-ヒドキシエチルエチレンジアミン- *N*, *N′N′*-三酢酸
$(HOOCCH_2)_2NCH_2CH_2N(CH_2COOH)CH_2CH_2OH$
DTPA：ジエチレントリアミン-*N*, *N*, *N′*, *N″*, *N″*-五酢酸
$(HOOCCH_2)_2NCH_2CH_2N(CH_2COOH)CH_2CH_2N(CH_2COOH)_2$

5．標準酸化還元電位（25°C（298 K））

反　応	E°/V	反　応	E°/V
$F_2(g) + 2e^- \rightleftharpoons 2F^-$	2.87	$Cl_2 + 2e^- \rightleftharpoons 2Cl^-$	1.36
$O_3 + 2H^+ + 2e^- \rightleftharpoons O_2 + H_2O$	2.07	$Cr_2O_7^{2-} + 14H^+ + 6e^- \rightleftharpoons 2Cr^{3+} + 7H_2O$	1.33
$S_2O_8^{2-} + 2e^- \rightleftharpoons 2SO_4^{2-}$	2.01	$MnO_2 + 4H^+ + 2e^- \rightleftharpoons Mn^{2+} + 2H_2O$	1.23
$Co^{3+} + e^- \rightleftharpoons Co^{2+}$	1.842	$O_2 + 4H^+ + 4e^- \rightleftharpoons 2H_2O$	1.229
$H_2O_2 + 2H^+ + 2e^- \rightleftharpoons 2H_2O$	1.77	$IO_3^- + 6H^+ + 5e^- \rightleftharpoons 1/2\,I_2 + 3H_2O$	1.195
$MnO_4^- + 4H^+ + 3e^- \rightleftharpoons MnO_2 + 2H_2O$	1.695	$Br_2(aq.) + 2e^- \rightleftharpoons 2Br^-$	1.087
$HClO + H^+ + e^- \rightleftharpoons 1/2\,Cl_2 + H_2O$	1.63	$VO_2^+ + 2H^+ + e^- \rightleftharpoons VO^{2+} + H_2O$	1.000
$Ce^{4+} + e^- \rightleftharpoons Ce^{3+}$	1.61	$NO_3^- + 3H^+ + 2e^- \rightleftharpoons HNO_2 + H_2O$	0.94
$BrO_3^- + 6H^+ + 5e^- \rightleftharpoons 1/2\,Br_2 + 3H_2O$	1.52	$Ag^+ + e^- \rightleftharpoons Ag$	0.799
$MnO_4^- + 8H^+ + 5e^- \rightleftharpoons Mn^{2+} + 4H_2O$	1.51	$Hg_2^{2+} + 2e^- \rightleftharpoons 2Hg$	0.789
$ClO_3^- + 6H^+ + 5e^- \rightleftharpoons 1/2\,Cl_2 + 3H_2O$	1.47	$Fe^{3+} + e^- \rightleftharpoons Fe^{2+}$	0.771

標準酸化還元電位（25℃（298 K））（つづき）

反　応	$E°$/V	反　応	$E°$/V
$H_2SeO_3 + 4H^+ + 4e^- \rightleftharpoons Se + 3H_2O$	0.740	$Sn^{2+} + 2e^- \rightleftharpoons Sn$	−0.136
$O_2 + 2H^+ + 2e^- \rightleftharpoons H_2O_2$	0.682	$Ni^{2+} + 2e^- \rightleftharpoons Ni$	−0.250
$H_3AsO_4 + 2H^+ + 2e^- \rightleftharpoons HAsO_2 + 2H_2O$	0.559	$Cd^{2+} + 2e^- \rightleftharpoons Cd$	−0.403
$I_3^- + 2e^- \rightleftharpoons 3I^-$	0.54	$Cr^{3+} + e^- \rightleftharpoons Cr^{2+}$	−0.408
$Fe(CN)_6^{3-} + e^- \rightleftharpoons Fe(CN)_6^{4-}$	0.36	$Fe^{2+} + 2e^- \rightleftharpoons Fe$	−0.440
$Cu^{2+} + 2e^- \rightleftharpoons Cu$	0.337	$2CO_2(g) + 2H^+ + 2e^- \rightleftharpoons H_2C_2O_4(aq.)$	−0.49
$UO_2^{2+} + 4H^+ + 2e^- \rightleftharpoons U^{4+} + 2H_2O$	0.334	$Zn^{2+} + 2e^- \rightleftharpoons Zn$	−0.763
$SO_4^{2-} + 4H^+ + 2e^- \rightleftharpoons H_2SO_3 + H_2O$	0.172	$Mn^{2+} + 2e^- \rightleftharpoons Mn$	−1.180
$Sn^{4+} + 2e^- \rightleftharpoons Sn^{2+}$	0.154	$Al^{3+} + 3e^- \rightleftharpoons Al$	−1.662
$Cu^{2+} + e^- \rightleftharpoons Cu^+$	0.153	$Mg^{2+} + 2e^- \rightleftharpoons Mg$	−2.363
$S + 2H^+ + 2e^- \rightleftharpoons H_2S(aq.)$	0.142	$Na^+ + e^- \rightleftharpoons Na$	−2.714
$S_4O_6^{2-} + 2e^- \rightleftharpoons 2S_2O_3^{2-}$	0.08	$Ca^{2+} + 2e^- \rightleftharpoons Ca$	−2.866
$2H^+ + 2e^- \rightleftharpoons H_2$	0.000	$K^+ + e^- \rightleftharpoons K$	−2.925
$Pb^{2+} + 2e^- \rightleftharpoons Pb$	−0.126	$Li^+ + e^- \rightleftharpoons Li$	−3.045

6．難溶性塩の溶解度積

沈殿		K_{sp}
ハロゲン化物	$AgCl$	1.8×10^{-10}
	$AgBr$	5.2×10^{-13}
	AgI	1.5×10^{-16}
	BaF_2	1.0×10^{-6}
	CaF_2	4.0×10^{-11}
	MgF_2	6.5×10^{-9}
	CuI	5.0×10^{-12}
	Hg_2Cl_2 *1	2.0×10^{-18}
	Hg_2Br_2 *1	1.3×10^{-21}
	Hg_2I_2 *1	1.2×10^{-28}
	$PbCl_2$	2.4×10^{-4}
	$PbBr_2$	7.9×10^{-5}
	PbI_2	1.5×10^{-8}
ヨウ素酸塩	$AgIO_3$	2.3×10^{-8}
	$Hg_2(IO_3)_2$	2.5×10^{-14}
	$Pb(IO_3)_2$	2.6×10^{-13}
チオシアン酸塩	$AgSCN$	1.1×10^{-12}
	$CuSCN$	1.6×10^{-11}
シアン酸塩	$AgCN$	1.2×10^{-16}
	$Ag_2(CN)_2$ *2	2.2×10^{-12}
	$Hg_2(CN)_2$	5.0×10^{-40}
水酸化物	$Al(OH)_3$	2.5×10^{-32}
	$Al(OH)_3$ *3	4.0×10^{-13}
	$Ca(OH)_2$	5.5×10^{-6}
	$Cd(OH)_2$	2.5×10^{-14}

沈殿		K_{sp}
水酸化物	$Co(OH)_2$	2.0×10^{-16}
	$Cu(OH)_2$	1.6×10^{-19}
	$Cr(OH)_3$	1.0×10^{-31}
	$Fe(OH)_2$	7.9×10^{-16}
	$Fe(OH)_3$	6.3×10^{-39}
	$Mg(OH)_2$	1.8×10^{-11}
	$Mn(OH)_2$	1.9×10^{-13}
	$Ni(OH)_2$	6.3×10^{-18}
	$Pb(OH)_2$	8.1×10^{-17}
	$Sn(OH)_2$	8.0×10^{-29}
	$Zn(OH)_2$	1.2×10^{-17}
酸化物	Ag_2O *4	5.1×10^{-8}
	HgO	4.0×10^{-26}
炭酸塩	Ag_2CO_3	6.2×10^{-12}
	$BaCO_3$	8.0×10^{-9}
	$CaCO_3$	9.9×10^{-9}
	$MgCO_3$	1.0×10^{-5}
	$PbCO_3$	7.9×10^{-14}
	$ZnCO_3$	9.0×10^{-11}
クロム酸塩	Ag_2CrO_4	4.1×10^{-12}
	$Ag_2Cr_2O_7$	2.7×10^{-11}
	$BaCrO_4$	2.4×10^{-10}
	$PbCrO_4$	1.8×10^{-14}
硫酸塩	Ag_2SO_4	5.0×10^{-5}
	$BaSO_4$	1.1×10^{-10}

沈殿		K_{sp}
硫酸塩	$CaSO_4$	2.3×10^{-5}
	$PbSO_4$	1.7×10^{-8}
	$SrSO_4$	2.5×10^{-7}
硫化物	Ag_2S	5.7×10^{-51}
	Bi_2S_3	1.0×10^{-96}
	CdS	7.1×10^{-23}
	$CoS(\alpha)$	7.0×10^{-23}
	CuS	7.9×10^{-36}
	FeS	5.0×10^{-18}
	HgS	4.0×10^{-53}
	MnS	7.0×10^{-16}
	$NiS(\alpha)$	3.0×10^{-21}
	PbS	3.4×10^{-28}
	SnS	1.0×10^{-25}
	$ZnS(\alpha)$	1.6×10^{-24} (0°)
シュウ酸塩	$Ag_2C_2O_4$	1.0×10^{-11}
	BaC_2O_4	1.6×10^{-7}
	CaC_2O_4	2.3×10^{-9}
	MgC_2O_4	8.6×10^{-5}
	SrC_2O_4	5.6×10^{-8}
	PbC_2O_4	3.2×10^{-11}
リン酸塩	$AlPO_4$	6.3×10^{-19}
	$Ca_3(PO_4)_2$	2.0×10^{-29}
	$FePO_4$	1.3×10^{-22}
	$Mg(NH_4)PO_4$	2.5×10^{-13}
	$Pb_3(PO_4)_2$	1.5×10^{-32}

＊1　$Hg_2X_2 \rightleftharpoons Hg_2^{2+} + 2X^-$；$X^- = Cl^-, Br^-, I^-$

＊2　$Ag_2(CN)_2 \rightleftharpoons Ag^+ + Ag(CN)_2^-$

＊3　$Al(OH)_3 + H_2O \rightleftharpoons Al(OH)_4^- + H^+$

＊4　$1/2Ag_2O + 1/2H_2O \rightleftharpoons Ag^+ + OH^-$

演習問題のヒントと解答

第1章

【1.1】

(1) $2\,Al(OH)_3 + 3\,H_2SO_4 \longrightarrow Al_2(SO_4)_3 + 6\,H_2O$

(2) $2\,Bi^{3+} + 3\,H_2S \longrightarrow Bi_2S_3 + 6\,H^+$

(3) $3\,PbS + 2\,NO_3^- + 8\,H^+$
$\longrightarrow 3\,Pb^{2+} + 3\,S + 2\,NO + 4\,H_2O$

(4) $H_2SO_3 + I_2 + H_2O \longrightarrow H_2SO_4 + 2\,H^+ + 2\,I^-$

(5) $2\,MnO_4^- + 5\,C_2O_4^{2-} + 16\,H^+$
$\longrightarrow 2\,Mn^{2+} + 10\,CO_2 + 8\,H_2O$

【1.2】

(1) 11.5 cm^3, (2) 11.45 mol dm^{-3},
(3) 26.4 %, 5.41 mol dm^{-3}, (4) 14.6 g,
(5) 29.7 mmol dm^{-3}, 1.06 g

【1.3】

(1) Be^{2+}：11.1 μmol dm^{-3}, Ca^{2+}：2.50 μmol dm^{-3}, Ba^{2+}：0.728 μmol dm^{-3}, (2) 0.137 g, (3) 1.40 ppm

【1.4】

A と B が a モルと $2a$ モルで反応したとすると

$$K = \frac{[C][D]^2}{[A][B]^2} = \frac{0.999a \times (2 \times 0.999a)^2}{(a - 0.999a) \times (2a - 2 \times 0.999a)^2}$$

$a = 1.0 \times 10^9$

【1.5】 平衡状態では

$[H_2(g)] = [F_2(g)]$

フッ素原子を含む化学種については

$[HF(g)] + 2[F_2(g)] = 0.500$ mol dm^{-3}

が成り立つので, $[F_2(g)] = x$ として, 平衡定数の式から

$$K = \frac{[H_2(g)][F_2(g)]}{[HF(g)]^2} = \frac{x^2}{(0.500 - 2x)^2} = 1.00 \times 10^{-13}$$

ここで, K の値からみて x は非常に小さい数値と推定されるので, 分母の $2x$ は 0.500 に対して無視してよいと近似して, x の値を求める. $x = 1.58 \times 10^{-7}$ mol dm^{-3}.

【1.6】

NaCl の濃度は

$$3.5\ \text{wt}\,\% = 35\ \text{g dm}^{-3} = 0.599\left[= \frac{35}{58.44}\right]\ \text{mol dm}^{-3}$$

したがって, このイオン強度は 0.599 となる. 活量係数, 平均活量係数はそれぞれ式 (1.38), 式 (1.39) を用いて計算する.

$y_{K^+} = 0.73$, $y_{Cl^-} = 0.69$, $y_{\pm(NaCl)} = 0.71$

【1.7】

式 (1.37) から

$$-\log y_M = 0.51 n^2 \sqrt{I} \qquad \text{(a)}$$
$$-\log y_N = 0.51 m^2 \sqrt{I} \qquad \text{(b)}$$

式(1.39)から

$$\log y_\pm = \frac{1}{m+n} \log y_M{}^m\, y_N{}^n = \frac{m}{m+n} \log y_M + \frac{n}{m+n} \log y_N \qquad \text{(c)}$$

式 (a), (b) を式(c)に代入して整理する.

【1.8】

純粋な固体, 溶媒の活量は 1 であり, 溶質が電気的中性の化学種であれば活量係数を 1 と近似してよい.

(1) $K^\circ = \dfrac{y_{NH_4^+}[NH_4^+]y_{OH^-}[OH^-]}{[NH_3]} = y_{NH_4^+} y_{OH^-} K$

(2) $K^\circ = \dfrac{y_{H_3O^+}[H_3O^+]y_{CN^-}[CN^-]}{[HCN]} = y_{H_3O^+} y_{CN^-} K$

(3) $K^\circ = \dfrac{[O_2]}{[H_2O_2]^2} = K$

(4) $K^\circ = \dfrac{y_{SO_4^{2-}}[SO_4^{2-}]}{y_{CO_3^{2-}}[CO_3^{2-}]} = \dfrac{y_{SO_4^{2-}}}{y_{CO_3^{2-}}} K$

(5) $K^\circ = y_{Ba^{2+}}[Ba^{2+}]y_{SO_4^{2-}}[SO_4^{2-}] = y_{Ba^{2+}} y_{SO_4^{2-}} K$

第2章

【2.1】

(a) pH = 2.0, (b) pH = 3.21, (c) pH = 5.0.

【2.2】

(a) アンモニアの pK_b は 14 − 9.25 = 4.75, pOH = 1/2 ($pK_b - \log C_A$) = 3.88, pH = 14 − 3.88 = 10.12.

(b) pOH = 5.15, pH = 8.85.

【2.3】

酢酸イオンという塩基 (pK_b = 14 − 4.75 = 9.25) の溶液とみなすことができる.

pOH = 1/2 (9.25 + 2.0) = 5.63, pH = 8.37.

【2.4】

(1) $K_a = \dfrac{[CH_3COO^-][H^+]}{[CH_3COOH]}$;
$K_W = [H^+][OH^-]$

(2) $C_A = 2 = [CH_3COOH] + [CH_3COO^-]$;
$C_B = 1 = [Na^+]$

(3) $[H^+] + [Na^+] = [OH^-] + [CH_3COO^-]$

(4) $[Na^+] = [CH_3COO^-]$

(5) $[Na^+] = 1$; $[CH_3COOH] = 1$; $[CH_3COO^-] = 1$

(6) $K_a = \dfrac{[CH_3COO^-][H^+]}{[CH_3COOH]}$

に $[CH_3COOH] = [CH_3COO^-] = 1$ を代入すると, $K_a = [H^+]$, すなわち pH = pK_a.

【2.5】

(a) 0.18％，(b) 15.1％，(c) 50％，(d) 99.4％．
このように生成分率は酸の全濃度には依存しない．

【2.6】

(1) 第一解離により溶液は酸性となるので，第二，第三解離は無視できる，したがって，$pK_{a1}=2.16$ の一プロトン酸として近似でき，pH＝2.26．H_3PO_4 の割合は 0.44，$H_2PO_4^-$ の割合は 0.56，HPO_4^{2-} は 10^{-2} 以下．

(2) リン酸の化学種の生成分率より，(a) H_3PO_4，(b) $H_2PO_4^-$，(c) $H_2PO_4^-$，(d) HPO_4^{2-}，(e) PO_4^{3-}．

第3章

【3.1】

(1) $C_{Ca}=[Ca^{2+}]+[CaY^{2-}]$

(2) $C_Y=[Y']+[CaY^{2-}]$

(3) $[Y']=[Y^{4-}]+[HY^{3-}]+[H_2Y^{2-}]$
$=[Y^{4-}]+K_1[H^+][Y^{4-}]+K_1K_2[H^+]^2[Y^{4-}]$
$=[Y^{4-}](1+K_1[H^+]+K_1K_2[H^+]^2)$
であるから，$\alpha_{Y(H)}=1+K_1[H^+]+K_1K_2[H^+]^2$．

(4) $\alpha_{Y(H)}=1+K_1[H^+]+K_1K_2[H^+]^2$ に K_1 と K_2 の数値を代入すると

$\alpha_{Y(H)}=1+1.6\times10^{10}[H^+]+2.5\times10^{16}[H^+]^2$

となる．この式に $[H^+]=1\times10^{-6}$ を代入すると

$\alpha_{Y(H)}=4.1\times10^4$．

(5) $K'_{CaY}=\dfrac{K_{CaY}}{\alpha_{Y(H)}}$

であるから，

$$K'_{CaY}=\frac{10^{10.6}}{(4.1\times10^4)}=9.8\times10^5.$$

(6) $C_{Ca}=C_Y$ であるから $[Ca^{2+}]=[Y']$ となる．K'_{CaY} がかなり大きい値であるので，$[CaY^{2-}]\gg[Ca^{2+}]$ とみなすと $[CaY^{2-}]\fallingdotseq C_{Ca}$ と近似できる．したがって，

$$K'_{CaY}=\frac{C_{Ca}}{[Ca^{2+}]^2}$$

となる．この式に $K'_{CaY}=9.8\times10^5$ と $C_{Ca}=1.0\times10^{-2}$ mol dm^{-3} を代入すると $[Ca^{2+}]=10^{-4.0}$ mol dm^{-3} を得る．すなわち，問題の条件では $[Ca^{2+}]=[Y']=1.0\times10^{-4}$ mol dm^{-3}，$[CaY^{2-}]=1.0\times10^{-2}$ mol dm^{-3} となる．

一方，$[Y^{4-}]:[HY^{3-}]:[H_2Y^{2-}]=1:K_1[H^+]:K_1K_2[H^+]^2$ であるから，pH 6 では $[Y^{4-}]:[HY^{3-}]:[H_2Y^{2-}]=1:1.6\times10^4:2.5\times10^4$．したがって，存在量の多い順に並べると CaY^{2-}，Ca^{2+}，H_2Y^{2-}，HY^{3-}，Y^{4-} となる．

【3.2】

(1) 問題［3.1］の(4)より

$\alpha_{Y(H)}=1+K_1[H^+]+K_1K_2[H^+]^2$
$=1+1.6\times10^{10}[H^+]+2.5\times10^{16}[H^+]^2$

となる．この式を用いて $\alpha_{Y(H)}$ を計算すると，1.9×10^3 (pH＝7)，1.6×10^2(pH＝8)，17(pH＝9)，2.6(pH＝10)，1.2(pH＝11) となる．

(2) 例題 3.17 に示したように

$[Ca^{2+}]=[Y']\leqq0.001\times C_{Ca}=1.0\times10^{-5}$
$[CaY^{2-}]\geqq1\times C_{Ca}=1.0\times10^{-2}$

である．したがって，

$$K'_{CaY}=\frac{[CaY^{2-}]}{[Ca^{2+}][Y']}\geqq\frac{1\times10^{-2}}{(1\times10^{-5})^2}=1.0\times10^8.$$

(3) $K'_{CaY}=\dfrac{K_{CaY}}{\alpha_{Y(H)}}\geqq1.0\times10^8$

であるから，

$$\frac{K_{CaY}}{1\times10^8}=\frac{10^{10.6}}{1\times10^8}=10^{2.6}\geqq\alpha_{Y(H)}$$

となり，$\alpha_{Y(H)}$ の上限値は 4.0×10^2 となる．

(4) $\alpha_{Y(H)}$ が 4.0×10^2 以下となる pH は 8 以上である．

第4章

【4.1】

符号がプラスの場合は自発的に反応は右の方向に，負の場合は左の方向に進む．

(a) 1.20 V，$Cd+2Ag^+\longrightarrow Cd^{2+}+2Ag$

(b) −1.1 V，$Cu^{2+}+Zn\longrightarrow Cu+Zn^{2+}$

(c) 0.17 V，$2Fe^{2+}+NO_3^-+3H^+\longrightarrow 2Fe^{3+}+HNO_2+H_2O$

(d) 0.32 V，$Zn+Fe^{2+}\longrightarrow Zn^{2+}+Fe$

(e) 1.13 V，$Fe+O_2+2H^+\longrightarrow Fe^{2+}+H_2O_2$

【4.2】

(1) それぞれの半反応の $\varDelta G^\circ$ を求めてから $E^\circ_{(Fe^{3+}/Fe)}$ を計算せよ．−0.04 V．(2) 1.23 V．

【4.3】

(a) 0.65 V，(b) 0.71 V，(c) 0.76 V，(d) 0.77 V，(e) 0.78 V，(f) 0.83 V，(g) 0.89 V．

Fe^{3+} と Fe^{2+} の濃度比が 1 に近いほど，電位の変化が小さい．すなわち酸化還元緩衝液（電位緩衝液ともいう）となっている．

【4.4】

(a) 0.28 V，(b) −0.78 V，(c) 1.16 V，(d) 1.47 V，(e) 0.78 V

【4.5】

$2MnO_4^-+3Mn^{2+}+2H_2O\rightleftharpoons5MnO_2+4H^+$，$\log K=10\times(1.51-1.23)\div0.059=47.5$，反応はほとんど右に片寄っている．加温しながらこの反応を行うと微量元素を二酸化マンガンによって共同沈殿により濃縮することができる．

【4.6】

$$E=E^\circ+\frac{0.059}{2}\log a_{Ag}^2,\quad K_{SP}=a_{Ag}^2a_{CrO_4}$$

したがって

$$E=0.799+\frac{0.059}{2}\log K_{SP}-\frac{0.059}{2}\log a_{CrO_4}$$
$$=0.799+0.059\div2\times(-11.6)-\frac{0.059}{2}\log a_{CrO_4}$$
$$=0.46-\frac{0.059}{2}\log a_{CrO_4}$$

ゆえに 0.46 V．

【4.7】

$$E^{\prime\circ}=0.77-0.059\log\frac{10^{31.0}}{10^{24.0}}$$

$$=0.77-0.059\times 7=0.36\,\mathrm{V}$$

【4.8】

$Co^{3+}+e^- \rightleftharpoons Co^{2+}$ (1.81 V), $O_2+4H^++4e^- \rightleftharpoons 2H_2O$ (1.23 V) であるので Co^{2+} は酸素で Co^{3+} に酸化されない．しかし EDTA を加えると

$$E^{\circ\prime}=1.81-0.059\log\frac{10^{41.4}}{10^{16.3}}$$

$$=1.81-0.059\log 10^{25.1}=0.33\,\mathrm{V}$$

したがって，EDTA を加えると Co(III) に酸化できる．

第5章

【5.1】

(a) $S=\dfrac{K_{\mathrm{sp,BaSO_4}}}{C_{\mathrm{SO_4{}^{2-}}}}=1.1\times10^{-8}\,\mathrm{mol\,dm^{-3}}$

(b) $NaNO_3$ 溶液のイオン強度 I は 1.0×10^{-2} となるから，Debye-Hückel の極限式を用いて活量係数を求めると，

$-\log y_{\mathrm{Ba^{2+}}}=-\log y_{\mathrm{SO_4{}^{2-}}}=0.20$

これより溶解度は，

$$S=\left(\frac{K^{\circ}_{\mathrm{sp,BaSO_4}}}{y_{\mathrm{Ba^{2+}}}\,y_{\mathrm{SO_4{}^{2-}}}}\right)^{1/2}=1.7+10^{-5}\mathrm{mol\,dm^{-3}}$$

(c) SO_4^{2-} の副反応係数は，$\alpha_{\mathrm{SO_4{}^{2-}(H)}}=(1+[\mathrm{H^+}]/K_{\mathrm{a}})$ であるから，条件溶解度積は，$K_{\mathrm{BaSO_4{}'}}=K_{\mathrm{sp,BaSO_4}}\alpha_{\mathrm{SO_4{}^{2-}(H)}}$ と表せるから，溶解度は，

$S=(K_{\mathrm{sp,BaSO_4}}\alpha_{\mathrm{SO_4{}^{2-}(H)}})^{1/2}=1.5\times10^{-5}\,\mathrm{mol\,dm^{-3}}$

【5.2】

(1) $[\mathrm{S'}]=[\mathrm{S^{2-}}]+[\mathrm{HS^-}]+[\mathrm{H_2S}]$

(2) $\alpha_{\mathrm{S(H)}}=1+\dfrac{[\mathrm{H^+}]}{K_{\mathrm{a1}}}+\dfrac{[\mathrm{H^+}]^2}{K_{\mathrm{a1}}K_{\mathrm{a2}}}$

(3) $K_{\mathrm{sp,FeS}}>[\mathrm{Fe^{2+}}][\mathrm{S^{2-}}]=\dfrac{[\mathrm{Fe^{2+}}][\mathrm{S'}]}{\alpha_{\mathrm{S(H)}}}$

すなわち

$$\alpha_{\mathrm{S(H)}}>\frac{[\mathrm{Fe^{2+}}][\mathrm{S'}]}{K_{\mathrm{sp,FeS}}}=\frac{(1.0\times10^{-2})\times0.10}{5.0}\times10^{-18}$$

$$=2.0\times10^{14}$$

(4) $K_{\mathrm{sp,ZnS}}=[\mathrm{Zn^{2+}}][\mathrm{S^{2-}}]=\dfrac{[\mathrm{Zn^{2+}}][\mathrm{S'}]}{\alpha_{\mathrm{S(H)}}}$ であるから

$$[\mathrm{Zn^{2+}}]=\frac{K_{\mathrm{sp,ZnS}}\alpha_{\mathrm{S(H)}}}{[\mathrm{S'}]}\leqq1.0\times10^{-5}$$

すなわち

$$\alpha_{\mathrm{S(H)}}\leqq(1.0\times10^{-5})\times\frac{[\mathrm{S'}]}{K_{\mathrm{sp,ZnS}}}$$

$$=\frac{(1.0\times10^{-5})\times0.10}{5.0}\times10^{-25}=2.0\times10^{18}$$

(5) $2.0\times10^{14}<\alpha_{\mathrm{S(H)}}<2.0\times10^{18}$

【5.3】

(1) $[\mathrm{Al'}]=[\mathrm{Al^{3+}}]+[\mathrm{H_2AlO_3^-}]$

(2) $[\mathrm{Al'}]=\dfrac{K_{\mathrm{sp_1}}}{[\mathrm{OH^-}]^3}+\dfrac{K_{\mathrm{sp_2}}}{[\mathrm{H^+}]}$

$$=K_{\mathrm{sp_1}}\frac{[\mathrm{H^+}]^3}{K_{\mathrm{w}}^3}+\frac{K_{\mathrm{sp_2}}}{[\mathrm{H^+}]}$$

(3) $\dfrac{d[\mathrm{Al'}]}{d[\mathrm{H^+}]}=3\left(\dfrac{K_{\mathrm{sp_1}}}{K_{\mathrm{w}}^3}\right)[\mathrm{H^+}]^2-\dfrac{K_{\mathrm{sp_2}}}{[\mathrm{H^+}]^2}=0$

すなわち

$$3\frac{K_{\mathrm{sp_1}}}{K_{\mathrm{w}}^3}[\mathrm{H^+}]^2=\frac{K_{\mathrm{sp_2}}}{[\mathrm{H^+}]^2}$$

$\log 3+\log K_{\mathrm{sp1}}-3\log K_{\mathrm{W}}-2\,\mathrm{pH}=\log K_{\mathrm{sp2}}+2[\mathrm{pH}]$

これより pH＝5.50 となる．したがって，この pH で $[\mathrm{Al'}]$ が最小となる．

【5.4】

MgF_2 の溶解度 $S_{\mathrm{MgF_2}}$，F^- の副反応係数 $\alpha_{\mathrm{F(H)}}$ とすると，MgF_2 の条件溶解度積は，

$K_{\mathrm{sp,MgF_2{}'}}=[\mathrm{Mg^{2+}}][\mathrm{F'}]^2=S(2S)^2=K_{\mathrm{sp,MgF_2}}\,\alpha^2_{\mathrm{F(H)}}$

これより，溶解度 $S=2.9\times10^{-3}\,\mathrm{mol\,dm^{-3}}$ となる．

【5.5】

AgBr が溶解したときの濃度を S とすると

$S^2=K_{\mathrm{sp,AgBr}}\ \alpha_{\mathrm{Ag(S_2O_3{}^{2-})}}$

$=K_{\mathrm{sp,AgBr}}(1+\beta_1\ [\mathrm{S_2O_3{}^{2-}}]\ +\beta_2[\mathrm{S_2O_3{}^{2-}}]^2$

が得られる．これより $[\mathrm{S_2O_3^{2-}}]=2.6\times10^{-2}\,\mathrm{mol\,dm^{-3}}$ となる．

【5.6】

問題の条件下で溶液中に存在する Zn^{2+} 濃度は

$$[\mathrm{Zn'}]=K_{\mathrm{sp,ZnS}}\frac{\alpha_{\mathrm{Zn(CN)}}}{[\mathrm{S^{2-}}]}$$

と表される．ここで，$\alpha_{\mathrm{Zn(CN)}}=1+\beta_{[\mathrm{Zn(CN)_4}]^{2-}}[\mathrm{CN^-}]^4=6.3\times10^{12}$ となるから，$[\mathrm{Zn'}]\approx3.2\times10^{-9}\,\mathrm{mol\,dm^{-3}}$ となる．これは，Zn^{2+} の全濃度 C_{Zn} より小さいので，ZnS は生成することになる．Ni^{2+} についても同様な計算を行うと，$[\mathrm{Ni'}]\approx6.4\times10^{11}\,\mathrm{mol\,dm^{-3}}$ となり，この値は C_{Ni} より小さいので，NiS は生成しないことになる．

【5.7】

CdS の酸化における条件標準酸化還元電位 $E^{\circ\prime}{}_{\mathrm{CdS}}$ を求めると

$E^{\circ\prime}{}_{\mathrm{CdS}}=-0.48-0.030\log K_{\mathrm{sp,CdS}}=0.33\,\mathrm{V}$

1.0 mol dm^{-3} 硝酸の $E_{(\mathrm{NO_3{}^-/NO})}$ は 0.96 V となり，硝酸は CdS を酸化することができる．また，HgS の酸化反応での $E^{\circ\prime}{}_{\mathrm{HgS}}$ は，

$E^{\circ\prime}{}_{\mathrm{HgS}}=-0.48-0.030\log K_{\mathrm{sp,HgS}}=1.09\,\mathrm{V}$

このとき Hg^{2+} 濃度は $4.7\times10^{-5}\,\mathrm{mol\,dm^{-3}}$ となる．これより，HgS は硝酸にはわずかにしか溶けないことがわかる．

［注］ 塩酸が存在すると Hg^{2+} は Cl^- と錯体をつくり，系の酸化還元電位が低下するので，HgS は硝酸で溶けるようになる．

$$3\,HgS+2\,NO_3^-+6\,Cl^-+8\,H^+\rightleftharpoons$$
$$3\,HgCl_2+3\,S+2\,NO+4\,H_2O$$

第6章

【6.1】

(a)弱酸の溶液であるから $\mathrm{pH}=1/2(\mathrm{p}K_{\mathrm{a}}-\log C_{\mathrm{A}})=3.38$．(b)3.80．(c)4.75．(d)5.70．(e) 酢酸ナトリウム溶液に相当する．pH＝8.37．(f)$1.0\times10^{-2}\,\mathrm{mol\,dm^{-3}}$ NaOH

溶液に相当する．pH＝12.0．体積変化を考慮すると，0.5 ×10^{-2} mol dm^{-3} NaOH 溶液に相当する．pH＝11.7.

【6.2】

$$\log(C_S/C_A')=pH-pK_a=4.00-4.75=-0.75$$

したがって，$C_S/C_A'=0.178$．$C_S=[NaOH]$，$C_A'=C_A-[NaOH]$ より $[NaOH]=0.0151$ mol dm^{-3}.

$$NaOHの物質量=0.0151\times\frac{500}{1000}=0.0075\ mol.$$

0.0075×40＝0.3 g.

【6.3】

例題 6.18 の式(g)

$$a=1-\frac{[M']}{C_M}+\frac{1}{K_{M'Y'}[M']}-\frac{1}{K_{M'Y'}C_M}$$

の第 4 項を無視して，$a=1$ とおけば，当量点で EDTA と結合していない銅の濃度を求めることができる．すなわち，$[M']^2=C_M/K_{M'Y'}$ となる．ここで，$K_{M'Y'}=K_{MY}/\alpha_M\alpha_Y$ であるので，銅の酢酸イオンとの副反応係数と EDTA のプロトンとの副反応係数を計算すればよい．

$$\alpha_M=1+K_1[CH_3COO^-]+K_1K_2[CH_3COO^-]^2$$

$$\alpha_Y=1+\frac{[H^+]}{K_{a4}}+\frac{[H^+]^2}{K_{a4}K_{a3}}+\frac{[H^+]^3}{K_{a4}K_{a3}K_{a2}}+\frac{[H^+]^4}{K_{a4}K_{a3}K_{a2}K_{a1}}$$

上に示した各式に，$[H^+]$ と $[CH_3COO^-]$（酢酸イオンの濃度は問題に示されている条件から計算）を代入し，条件生成定数を求めると $\log K_{Cu'Y'}=8.60$ と計算される．これより，$[Cu']=1.6\times10^{-6}$ mol dm^{-3} となる．

【6.4】

(a) Al と EDTA とのキレート生成をさせるのに，なぜ加熱沸騰させるのかを考えよ．

(b) pH 2 における Al と EDTA とのキレートの条件生成定数は，$\log K_{AlY'}=2.9$（$\log K_{AlY}=16.3$ としたとき）になる．また pH 6 にするとアルミニウムはどうなるかを考えよ．

(c) $C_{Al}=1.29\times10^{-2}$ mol dm^{-3}

【6.5】

$C_{Ca}=1.48\times10^{-2}$ mol dm^{-3}，$C_{Mg}=8.25\times10^{-3}$ mol dm^{-3}

【6.6】

(a) 指示薬 H_2I の酸解離定数より I^{2-} への逐次プロトン付加定数 K_1，K_2 は，それぞれ次のように表される．

$K_1=1/K_{a2}=10^{13.00}$，$K_2=1/K_{a1}=10^{6.70}$

変色域：$pM=\log K_{MI'}\pm1=\log K_{MI}-\log\alpha_{I(H)}\pm1$

$\alpha_{I(H)}=1+K_1[H^+]+K_1K_2[H^+]^2=10^{3.0}$

$pM=9.3-3.0\pm1=6.3\pm1$ (5.3～7.3)

(b) $pM_{a=0.99}=6.8$，$pM_{a=1.01}=12.5$，変色域 pM＝5.3～7.3 であり，変色域の下限が $a=0.99$ のときより小さいので指示薬が当量点のかなり前で変色してしまい正確な終点決定は不可．一方，変色域の上限は $a=1.01$ のときの pM 値よりも小さい．したがって，当量点よりかなり前から変色し始めるが，指示薬が完全に変色した点を終点とすれば，かなりの精度で滴定できる．

【6.7】

(a) 過酸化水素は 2 電子反応（$H_2O_2\rightarrow O_2+2H^++2e^-$）であるから，酸化還元価数は 2 である．含有量は 3%.

(b) 6.97×10^{-2} mol dm^{-3}.

(c) ヨウ素は 2 電子反応であるから，酸化還元価数は 2 である．したがって，ヨウ素溶液のモル濃度 X とすると，$0.100\times20.00=25.0\times2\times X$ より $X=4.00\times10^{-2}$ mol dm^{-3}.

【6.8】

(a) $E_{Fe}=0.77+0.059\log\dfrac{[Fe^{3+}]}{[Fe^{2+}]}$

(b) $E_M=E^\circ_M+0.059\log\dfrac{[M^{n+}]}{[M^{(n-1)+}]}$

(c) $$0.77+0.059\log\frac{[Fe^{3+}]}{[Fe^{2+}]}=E^\circ_M+0.059\log\frac{[M^{n+}]}{[M^{(n-1)+}]}$$

すなわち

$$\log K=\log\frac{[Fe^{3+}][M^{(n-1)+}]}{[M^{n+}][Fe^{2+}]}=\frac{E^\circ_M-0.77}{0.059}$$

(d) 滴定が始まると $[Fe^{3+}]=[M^{(n-1)+}]$ が常に成り立つ．当量点では $C_{Fe}=C_M$，すなわち

$[Fe^{3+}]+[Fe^{2+}]=[M^{n+}]+[M^{n+}]$

であるから $[Fe^{2+}]=[M^{n+}]$ となる．

(e) $\dfrac{[Fe^{3+}]}{[Fe^{2+}]}=\dfrac{0.999}{0.001}$ で $\dfrac{[M^{n+}]}{[Mn^{(n-1)+}]}=\dfrac{0.001}{0.999}$

であるから $\log K=6$.

(f) $\dfrac{E^\circ_M-0.77}{0.059}=6$

であるから，$E^\circ_M=1.124$ V.

【6.9】

$Fe^{2+}+VO_2^+\longrightarrow Fe^{3+}+VO^{2+}$ の酸化還元電位は EDTA が共存しない場合，$(E^\circ)'=-0.01$ V，EDTA が共存する場合，$(E^\circ)'=0.81$ V．Fe^{2+} は Fe^{3+} に比べて EDTA と著しく安定な錯体を生成するので，EDTA が共存すると Fe^{2+} はきわめて強力な還元剤となる．一方 VO^{2+} の EDTA 錯体は VO_2^+ の錯体よりも生成定数が大きいので，EDTA の共存によって，V (V) はより強い酸化剤となる．したがって，EDTA 共存によって Fe^{2+} で滴定できるようになる．

【6.10】 当量点での X^- 濃度は，$[X^-]_{eq}=K_{sp,AgX}^{1/2}$.

$AgNO_3$ 溶液の滴下量が 24.95 cm^3 のときの X^- 濃度は，

$$[X^-]=1.0\times10^{-4}+\frac{K_{sp,AgX}}{[X^-]}$$

であるから，$[X^-]=10[X^-]_{eq}$ のとき，$\Delta pX=2$ となる．これより $K_{sp,AgX}=1.0\times10^{-10}$ となるので，AgX の溶解度積がこの値より小さければ，滴定可能となる．

【6.11】 クロムの全濃度を C_{Cr} とすると

$$C_{Cr}=[CrO_4^{2-}]+[HCrO_4^-]+2[Cr_2O_7^{2-}]$$

この式と式(1)および(2)より

$$C_{Cr}=[CrO_4^{2-}]\left(1+\frac{[H^+]}{K_1}\right)+2[Cr_2O_7^{2-}]^2\frac{K_2[H^+]^2}{K_1^2}=1.0\times10^{-3}\ mol\ dm^{-3}$$

これより pH 4 のときの CrO_4^{2-} 濃度は 3.0×10^{-6} mol dm^{-3} となる．このときの Ag^+ 濃度は K_{sp,Ag_2CrO_4} より 8.9 ×10^{-4} mol dm^{-3} となる．したがって，滴定誤差は，以下

のようになる．

$$\frac{8.9\times10^{-4}\times100}{0.1\times50\times100}=1.8\,\%$$

第7章

【7.1】

これは，均一沈殿法における陽イオン放出法の例である．アルカリ性では Ba^{2+} はEDTAと安定な錯体を形成するので，SO_4^{2-} が存在しても $BaSO_4$ として沈殿しない．ペルオキソ二硫酸塩は加水分解によって H_2SO_4 を生成するので，これによりpHが低下していく．そうするとEDTAのプロトン付加の副反応係数が大きくなり，錯体の条件生成定数が小さくなるので（第3章参照），Ba^{2+} が遊離してくる．同時に SO_4^{2-} も供給されるので，$BaSO_4$ の沈殿が生成する．

【7.2】

ニトロメタンやニトロベンゼンの *DN* と *AN* はメタノールのそれらよりも小さな値となっている（表7.4参照）．これよりニトロメタンやニトロベンゼンは，電解質の陽イオンと陰イオンと結合する能力がメタノールに比べて乏しいことがわかる．したがって，これらの溶媒はメタノールと同程度の誘電率ではあるが，メタノールに比べてはるかに電解質を溶かしにくい溶媒であるといえる．

【7.3】

吸湿の機構より，乾燥剤は化学的乾燥剤と物理的乾燥剤とに分けられる．前者には P_2O_5，$Mg(ClO_4)_2$，$CaCl_2$ などがあり水と反応して化合物を生成するので，吸湿容量が大きい．

$$P_2O_5 + H_2O \longrightarrow 2\,HPO_3$$

$$Mg(ClO_4)_2 + H_2O \longrightarrow Mg(ClO_4)_2\cdot H_2O$$

$$CaCl_2 + 6\,H_2O \longrightarrow CaCl_2\cdot 6\,H_2O$$

H_2SO_4，シリカゲルは物理的乾燥剤に属するもので，水を物理的に吸着あるいは吸収する．

【7.4】

精秤したミョウバンをビーカーに移し，水約100 cm^3 と2 mol dm^{-3} HClを5〜6 cm^3 加えて溶解させ，約70 ℃に加熱する．次に，8-キノリノール溶液（5w/v％，8-キノリノール5 gを氷酢酸10 cm^3 に溶かし，水で100 cm^3 にしたもので，Al 2.7 mgあたり約1 cm^3 必要である）を小過剰加える．この溶液に2 mol dm^{-3} の CH_3COONH_4 溶液を徐々に加えていき，沈殿が生じ始めてからさらに約25 cm^3 加える（pH 5〜7）．よくかき混ぜた後，沸騰寸前まで穏やかに加熱し，水浴上で約1時間（あるいは室温で一夜）放置する（Alの8-キノリノール錯体を生成させるとき，均一沈殿法を用いてもよい）．得られた沈殿をあらかじめ恒量にしたガラスフィルター（G 4）を用いて沪別し，温水約100 cm^3 で洗浄する．その後，130〜140 ℃で乾燥し，恒量にする．

Alの重量分析係数(g.f.) = Al / $Al(C_9H_6ON)_3$ = 0.05873であるから，ミョウバン中のAlの含有率（w/w％）は，

$$\text{Al}(\text{w/w}\,\%)=\frac{0.5177\times0.05873}{0.5685}\times100=5.348$$

となる．

【7.5】

溶解のエンタルピー変化を ΔH_{Soln}，溶解のエントロピー変化を ΔS_{Soln}，絶対温度を T とすると，溶解のギブズ自由エネルギー変化 ΔG_{Soln} は，次式で表される．

$$\Delta G_{\text{Soln}}=\Delta H_{\text{Soln}}-T\Delta S_{\text{Soln}}$$

ΔG_{Soln} の値が負になるほど電解質は水に溶解しやすいと考えてよい．したがって，$\Delta S_{\text{Soln}}>0$ ならば，加熱するほど溶けることになり，$\Delta S_{\text{Soln}}<0$ ならば，冷却するほど溶けることになる．

第8章

【8.1】

M^{3+} と N^{2+} の抽出平衡は，次のように表すことができる．

$$M^{3+} + 3(HR)_o \rightleftharpoons (MR_3)_o + 3H^+$$

$$K_{\text{ex(M)}}=\frac{[MR_3]_o[H^+]^3}{[M^{3+}][HR]_o^3} \quad (1)$$

$$D_{\text{(M)}}=\frac{[MR_3]_o}{[M^{3+}]}=\frac{K_{\text{ex(M)}}[HR]_o^3}{[H^+]^3} \quad (2)$$

$$\log D_{\text{(M)}}=\log K_{\text{ex(M)}}+3\log[HR]_o-3\log[H^+] \quad (3)$$

$$N^{2+} + 2(HR)_o \rightleftharpoons (NR_2)_o + 2H^+$$

$$K_{\text{ex(N)}}=\frac{[NR_2]_o[H^+]^2}{[N^{2+}][HR]_o^2} \quad (4)$$

$$D_{\text{(N)}}=\frac{[NR_2]_o}{[N^{2+}]}=\frac{K_{\text{ex(N)}}[HR]_o^2}{[H^+]^2} \quad (5)$$

$$\log D_{\text{(N)}}=\log K_{\text{ex(N)}}+2\log[HR]_o-2\log[H^+] \quad (6)$$

(a) 上に示したそれぞれの分配比の式に半抽出 $pH_{1/2}$ と $[HR]_o$ の値を代入すれば，それぞれの抽出定数が計算できる．

$$\log K_{\text{ex(M)}}=-6.00,\ \log K_{\text{ex(N)}}=-11.00$$

(b) 半抽出 $pH_{1/2}$ からMの方が低いpHで抽出されることがわかる．したがって，Mが99.9％以上抽出されたときに，Nの抽出率が0.1％以下であればよいことになる．これを分配比に置き換えて考えると次のようになる．

$$D_{\text{(M)}}\geqq\frac{99.9}{0.1}=999\fallingdotseq10^3$$

$$D_{\text{(N)}}\leqq\frac{0.1}{99.9}=\frac{1}{999}\fallingdotseq10^{-3}$$

この条件を上に示した，それぞれの分配比の式にあてはめれば，二つの金属を分離できる抽出pH範囲を求めることができる．$[HR]_o$=0.1 mol dm^{-3} でpHを4〜5の範囲に調整して抽出すれば，99.9％以上の精度でMのみを抽出できる．

【8.2】

ベンゼン-水間のカルボン酸の分配比は，式(8.8)で表される．この問題の条件下では水相中のカルボン酸の解離は完全に無視できるので，式(8.8)の分母の $[A^-]$ の項を消去すると，分配比 D は，

$$D=K_{\text{D,HA}}+2K_{\text{2,HA}}K_{\text{D,HA}}{}^2[HA]_w \quad (1)$$

と表される．また，分配比 D は，有機相と水相の総濃度の比であるから，

$$D=\frac{1.86\times10^{-3}}{1.00\times10^{-3}}=1.86 \qquad (2)$$

となる．また，このときの水相の水素イオン濃度と酸の $\mathrm{p}K_\mathrm{a}$ からわかるように，水相における酸の解離が無視できるので，[HA]は水相の酸の総濃度で置き換えることができる．

以上の条件と二量化定数値 120 を，分配比の式 (1) に代入すれば分配定数が計算できる．

$K_{\mathrm{D,HA}}=1.40$

【8.3】

溶質 w(g)を含む水溶液 $V_\mathrm{w}(\mathrm{cm}^3)$ から $V_\mathrm{o}(\mathrm{cm}^3)$ の溶媒を用いてバッチ法で n 回抽出操作を行ったとき，水相に残る溶質を w_n (g) とすると，

$$w_n=w\left(\frac{V_\mathrm{w}}{DV_\mathrm{o}+V_\mathrm{w}}\right)^n \qquad (1)$$

と表される．また，分配比 D は次のように表される．

$$D=\frac{(w-w_1)/V_\mathrm{o}}{w_1/V_\mathrm{w}} \qquad (2)$$

ここで，w_1 は1回操作したとき，水相に残る溶質の g 数を表す．$n=5$ 回

【8.4】

(a) $D=\dfrac{[\mathrm{HR}]_\mathrm{o}}{[\mathrm{HR}]+[\mathrm{R}^-]}=\dfrac{K_{\mathrm{D,HR}}}{1+K_\mathrm{a}[\mathrm{H}^+]^{-1}}$

pH≦4 では，

$D=10^{3.0}=K_{\mathrm{D,HR}}$

pH≧8 では，傾き −1 より，$1\ll K_\mathrm{a}/[\mathrm{H}^+]$．よって

$D=\dfrac{K_{\mathrm{D,HR}}}{K_\mathrm{a}[\mathrm{H}^+]^{-1}}$

$\log D=\log K_{\mathrm{D,HR}}-(-\log[\mathrm{H}^+])-\log K_\mathrm{a}$

$D=1$，pH＝9.0，$\log K_{\mathrm{D,HR}}=3.0$ を代入する．

$\mathrm{p}K_\mathrm{a}=6.0$．

(b) $\mathrm{M}^{2+}+4(\mathrm{HR})_\mathrm{o}\rightleftharpoons(\mathrm{MR}_2(\mathrm{HR})_2)_\mathrm{o}+2\mathrm{H}^+$

E＝20％($V_\mathrm{o}=V_\mathrm{w}$) より $D=20/80=0.25$，

$[\mathrm{HR}]_\mathrm{o}=0.5\ \mathrm{mol\ dm^{-3}}$，$[\mathrm{H}^+]=5\times10^{-6}\ \mathrm{mol\ dm^3}$

$K_\mathrm{ex}=\dfrac{[\mathrm{MR}_2(\mathrm{HR})_2]_\mathrm{o}[\mathrm{H}^+]^2}{[\mathrm{M}^{2+}][\mathrm{HR}]_\mathrm{o}^4}$

に上式の値を代入して，$K_\mathrm{ex}=1.0\times10^{-10}$．

(c) $D=\dfrac{K_\mathrm{ex}[\mathrm{HR}]_\mathrm{o}^4}{[\mathrm{H}^+]^2}=\dfrac{1.0\times10^{-10}[\mathrm{HR}]_\mathrm{o}^4}{(4\times10^{-6})^2}$

$\geqq\dfrac{99}{1}\approx10^2$

$[\mathrm{HR}]_\mathrm{o}\geqq2.0\ \mathrm{mol\ dm^{-3}}$

【8.5】

(a) 抽出平衡：

$\mathrm{M}^{2+}+4(\mathrm{HR})_\mathrm{o}\rightleftharpoons(\mathrm{MR}_2(\mathrm{HR})_2)_\mathrm{o}+2\mathrm{H}^+$

$K_{\mathrm{ex(M)}}=\dfrac{[\mathrm{MR}_2(\mathrm{HR})_2]_\mathrm{o}[\mathrm{H}^+]^2}{[\mathrm{M}^{2+}][\mathrm{HR}]_\mathrm{o}^4}=\dfrac{D_\mathrm{M}[\mathrm{H}^+]^2}{[\mathrm{HR}]_\mathrm{o}^4}$

$=1.0\times10^{-6}$

$E_\mathrm{M}=80$％($V_\mathrm{o}=V_\mathrm{w}$) より，$D_\mathrm{M}=4.0$．

抽出平衡：

$\mathrm{N}^{2+}+4(\mathrm{HR})_\mathrm{o}\rightleftharpoons(\mathrm{NR}_2(\mathrm{HR})_2)_\mathrm{o}+2\mathrm{H}^+$

$K_{\mathrm{ex(N)}}=\dfrac{[\mathrm{NR}_2(\mathrm{HR})_2]_\mathrm{o}[\mathrm{H}^+]^2}{[\mathrm{N}^{2+}][\mathrm{HR}]_\mathrm{o}^4}=\dfrac{D_\mathrm{N}[\mathrm{H}^+]^2}{[\mathrm{HR}]_\mathrm{o}^4}$

$=2.5\times10^{-7}$

$E_\mathrm{N}=50$％より，$D_\mathrm{N}=1.0$．

(b) $D=\dfrac{[\mathrm{MR}_2(\mathrm{HR})_2]}{[\mathrm{M}^{2+}]}=\dfrac{K_{\mathrm{ex(M)}}[\mathrm{HR}]_\mathrm{o}^4}{[\mathrm{H}^+]^2}$

$=\dfrac{1.0\times10^{-6}\times0.10^4}{[\mathrm{H}^+]^2}\geqq\dfrac{99}{1}\approx10^2$

$\dfrac{1}{[\mathrm{H}^+]^2}\geqq1.0\times10^{12}$，pH≧6.0

(c) (b)より pH＝6 では M は 99％抽出される（有機相に存在）．したがって，このとき N が 99％以上水相に存在する（抽出率が 1％以下となる）条件を求めればよい．

$K_{\mathrm{ex(N)}}=\dfrac{[\mathrm{NR}_2(\mathrm{HR})_2]_\mathrm{o}[\mathrm{H}^+]^2}{[\mathrm{N}^{2+}][\mathrm{HR}]_\mathrm{o}^4}=\dfrac{D_\mathrm{N}[\mathrm{H}^+]^2}{[\mathrm{HR}]_\mathrm{o}^4}$

$=2.5\times10^{-7}$

$D_\mathrm{N}=\dfrac{[\mathrm{NR}_2(\mathrm{HR})_2]_\mathrm{o}}{[\mathrm{N}^{2+}]+[\mathrm{NL}^{2-}]}=\dfrac{[\mathrm{NR}_2(\mathrm{HR})_2]_\mathrm{o}}{[\mathrm{N}^{2+}](1+K[\mathrm{L}^{4-}])}$

$=\dfrac{K_{\mathrm{ex(N)}}[\mathrm{HR}]_\mathrm{o}^4}{[\mathrm{H}^+]^2\alpha_{\mathrm{N(L)}}}\leqq\dfrac{1}{99}\approx10^{-2}$

$\alpha_{\mathrm{N(L)}}\geqq2.5\times10^3$，$[\mathrm{L}^{4-}]\geqq1.25\times10^{-2}\ \mathrm{mol\ dm^{-3}}$

第9章

【9.1】

$25=\dfrac{[\overline{\mathrm{X}^-}]}{[\mathrm{X}^-]}$，$5.0=\dfrac{[\overline{\mathrm{X}^-}]}{[\mathrm{X}^-]+[\mathrm{HX}]}$

$K_\mathrm{a}=\dfrac{[\mathrm{H}^+][\mathrm{X}^-]}{[\mathrm{HX}]}=2.5\times10^{-6}\ \mathrm{mol\ dm^{-3}}$

【9.2】

(1) 着目成分の吸着量を a (mmol) とすると，

$D_\mathrm{v}=\dfrac{a/1.0}{(0.010-a)/100}$

と表せる．したがって，Na^+ は0.00091 mmol (9.1％)，Ca^{2+} は 0.0055 mmol (55％) となる．

(2) 陽イオン M^{m+} が H^+ 形イオン交換樹脂にイオン交換されるとき，M^{m+} の分配比 D_v は

$D_\mathrm{v}=K_\mathrm{H}^\mathrm{M}\left(\dfrac{[\overline{\mathrm{H}^+}]}{[\mathrm{H}^+]}\right)^m$

となる．ここで，M^{m+} の吸着量が小さいときには，$[\overline{\mathrm{H}^+}]$は交換容量に等しくなり，$K_\mathrm{H}^\mathrm{M}$，$[\overline{\mathrm{H}^+}]$は塩酸濃度によらず一定値とみなせる．$[\mathrm{H}^+]$は塩酸の濃度に相当するから，塩酸を 10 倍に希釈すると分配比は 10^m 倍となる．したがって，それぞれの分配比は 100，12000 となる．このとき溶液は 1000 cm^3 となるから，吸着される量は，Na^+ が 0.010×100/(1000＋100)＝0.00091 mmol (9.1％)，Ca^{2+} が 0.010×12000/(1000＋12000)＝0.0092 mmol (92％) となり，多価イオンの吸着量は希釈により増加する．

【9.3】

二床式では，処理水をまず H^+ 形陽イオン交換樹脂カラムに通して溶存陽イオンを H^+ にイオン交換し，脱ガス塔で二酸化炭素を除き，ついで陰イオン交換樹脂カラムに通す．このようにすることで，水酸化物沈殿生成によるカラムの目づまりを防ぐことができる．さらに，河

川水中の主要陰イオンである炭酸水素イオンを二酸化炭素として除けるため，陰イオン交換樹脂に対する負荷を軽減できる利点がある．しかし，特に工業的規模では，経済性を考慮して再生は完全には行われない．そのため，陽イオン交換樹脂カラム下部に存在する未再生イオンが H^+ と交換して流出することになり，水の純度が低下する．一方，混床式では，炭酸水素イオンによる陰イオン交換樹脂への負荷を軽減することができない，再生を行う際混合した樹脂を分離する必要があるという欠点があるが，カラム中を処理水が流下するにつれて溶存イオンは順次水となるので，カラム中の未再生イオンと交換し得るイオンがなくなり，高純度の水が製造できる．

【9.4】

(1) 普通の強酸性陽イオン交換樹脂を用いると，たとえ目的とするものが多価陽イオンであったとしても，高濃度に存在する Na^+ との競争反応のために，分配比は著しく低下して濃縮は困難となる．イミノ二酢酸基を官能基とするものはキレート樹脂であり，これを用いると，イオン交換ばかりでなく配位結合によるキレート形成のために，とくに遷移金属イオンに高い選択性を示すからである．

(2) 結合様式を下図に示す．

(3) (b)．イミノ二酢酸基は1種の弱酸であるから，弱酸性からアルカリ性溶液中でないと有効に働かない

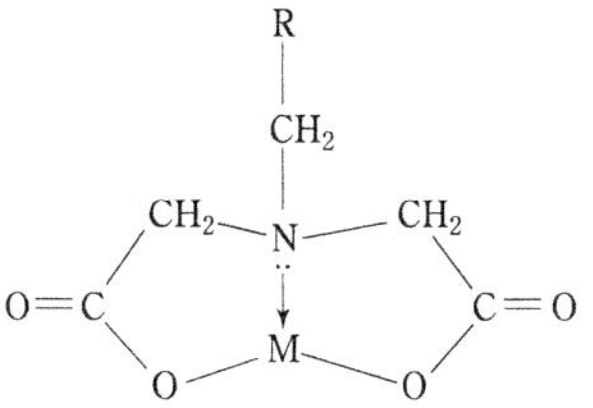

キレート樹脂中のイミノ二酢酸基と金属イオンM^{2+}との相互作用（R：樹脂骨格）

が，金属イオンの加水分解を考慮すると，弱酸性から中性に調整することが望ましい．

(4) 酸を用いれば容易に脱着できる．

【9.5】

H^+ 形陽イオン交換樹脂カラムを用い，この混合物の水溶液を流す．アミノ酸は両性電解質で，酸性条件ではアミノ基がプロトン付加して陽イオンとなり，H^+ 形陽イオン交換樹脂カラムに保持される．グルコースは解離基を持たず，塩化物イオンとともにカラムを素通りするが，Na^+ は H^+ にイオン交換されるため，グルコースの塩酸溶液が得られる．流出した溶液を蒸発濃縮するとグルコースを得ることができる．次いで，アンモニア水を流し，溶出液を集めて蒸発濃縮するとアミノ酸が得られる．

【9.6】

(1) 式 (9.5) を用いて，Mg^{2+} の溶出体積は $1.0+4.8\times10^2\times2.5=1.2\times10^3$ cm^3，Ca^{2+} の溶出体積は $1.0+7.5\times10^2\times2.5=1.9\times10^3$ cm^3 となる．

(2) 錯体は陰イオンなので，陽イオン交換樹脂には吸着しない．また，溶離液中の Na^+ 濃度は 0.20 mol dm^{-3} であるので，EDTA 錯体となっていない Mg^{2+} と Ca^{2+} に対する分配比はそれぞれ(1)の場合と同じである．したがって，この条件での分配比はそれぞれ

$$\frac{4.8\times10^2}{1+1.0\times10^2\times0.10}=44$$

$$\frac{7.5\times10^2}{1+1.0\times10^4\times0.10}=0.75$$

となる．したがって，溶出体積は，Mg^{2+} が $1.0+44\times2.5=1.1\times10^2$ cm^3，Ca^{2+} が $1.0+0.75\times2.5=2.9$ cm^3 となり，EDTA 錯体の安定性の差を利用することで分離を容易に行うことができる．

第10章

【10.1】

(a) A：$0.1588\times0.00705\times4\times10^3$ mg kg^{-1} = 4.48 ppm，B：6.01 ppm．

(b) 図省略．

(c) 5.40 ppm．

(d) 0.1988 g 中の Mn 量は $5.40\times(250/1000)=1.35$ mg．したがって含有率は 0.679 %．

(e) 2.67×10^3 mol^{-1} dm^3 cm^{-1}．

【10.2】

$[HR]=6.0\times10^{-6}$ mol dm^{-3}，$[R^-]=1.2\times10^{-5}$ mol dm^{-3} となるので，色素濃度は 1.8×10^{-5} mol dm^{-3} である．また $[H^+]=2.0\times10^{-4}\times[HR]/[R^-]=1.0\times10^{-4}$ mol dm^{-3} すなわち pH＝4.0．

【10.3】

(a) $C_A=[AR]+[AL]=\left(1+\dfrac{K_{AL}[L]}{K_{AR}[R]}\right)[AR]$

$=(1+10[L])[AR]$

同様に $C_B=(1+5.0\times10^4[L])[BR]$．

(b) $\dfrac{A_B}{A_A}=\dfrac{\varepsilon_{BR}[BR]}{\varepsilon_{AR}[AR]}=\dfrac{5.0\times10^4(1+10[L])}{1.0\times10^4(1+5.0\times10^4[L])}$．

(c) $[L]\geqq0.0020$ mol dm^{-3}．

(d) 吸光度と関係するのは AR の濃度である．

$$[AR]=\frac{C_A}{1+10[L]}$$

であるから，$[L]=0$ と $[L]=0.0020$ mol dm^{-3} のときの吸光度比は 0.98，つまり検量線の傾きはマスキング剤を加えないときより 2 % 小さくなる．

【10.4】

(1) 図省略．Fe：phen＝1：3．加えた試薬がすべて目的成分と結合して錯体になるとすれば，錯体の組成比に対応する試薬添加量までは，錯体の生成量の増加に伴い吸光度が増加する．それ以上加えると，測定波長で試薬に吸収がある場合は，試薬量に対応する吸光度変化が起こる．吸収がない場合には，吸光度は一定値となる．phen の場合には吸収を示さない．このようにして呈色錯体の組成比を決定することができる．この方法を，モル比法という．

(2) 錯体 ML_n の濃度は，

$[ML_n]=K_{ML_n}(a-[ML_n])(c-a-n[ML_n])^n$

と表せるので，a をゼロから c まで変化させたとき，

$$\frac{d[ML_n]}{da}=0$$

となる a_{max} において $[ML_n]$ は極大となり，そこでは

$$n=\frac{c-a_{max}}{a_{max}}=\frac{b_{max}}{a_{max}}$$

が成立する．したがって，吸光度を a に対してプロットし，吸光度が極大となるときの a の値から錯体の組成比を求めることができる．このように，M と L の混合割合と吸光度の関係から錯体の組成を決定する方法が連続変化法である．創案者の一人の名からジョブ法ともよばれる．モル比法と同様に，生成定数が大きく錯体の解離が起こりにくいような場合に有効である．

第 11 章

【11.1】

時間 t における吸光度を A_t とすると

$$A_t=\varepsilon_{AR}[A]_0\{1-\exp(-k_{A(R)}t)\}+\varepsilon_{BR}[B]_0\{1-\exp(-k_{BR}t)\} \quad (1)$$

となる．

ここで，$k_{A(R)}\geqq k_{B(R)}$ で，$k_{A(R)}t$ が十分大きな値をとる条件では

$$\exp(-k_{A(R)}t)\simeq 0 \quad (2)$$

また，$k_{B(R)}t$ が小さな値をとる条件では

$$\exp(-k_{BR}t)\simeq 1-\exp(-k_{BR}t) \quad (3)$$

となるので，式(2)および(3)を式(1)に代入して

$$A_t=\varepsilon_{AR}[A]_0+\varepsilon_{BR}[B]_0k_{BR}t \quad (4)$$

となる．そこで，A_t を t に対してプロットすると下図のようなグラフが得られる．これより，直線部分を $t=0$ に補外して 得られる吸光度の値より A の濃度を，また，直線の傾きから B の濃度を求めることができる．

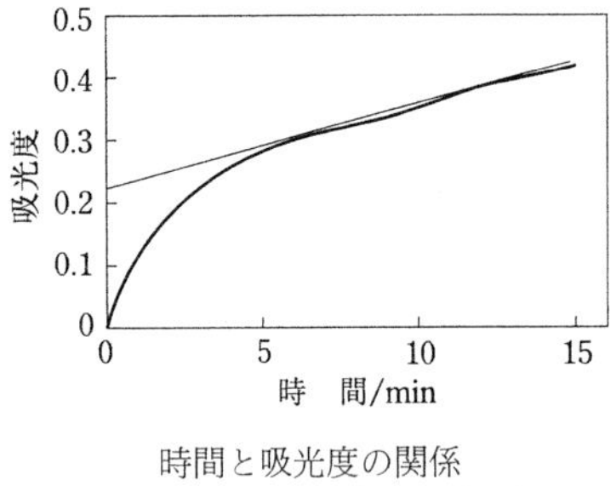

時間と吸光度の関係
（補外法による 2 成分の定量）

【11.2】

設問の酵素反応の速度式は

$$v=\frac{d[P]}{dt}=k_3[ES] \quad (1)$$

と表すことができる． ES は，反応の中間体（酵素基質複合体）であるから定常状態近似を適用すると，

$$\frac{d[ES]}{dt}=k_1[E][S]-k_2[ES]-k_3[ES]=0 \quad (2)$$

ここで，$[E]_0=[E]+[ES]$ であるから，これを式(2)に代入して整理すると，

$$[ES]=\frac{k_1[E]_0[S]}{k_1[S]+k_2+k_3} \quad (3)$$

したがって，式(3)を式(1)に代入すると

$$v=\frac{d[P]}{dt}=\frac{k_1k_3[E]_0[S]}{k_1[S]+k_2+k_3} \quad (4)$$

となる．ここで，

$$\frac{k_2+k_3}{k_1}=K_m \quad (5)$$

とおくと，反応速度 v と酵素の初濃度 $[E]_0$ の関係式は，

$$v=\frac{d[P]}{dt}=\frac{k_3[E]_0[S]}{K_m+[S]}=\frac{V_{max}[S]}{K_m+[S]} \quad (6)$$

と表される．式(6)をミカエリス*-メンテンの式(1913)（Michaelis-Menten equation）という．K_m は，ミカエリス定数とよばれ ES 複合体の解離定数に相当するもので，酵素活性の尺度ともなる．V_{max}（$=k_3[E]_0$）は最大速度とよばれる定数である．

* ミハエリスともいう．L. Michaelis は 1875 年ドイツ生まれの医師，生化学者．のちアメリカ．1922 年名古屋医学専門学校（現名古屋大学医学部）の生化学担当教授として来日（～1926）．1926 年ジョンズ・ホプキンス大学講師．

第 12 章

【12.1】

(a) 0.23 g の系統誤差．(b) 平均値 23.49 g に対して 0.06 g，0.01 g，0.07 g の偶然誤差．(c) 平均値 113 mg dm^{-3} に対して，4，5，1 mg dm^{-3} の偶然誤差があり，それとともに平均値が認証値に対して 11 mg dm^{-3} の系統誤差をもつ．

【12.2】

平均値 0.2349，実験標準偏差は式(12.1)より 0.0003，平均値の実験標準偏差は式(12.2)より $s(q)=0.0001$

【12.3】

A タイプの標準不確かさは標準偏差であるので，式(12.2) より 0.003 g である．また，平均値が 0.566 g であるので，信頼の水準を 95 % とした信頼限界は標準偏差を 2 倍して，0.566±0.06 g である．

【12.4】

式 (12.5) より $Q=0.59$ であり，表 12.2 の 5 回測定の $Q_{0.90}=0.64$ より小さいため，最初の測定値を棄却することはできない．測定値が一つ追加された場合は，$Q=0.59$ は表 12.2 の 6 回測定の $Q_{0.90}=0.56$ より大きく，最初の測定値は棄却される．

【12.5】

検量線の直線式は $y=8.255\times10^4x+2.214\times10^{-3}$，相関係数 $r=0.9999$．

Q 値の計算値は 0.75 であり，5 回測定の $Q_{0.90}$ の 0.64 より大きいため，棄却される．残りの 4 つの測定値から 95 % 信頼限界は 8.78±0.02 μmol dm^{-3} と求まる．

参 考 文 献

(1) I. M. Kolthoff, E. B. Sandell, E. J. Meehan, S. Bruckenstein, “Quantitative Chemical Analysis”, 4th Ed., The Macmillan Company (1969)；藤原鎮男 監訳，“コルトフ分析化学 [I]～[V]”，廣川書店 (1975).

(2) R. A. Day, Jr., A. L. Underwood, “Quantitative Analysis”, 4th Ed.,Prentice-Hall (1980)；鳥居泰雄，康 智三 訳，“定量分析化学”（改訂版），培風館 (1982).

(3) 田中元治，中川元吉 編，“定量分析の化学”，朝倉書店 (1987).

(4) G. D. Christian, “Analytical Chemistry”, 4th Ed., John Willely & Sons (1986)；土屋正彦，戸田昭三，原口紘炁 監訳，“クリスチャン分析化学 I 基礎”，丸善 (1989).

(5) 赤岩英夫，柘植 新，角田欽一，原口紘炁，“分析化学”，丸善 (1991).

(6) 河嶌拓治，熊丸尚宏，高島良正 編，“ポイント分析化学演習－基礎と計算－”，廣川書店 (1992).

(7) 舟橋重信，“無機溶液反応の化学”，裳華房 (1998).

(8) 奥谷忠雄，河嶌拓治，保母敏行，本水昌二，“分析化学”，東京教学社 (1995).

(9) 舟橋重信 編，“定量分析－基礎と応用－”，朝倉書店 (2004).

(10) 黒田六郎，杉谷嘉則，渋川雅美，“分析化学”（改訂版），裳華房 (2004).

(11) 田中元治，“酸と塩基”（改訂版），基礎化学選書 8，裳華房 (1981).

(12) A. Ringbom, “Complexation in Analytical Chemistry”, John Wiley & Sons (1963)；田中信行，杉 晴子 訳，“錯形成反応”，産業図書 (1965).

(13) 日本分析化学会 編，“錯形成反応”，分析化学大系，丸善 (1974).

(14) 木村 優，“溶液内の錯体化学入門”，共立出版 (1991).

(15) 守永健一，“酸化と還元”，基礎化学選書 9，裳華房 (1972).

(16) 内海 喩，奥谷忠雄，河嶌拓治，磯崎昭徳，“基礎教育　分析化学実験”，第 2 版，東京教学社 (1992).

(17) 田中元治，赤岩英夫，“溶媒抽出化学”，裳華房 (2000).

(18) 上野景平，“キレート滴定”，南江堂 (1989).

(19) 大木道則，田中元治 編，“物質の分離と分析（上，下）”，岩波講座現代化学 11，岩波書店 (1979).

(20) V. Gutmann, “The Donor-Acceptor Approuch to Molecular Interactions”, Plenum Press (1978)；大瀧仁志，岡田 勲 共訳，“ドナーとアクセプター”，学会出版センター (1983).

(21) 大瀧仁志，“溶液化学－溶質と溶媒の微視的相互作用－”，裳華房 (1985).

(22) 妹尾 学，阿部光夫，鈴木 喬 共編，“イオン交換：高度分離技術の基礎”，講談社 (1991).

(23) D. Perez-Bendito, M. Silva, “Kinetic Methods in Analytical Chemistry”, Ellis Horwood, Chichester (1988).

(24) T. Kawashima, N. Teshima, S. Nakano, “Catalytic Kinetic Determinations：Nonenzymatic”, in Encyclopedia of Analytical Chemistry, Applications, Theory and Instrumentation, vol. 12, pp. 11021, John Wiley & Sons (2000).

(25) H. Freiser, Q. Fernando, “Ionic Equilibria in Analytical Chemistry”, John Wiley & Sons (1963)；藤永太一郎，関戸栄一 共訳，“イオン平衡－分析化学における－”，化学同人 (1967).

(26) 庄野利之 監修，田中 稔，渋谷康彦，松下隆之，増田嘉孝，“分析化学演習”，三共出版 (1993).

(27) 井村久則，鈴木孝治，保母敏行，“分析化学 I”，基礎化学コース，丸善 (1996).

(28) 小熊幸一，渋川雅美，酒井忠雄，石田宏二，二宮修治，山根 兵，“基礎分析化学”，基礎化学シリーズ 7，朝倉書店 (1997).

(29) 竹田満州雄，高橋 正，棚瀬智明，北澤孝史，“無機・分析化学演習”，東京化学同人 (1998).

索　　引

編著者略歴

熊丸尚宏（クママル タカヒロ）

1936年 広島県に生まれる
1959年 京都大学理学部化学科卒業
現 在 広島大学名誉教授
安田女子大学家政学部教授
理学博士

河嶌拓治（カワシマ タクジ）

1936年 石川県に生まれる
1963年 名古屋大学大学院理学研究科博士課程中退
現 在 筑波大学名誉教授
理学博士

田端正明（タバタ マサアキ）

1943年 佐賀県に生まれる
1970年 名古屋大学大学院修士課程修了
現 在 佐賀大学理工学部機能物質化学科教授
理学博士

中野惠文（ナカノ シゲノリ）

1946年 福岡県に生まれる
1971年 九州大学大学院理学研究科修士課程修了
現 在 鳥取大学地域学部地域環境学科教授
理学博士

基礎からの分析化学　　定価はカバーに表示

2007年3月25日　初版第1刷
2016年12月25日　第6刷

編著者　熊 丸 尚 宏
　　　　河 嶌 拓 治
　　　　田 端 正 明
　　　　中 野 惠 文
発行者　朝 倉 誠 造
発行所　株式会社 朝 倉 書 店
東京都新宿区新小川町6-29
郵便番号 162-8707
電 話 03(3260)0141
FAX 03(3260)0180
http://www.asakura.co.jp

〈検印省略〉

中央印刷・渡辺製本

ISBN 978-4-254-14077-4 C 3043　　Printed in Japan

4桁の原子量表

原子番号	元素名	元素記号	原子量	原子番号	元素名	元素記号	原子量
1	水素	**H**	1.008	57	ランタン	**La**	138.9
2	ヘリウム	**He**	4.003	58	セリウム	**Ce**	140.1
3	リチウム	**Li**	[6.941*]‡	59	プラセオジム	**Pr**	140.9
4	ベリリウム	**Be**	9.012	60	ネオジム	**Nd**	144.2
5	ホウ素	**B**	10.81	61	プロメチウム	**Pm**	(145)
6	炭素	**C**	12.01	62	サマリウム	**Sm**	150.4
7	窒素	**N**	14.01	63	ユウロピウム	**Eu**	152.0
8	酸素	**O**	16.00	64	ガドリニウム	**Gd**	157.3
9	フッ素	**F**	19.00	65	テルビウム	**Tb**	158.9
10	ネオン	**Ne**	20.18	66	ジスプロシウム	**Dy**	162.5
11	ナトリウム	**Na**	22.99	67	ホルミウム	**Ho**	164.9
12	マグネシウム	**Mg**	24.31	68	エルビウム	**Er**	167.3
13	アルミニウム	**Al**	26.98	69	ツリウム	**Tm**	168.9
14	ケイ素	**Si**	28.09	70	イッテルビウム	**Yb**	173.0
15	リン	**P**	30.97	71	ルテチウム	**Lu**	175.0
16	硫黄	**S**	32.07	72	ハフニウム	**Hf**	178.5
17	塩素	**Cl**	35.45	73	タンタル	**Ta**	180.9
18	アルゴン	**Ar**	39.95	74	タングステン	**W**	183.8
19	カリウム	**K**	39.10	75	レニウム	**Re**	186.2
20	カルシウム	**Ca**	40.08	76	オスミウム	**Os**	190.2
21	スカンジウム	**Sc**	44.96	77	イリジウム	**Ir**	192.2
22	チタン	**Ti**	47.87	78	白金	**Pt**	195.1
23	バナジウム	**V**	50.94	79	金	**Au**	197.0
24	クロム	**Cr**	52.00	80	水銀	**Hg**	200.6
25	マンガン	**Mn**	54.94	81	タリウム	**Tl**	204.4
26	鉄	**Fe**	55.85	82	鉛	**Pb**	207.2
27	コバルト	**Co**	58.93	83	ビスマス	**Bi**	209.0
28	ニッケル	**Ni**	58.69	84	ポロニウム	**Po**	(210)
29	銅	**Cu**	63.55	85	アスタチン	**At**	(210)
30	亜鉛	**Zn**	65.41	86	ラドン	**Rn**	(222)
31	ガリウム	**Ga**	69.72	87	フランシウム	**Fr**	(223)
32	ゲルマニウム	**Ge**	72.64	88	ラジウム	**Ra**	(226)
33	ヒ素	**As**	74.92	89	アクチニウム	**Ac**	(227)
34	セレン	**Se**	78.96†	90	トリウム	**Th**	232.0
35	臭素	**Br**	79.90	91	プロトアクチニウム	**Pa**	231.0
36	クリプトン	**Kr**	83.80	92	ウラン	**U**	238.0
37	ルビジウム	**Rb**	85.47	93	ネプツニウム	**Np**	(237)
38	ストロンチウム	**Sr**	87.62	94	プルトニウム	**Pu**	(239)
39	イットリウム	**Y**	88.91	95	アメリシウム	**Am**	(243)
40	ジルコニウム	**Zr**	91.22	96	キュリウム	**Cm**	(247)
41	ニオブ	**Nb**	92.91	97	バークリウム	**Bk**	(247)
42	モリブデン	**Mo**	95.94*	98	カリホルニウム	**Cf**	(252)
43	テクネチウム	**Tc**	(99)	99	アインスタイニウム	**Es**	(252)
44	ルテニウム	**Ru**	101.1	100	フェルミウム	**Fm**	(257)
45	ロジウム	**Rh**	102.9	101	メンデレビウム	**Md**	(258)
46	パラジウム	**Pd**	106.4	102	ノーベリウム	**No**	(259)
47	銀	**Ag**	107.9	103	ローレンシウム	**Lr**	(262)
48	カドミウム	**Cd**	112.4	104	ラザホージウム	**Rf**	(261)
49	インジウム	**In**	114.8	105	ドブニウム	**Db**	(262)
50	スズ	**Sn**	118.7	106	シーボーギウム	**Sg**	(263)
51	アンチモン	**Sb**	121.8	107	ボーリウム	**Bh**	(264)
52	テルル	**Te**	127.6	108	ハッシウム	**Hs**	(269)
53	ヨウ素	**I**	126.9	109	マイトネリウム	**Mt**	(268)
54	キセノン	**Xe**	131.3	110	ダームスタチウム	**Ds**	(269)
55	セシウム	**Cs**	132.9	111	レントゲニウム	**Rg**	(272)
56	バリウム	**Ba**	137.3				

‡：市販品中のリチウム化合物のリチウムの原子量は 6.939 から 6.966 の幅をもつ.

出典：日本化学会　原子量小委員会

元素の周期表(2005)

原子番号	元素記号[注1]
元素名	
原子量(2005)[注2]	

周期/族	1	2	3	4	5	6	7	8	9	10	11	12	13	14	15	16	17	18	族/周期
1	$_{1}$H 水素 1.00794																	$_{2}$He ヘリウム 4.002602	1
2	$_{3}$Li リチウム 6.941	$_{4}$Be ベリリウム 9.012182											$_{5}$B ホウ素 10.811	$_{6}$C 炭素 12.0107	$_{7}$N 窒素 14.0067	$_{8}$O 酸素 15.9994	$_{9}$F フッ素 18.9984032	$_{10}$Ne ネオン 20.1797	2
3	$_{11}$Na ナトリウム 22.98976928	$_{12}$Mg マグネシウム 24.3050											$_{13}$Al アルミニウム 26.9815386	$_{14}$Si ケイ素 28.0855	$_{15}$P リン 30.973762	$_{13}$S 硫黄 32.065	$_{17}$Cl 塩素 35.453	$_{18}$Ar アルゴン 39.948	3
4	$_{19}$K カリウム 39.0983	$_{20}$Ca カルシウム 40.078	$_{21}$Sc スカンジウム 44.955912	$_{22}$Ti チタン 47.867	$_{23}$V バナジウム 50.9415	$_{24}$Cr クロム 51.9961	$_{25}$Mn マンガン 54.938045	$_{26}$Fe 鉄 55.845	$_{27}$Co コバルト 58.933195	$_{28}$Ni ニッケル 58.6934	$_{29}$Cu 銅 63.546	$_{30}$Zn 亜鉛 65.409	$_{31}$Ga ガリウム 69.723	$_{32}$Ge ゲルマニウム 72.64	$_{33}$As ヒ素 74.92160	$_{34}$Se セレン 78.96	$_{35}$Br 臭素 79.904	$_{36}$Kr クリプトン 83.798	4
5	$_{37}$Rb ルビジウム 85.4678	$_{38}$Sr ストロンチウム 87.62	$_{39}$Y イットリウム 88.90585	$_{40}$Zr ジルコニウム 91.224	$_{41}$Nb ニオブ 92.90638	$_{42}$Mo モリブデン 95.94	$_{43}$Tc* テクネチウム (99)	$_{44}$Ru ルテニウム 101.07	$_{45}$Rh ロジウム 102.90550	$_{46}$Pd パラジウム 106.42	$_{47}$Ag 銀 107.8682	$_{48}$Cd カドミウム 112.411	$_{49}$In インジウム 114.818	$_{50}$Sn スズ 118.710	$_{51}$Sb アンチモン 121.760	$_{52}$Te テルル 127.60	$_{53}$I ヨウ素 126.90447	$_{54}$Xe キセノン 131.293	5
6	$_{55}$Cs セシウム 132.9054519	$_{56}$Ba バリウム 137.327	57～71 ランタノイド	$_{72}$Hf ハフニウム 178.49	$_{73}$Ta タンタル 180.94788	$_{74}$W タングステン 183.84	$_{75}$Re レニウム 186.207	$_{76}$Os オスミウム 190.23	$_{77}$Ir イリジウム 192.217	$_{78}$Pt 白金 195.084	$_{79}$Au 金 196.966569	$_{80}$Hg 水銀 200.59	$_{81}$Tl タリウム 204.3833	$_{82}$Pb 鉛 207.2	$_{83}$Bi ビスマス 208.98040	$_{84}$Po ポロニウム (210)	$_{85}$At アスタチン (210)	$_{86}$Rn ラドン (222)	6
7	$_{87}$Fr* フランシウム (223)	$_{88}$Ra* ラジウム (226)	89～103 アクチノイド	$_{104}$Rf* ラザホージウム (261)	$_{105}$Db* ドブニウム (262)	$_{106}$Sg* シーボーギウム (263)	$_{107}$Bh* ボーリウム (264)	$_{108}$Hs* ハッシウム (269)	$_{109}$Mt* マイトネリウム (268)	$_{110}$Ds* ダームスタチウム (269)	$_{111}$Rg* レントゲニウム (272)	$_{112}$Uub* ウンウンビウム (277)	$_{113}$Uut* ウンウントリウム (284)	$_{114}$Uuq* ウンウンクアジウム (289)	$_{115}$Uup* ウンウンペンチウム (288)	$_{116}$Uuh* ウンウンヘキシウム (292)		$_{117}$Uuo* ウンウンオクチウム (294)	7

57～71 ランタノイド	$_{57}$La ランタン 138.90547	$_{58}$Ce セリウム 140.116	$_{59}$Pr プラセオジム 140.90765	$_{60}$Nd ネオジム 144.242	$_{61}$Pm* プロメチウム (145)	$_{62}$Sm サマリウム 150.36	$_{63}$Eu ユウロピウム 151.964	$_{64}$Gd ガドリニウム 157.25	$_{65}$Tb テルビウム 158.92535	$_{66}$Dy ジスプロシウム 162.500	$_{67}$Ho ホルミウム 164.93032	$_{68}$Er エルビウム 167.259	$_{69}$Tm ツリウム 168.93421	$_{70}$Yb イッテルビウム 173.04	$_{71}$Lu ルテチウム 174.967
89～103 アクチノイド	$_{89}$Ac* アクチニウム (227)	$_{90}$Th* トリウム 232.03806	$_{91}$Pa* プロトアクチニウム 231.03588	$_{92}$U* ウラン 238.02891	$_{93}$Np* ネプツニウム (237)	$_{94}$Pu* プルトニウム (239)	$_{95}$Am* アメリシウム (243)	$_{96}$Cm* キュリウム (247)	$_{97}$Bk* バークリウム (247)	$_{98}$Cf* カリホルニウム (252)	$_{99}$Es* アインスタイニウム (252)	$_{100}$Fm* フェルミウム (257)	$_{101}$Md* メンデレビウム (258)	$_{102}$No* ノーベリウム (259)	$_{103}$Lr* ローレンシウム (262)

注 1：安定同位体が存在しない元素には元素記号の右肩に* を付す.

注 2：天然で特定の同位体組成を示さない元素について，最もよく知られた質量数をカッコ内に示す.

備考：アクチノイド以降の元素については，周期表の位置は暫定的である.